普通高等教育"十三五"规划教材

大学物理实验

主　编　汤丽华　蔡志猛　陈明明

副主编　周海波　林东旭　陈志聪

内 容 提 要

本书是根据教育部教学指导委员会颁布的《高等学校非物理类大学物理实验课程教学基本要求》，结合一般本科院校专业的特点和厦门华厦学院应用型本科要求及实验室仪器现状，在总结了多年教学实践的基础上编写而成的。

由于物理实验是学生接受系统实验方法和实验技能训练的开端，加上其丰富独特的实验思想、方法和手段，严谨的科学态度，活跃的创新意识，物理实验课程具有其他实践类课程不可替代的作用。

依照精选内容的原则，本书共 6 章，分别为测量误差、测量不确定度和实验数据处理；物理实验常用测量方法；力学&热学实验；电磁学实验；光学实验；综合物理实验。

本书可作为高等院校物理实验课程的教材或教学参考书。

图书在版编目（CIP）数据

大学物理实验 / 汤丽华，蔡志猛，陈明明主编. --
北京：中国水利水电出版社，2018.1
普通高等教育"十三五"规划教材
ISBN 978-7-5170-6258-5

Ⅰ. ①大… Ⅱ. ①汤… ②蔡… ③陈… Ⅲ. ①物理学
－实验－高等学校－教材 Ⅳ. ①O4-33

中国版本图书馆CIP数据核字(2018)第011653号

策划编辑：时羽佳   责任编辑：高 辉   封面设计：李 佳

书　名	普通高等教育"十三五"规划教材 大学物理实验　DAXUE WULI SHIYAN
作　者	主　编　汤丽华　蔡志猛　陈明明 副主编　周海波　林东旭　陈志聪
出版发行	中国水利水电出版社 （北京市海淀区玉渊潭南路1号D座　100038） 网址：www.waterpub.com.cn E-mail: mchannel@263.net（万水） 　　　　sales@waterpub.com.cn 电话：（010）68367658（营销中心）、82562819（万水）
经　售	全国各地新华书店和相关出版物销售网点
排　版	北京万水电子信息有限公司
印　刷	三河市鑫金马印装有限公司
规　格	184mm×260mm　16开本　12.25印张　300千字
版　次	2018年1月第1版　2018年1月第1次印刷
印　数	0001—3000 册
定　价	28.00 元

凡购买我社图书，如有缺页、倒页、脱页的，本社营销中心负责调换
版权所有·侵权必究

前　　言

　　本书是根据教育部教学指导委员会颁布的《高等学校非物理类大学物理实验课程教学基本要求》，结合一般本科院校专业的特点和厦门华厦学院应用型本科要求及实验室仪器现状，在总结多年教学实践的基础上编写而成的。本书在内容安排上充分考虑到理工科学校有关专业特点及基础课教学的需要，内容涉及面广、实用性强。

　　物理实验是高等学校学生进行科学实验基本训练的必修基础课程，是学生接受系统实验方法和实验技能训练的开端。物理实验课覆盖面广，具有丰富独特的实验思想、方法和手段，同时能提供综合性很强的基本实验技能训练，是培养学生科学实验能力、提高学生科学素质的重要基础课程。物理实验课在培养学生严谨的科学态度、活跃的创新意识、理论联系实际和适应科技发展的综合应用能力等方面，具有其他实践类课程无法替代的作用。

　　依照精选内容的原则，本书共6章，第1章为测量误差、测量不确定度和实验数据处理，介绍测量、误差处理、不确定度评估、有效数字运算以及常用的数据处理方法；第2章为物理实验常用测量方法，介绍物理实验的基本方法；第3章为力学&热学实验，选编了9个力学、热学实验；第4章为电磁学实验，选编了14个电磁学实验；第5章为光学实验，选编了4个光学实验；第6章为综合物理实验，选编了包括激光全息照相、超导磁悬浮力测量和光纤通信演示在内的5个综合物理实验。

　　由于编者水平有限，加之编写时间仓促，书中难免有不足之处，恳请广大读者批评指正。

编　者
2017 年 11 月

目 录

前言

第1章 测量误差、测量不确定度和实验
   数据处理 ·· 1
1.1 测量误差基本知识 ·································· 1
   1.1.1 测量 ··· 1
   1.1.2 误差 ··· 2
   1.1.3 随机误差的估算 ····························· 4
   1.1.4 间接测量的误差 ····························· 7
1.2 测量不确定度评定与表示 ······················ 10
   1.2.1 测量不确定度的基本概念 ············· 10
   1.2.2 测量不确定度评定与表示 ············· 13
   1.2.3 不确定度分析的意义及不确定度
        均分原理 ····································· 16
   1.2.4 不确定度计算实例 ························ 17
1.3 实验数据修约 ······································· 21
   1.3.1 有效位数的概念 ··························· 21
   1.3.2 测量不确定度的有效位数和
        修约规则 ····································· 22
   1.3.3 测量结果的有效位数和修约规则 ··· 22
   1.3.4 实验数据有效位数的运算规则 ······ 23
1.4 实验数据处理方法 ································ 23
   1.4.1 列表法 ·· 24
   1.4.2 坐标法 ·· 24
   1.4.3 逐差法 ·· 25
   1.4.4 最小二乘法 ································· 26
1.5 随机变量的统计分布 ···························· 29
   1.5.1 正态分布 ····································· 29
   1.5.2 t 分布（学生分布） ····················· 30
   1.5.3 均匀分布 ····································· 30
   1.5.4 三角分布 ····································· 31
思考题 ··· 32
1.6 游标卡尺和螺旋测微计的使用 ·············· 33
   1.6.1 实验目的 ····································· 33
   1.6.2 实验仪器 ····································· 33

   1.6.3 实验原理 ····································· 33
   1.6.4 实验步骤 ····································· 35
   1.6.5 测量记录和数据处理 ···················· 36
思考题 ··· 37

第2章 物理实验常用测量方法 ····················· 38
2.1 比较法 ··· 38
   2.1.1 直接比较法 ································· 38
   2.1.2 间接比较法 ································· 38
2.2 放大法 ··· 38
   2.2.1 累计放大法 ································· 39
   2.2.2 机械放大法 ································· 39
   2.2.3 电磁放大法 ································· 39
   2.2.4 光学放大法 ································· 39
2.3 转换法 ··· 40
   2.3.1 参量转换法 ································· 40
   2.3.2 能量转换法 ································· 40
2.4 补偿法 ··· 40
   2.4.1 补偿法测量 ································· 41
   2.4.2 补偿法校正 ································· 41
2.5 平衡法 ··· 41
2.6 模拟法 ··· 41
   2.6.1 物理模拟法 ································· 42
   2.6.2 数学模拟法 ································· 42
2.7 干涉法 ··· 42
思考题 ··· 42

第3章 力学&热学实验 ································ 43
实验1 杨氏弹性模量测定 ······························ 43
   一、实验目的 ·· 43
   二、实验仪器 ·· 43
   三、实验原理 ·· 46
   四、实验内容及步骤 ····························· 47
   五、实验数据处理 ································· 47
   六、注意事项 ·· 48

七、思考题 …………………………… 49
实验2　声速测量 ………………………… 49
　　一、实验目的 ………………………… 49
　　二、实验仪器 ………………………… 49
　　三、实验原理 ………………………… 49
　　四、实验内容及步骤 ………………… 51
　　五、实验数据处理 …………………… 52
　　六、注意事项 ………………………… 52
　　七、思考题 …………………………… 52
实验3　测定匀变速直线运动的平均速度
　　　　和瞬时速度 ……………………… 53
　　一、实验目的 ………………………… 53
　　二、实验仪器 ………………………… 53
　　三、实验原理 ………………………… 54
　　四、实验内容及步骤 ………………… 54
　　五、实验数据处理 …………………… 55
　　六、注意事项 ………………………… 55
　　七、思考题 …………………………… 55
实验4　测定匀变速直线运动的加速度 … 56
　　一、实验目的 ………………………… 56
　　二、实验仪器 ………………………… 56
　　三、实验原理 ………………………… 56
　　四、实验内容及步骤 ………………… 56
　　五、实验数据处理 …………………… 56
　　六、注意事项 ………………………… 57
　　七、思考题 …………………………… 57
实验5　验证牛顿第二定律 ……………… 57
　　一、实验目的 ………………………… 57
　　二、实验仪器 ………………………… 57
　　三、实验原理 ………………………… 57
　　四、实验内容及步骤 ………………… 57
　　五、实验数据处理 …………………… 58
　　六、注意事项 ………………………… 59
　　七、思考题 …………………………… 59
实验6　验证动量守恒定律 ……………… 59
　　一、实验目的 ………………………… 59
　　二、实验仪器 ………………………… 59
　　三、实验原理 ………………………… 59
　　四、实验内容及步骤 ………………… 59

　　五、实验数据处理 …………………… 60
　　六、注意事项 ………………………… 61
　　七、思考题 …………………………… 61
实验7　研究简谐振动的规律 …………… 62
　　一、实验目的 ………………………… 62
　　二、实验仪器 ………………………… 62
　　三、实验原理 ………………………… 64
　　四、实验内容及步骤 ………………… 64
　　五、实验数据处理 …………………… 65
　　六、注意事项 ………………………… 65
　　七、思考题 …………………………… 65
实验8　刚体转动 ………………………… 65
　　一、实验目的 ………………………… 65
　　二、实验仪器 ………………………… 66
　　三、实验原理 ………………………… 66
　　四、实验内容及步骤 ………………… 68
　　五、实验数据处理 …………………… 69
　　六、注意事项 ………………………… 73
　　七、思考题 …………………………… 74
实验9　金属线胀系数测定 ……………… 74
　　一、实验目的 ………………………… 74
　　二、实验仪器 ………………………… 74
　　三、实验原理 ………………………… 75
　　四、实验内容及步骤 ………………… 76
　　五、实验数据处理 …………………… 76
　　六、注意事项 ………………………… 77
　　七、思考题 …………………………… 77
第4章　电磁学实验 ……………………… 78
实验10　惠斯通电桥测电阻 ……………… 78
　　一、实验目的 ………………………… 78
　　二、实验仪器 ………………………… 78
　　三、实验原理 ………………………… 78
　　四、实验内容及步骤 ………………… 80
　　五、实验数据处理 …………………… 80
　　六、思考题 …………………………… 81
实验11　非线性元件伏安特性测量 ……… 81
　　一、实验目的 ………………………… 81
　　二、实验仪器 ………………………… 81
　　三、实验原理 ………………………… 82

四、实验内容及步骤 ……… 84
　五、实验数据处理 ……… 84
　六、测量元件特性时的注意事项 ……… 85
实验12　磁阻效应现象 ……… 86
　一、实验目的 ……… 86
　二、实验仪器 ……… 86
　三、实验原理 ……… 88
　四、实验内容及步骤 ……… 89
　五、注意事项 ……… 91
　六、思考题 ……… 91
实验13　动态磁滞回线 ……… 91
　一、实验目的 ……… 92
　二、实验仪器 ……… 92
　三、实验原理 ……… 92
　四、实验内容及步骤 ……… 96
实验14　太阳能电池基本特性测定 ……… 102
　一、实验目的 ……… 102
　二、实验仪器 ……… 102
　三、实验原理 ……… 102
　四、实验内容及步骤 ……… 103
　五、数据记录及处理 ……… 105
　六、注意事项 ……… 106
　七、思考题 ……… 106
实验15　光电效应测量普朗克常数 ……… 106
　一、实验目的 ……… 106
　二、实验仪器 ……… 106
　三、实验原理 ……… 107
　四、实验内容及步骤 ……… 110
　五、实验数据处理 ……… 112
　六、注意事项 ……… 112
实验16　霍尔效应 ……… 113
　一、实验目的 ……… 113
　二、实验仪器 ……… 113
　三、实验原理 ……… 113
　四、实验内容及步骤 ……… 116
　五、实验数据处理 ……… 116
　六、注意事项 ……… 117
　七、思考题 ……… 117
实验17　霍尔传感器特性效应——

　　　　转速测量 ……… 118
　一、实验目的 ……… 118
　二、实验仪器 ……… 118
　三、实验原理 ……… 119
　四、实验内容及步骤 ……… 119
　五、实验数据处理 ……… 120
　六、注意事项 ……… 120
　七、思考题 ……… 120
实验18　霍尔传感器特性效应——转角测量 ……… 120
　一、实验目的 ……… 120
　二、实验仪器 ……… 120
　三、实验原理 ……… 121
　四、实验内容及步骤 ……… 122
　五、实验数据处理 ……… 122
　六、注意事项 ……… 122
　七、思考题 ……… 123
实验19　霍尔传感器特性效应——
　　　　大电流测量 ……… 123
　一、实验目的 ……… 123
　二、实验仪器 ……… 123
　三、实验原理 ……… 124
　四、实验内容及步骤 ……… 125
　五、实验数据处理 ……… 125
　六、注意事项 ……… 126
　七、思考题 ……… 126
实验20　霍尔传感器特性效应——
　　　　产品计数 ……… 126
　一、实验目的 ……… 126
　二、实验仪器 ……… 126
　三、实验原理 ……… 127
　四、实验内容及步骤 ……… 127
　五、实验数据处理 ……… 128
　六、注意事项 ……… 128
　七、思考题 ……… 129
实验21　霍尔传感器特性效应——测量圆形柱钢在轴线上的分布 ……… 129
　一、实验目的 ……… 129
　二、实验仪器 ……… 129
　三、实验原理 ……… 130

四、实验内容及步骤……………… 130
　　五、实验数据处理………………… 131
　　六、注意事项……………………… 131
　　七、思考题………………………… 131

实验22　霍尔传感器特性效应——测量霍尔
　　　　传感器开关特性参数…………… 131
　　一、实验目的……………………… 131
　　二、实验仪器……………………… 131
　　三、实验原理……………………… 132
　　四、实验内容及步骤……………… 133
　　五、实验数据处理………………… 133
　　六、注意事项……………………… 134
　　七、思考题………………………… 134

实验23　PN结的物理特性及波尔兹曼
　　　　常数测试………………………… 134
　　一、实验目的……………………… 134
　　二、实验仪器……………………… 135
　　三、实验原理……………………… 135
　　四、实验内容及步骤……………… 137
　　五、实验数据处理………………… 138
　　六、注意事项……………………… 140
　　七、思考题………………………… 140

第5章　光学实验……………………… 141

实验24　迈克尔逊干涉仪测量光波波长…… 141
　　一、实验目的……………………… 141
　　二、实验仪器……………………… 141
　　三、实验原理……………………… 143
　　四、实验内容及步骤……………… 144
　　五、实验数据处理………………… 144
　　六、注意事项……………………… 145
　　七、思考题………………………… 145

实验25　迈克尔逊干涉仪测量空气折射率… 145
　　一、实验目的……………………… 145
　　二、实验仪器……………………… 146
　　三、实验原理……………………… 146
　　四、实验内容及步骤……………… 148
　　五、实验数据处理………………… 149
　　六、注意事项……………………… 149
　　七、思考题………………………… 149

实验26　分光计测量棱镜材料的折射率…… 150
　　一、实验目的……………………… 150
　　二、实验仪器……………………… 150
　　三、实验原理……………………… 153
　　四、实验内容及步骤……………… 154
　　五、实验数据处理………………… 155
　　六、注意事项……………………… 155
　　七、思考题………………………… 155

实验27　分光计及超声光栅测声速………… 156
　　一、实验目的……………………… 156
　　二、实验仪器……………………… 156
　　三、实验原理……………………… 157
　　四、实验内容及步骤……………… 159
　　五、实验数据处理………………… 160
　　六、实验注意事项………………… 161
　　七、思考题………………………… 162

第6章　综合物理实验………………… 163

实验28　激光全息照相……………………… 163
　　一、实验目的……………………… 163
　　二、实验仪器……………………… 163
　　三、实验原理……………………… 163
　　四、实验内容及步骤……………… 166
　　五、注意事项……………………… 166

实验29　光纤通信演示……………………… 167
　　一、概述…………………………… 167
　　二、实验仪器……………………… 167
　　三、实验内容……………………… 168
　　四、注意事项……………………… 169

实验30　密立根油滴………………………… 169
　　一、实验目的……………………… 169
　　二、实验仪器……………………… 170
　　三、实验原理……………………… 171
　　四、实验内容及步骤……………… 173
　　五、实验数据处理………………… 174
　　六、注意事项……………………… 175

实验31　电表改装与校准…………………… 175
　　一、实验目的……………………… 175
　　二、实验原理……………………… 176
　　三、实验内容步骤………………… 178

四、思考题 …………………………………… 180
实验32　超导磁悬浮力测量 …………………… 180
　一、实验原理 …………………………………… 180
　二、实验内容 …………………………………… 181
　三、注意事项 …………………………………… 181
　四、思考题 ……………………………………… 181
附录 …………………………………………… 182
　附录1　物理常数表 …………………………… 182
　附录2　物理单位表 …………………………… 183
　附录3　怎样撰写物理实验报告 ……………… 185

　一、实验目的 …………………………………… 185
　二、实验原理 …………………………………… 185
　三、实验仪器设备 ……………………………… 186
　四、实验内容及原始数据 ……………………… 186
　五、数据处理及结论 …………………………… 186
　六、结果的分析讨论 …………………………… 186
物理实验报告要求 ………………………………… 187
物理实验预习要求 ………………………………… 187
参考文献 ……………………………………… 188

第1章 测量误差、测量不确定度和实验数据处理

物理实验离不开测量，测量必须给出测量结果评定，传统上对测量结果的评定是以"误差"概念为基础的。误差定义为"测量结果减去被测量的真值"，而严格意义上的真值是无法得到的，因而严格意义上的误差也无法得到。另外，由于误差来源的随机误差和系统误差之间很难区分，在数学上也无法找到随机误差和系统误差统一的合成方法，使得各国之间以及同一国家内部的不同测量领域、不同测量人员采用的误差处理方法不一致，导致测量结果缺乏可比性。在20世纪60年代，世界各国采用测量不确定度概念来统一评价测量结果，才使得不同领域、不同国家间的测量有了可比性，便于国际科技交流。

考虑到传统误差理论使用已久，且误差理论是测定不确定度的基础，而测量不确定度是误差理论的发展，它的评定要用到误差理论中的基础知识，同时平均（绝对）误差的概念比测量不确定度的概念更容易让学生接受，因此本章由浅入深地介绍了误差理论和测量不确定度，讲解了有效位数、数据处理方法和随机变量常用分布等知识。本书在实验结果的评定上全面采用测量不确定度表示方法。

1.1 测量误差基本知识

1.1.1 测量

1. 定义

测量是物理实验的基本内容之一，其实质是将待测物体的某物理量与相应的标准进行定量比较，目的是要把所研究的量与一个数值联系起来，即测量是以确定量值为目的的一组操作，测量的结果应包括：数值（即度量的倍数）、单位（所选定的特定量）以及结果可信赖的程度（用不确定度表示）。上述三项称为测量结果表达式中的三要素。我国采用国际单位制（SI制）为国家法定计量单位，即以米、千克、秒、安培、开尔文、摩尔、坎德拉作为基本单位，其他量都由以上7个基本单位导出，称为国际单位制的导出单位。

2. 直接测量和间接测量

按测量方法的不同，测量可分为直接测量和间接测量两类。直接测量就是将待测量和标准量直接进行比较，或者从已用标准量校准的仪器上直接读出测量值的方法，特点是待测量的值和量纲可直接得到。如用米尺、游标卡尺测长度，用秒表测时间，用天平称质量，用电流表测电流等均为直接测量，相应的测量结果（长度、时间、质量、电流等）称为直接测量量。

间接测量就是通过测量与被测量有关函数关系的其他量，计算出被测量值的一种测量方法。例如，用单摆测重力加速度时，由 $T=2\pi\sqrt{\dfrac{L}{g}}$，可以先用米尺直接测出摆线长度 L，用秒表测出振动周期 T，再根据公式 $g=\dfrac{4\pi^2}{T^2}L$ 求出重力加速度 g，g 为间接测量量。

3. 等精度测量和不等精度测量

根据多次测量过程中的测量条件变化与否，测量可分为等精度测量和不等精度测量。

等精度测量是指在相同实验条件下，对同一物理量所做的重复测量。由于各次测量的实验条件相同，各次测量结果的可靠性也相同，没有理由认为哪一次测量更精确或更可靠，所以各次测量是等精度的。

若在重复测量过程中，实验条件（如测量人、仪器、实验方法或环境因素等）发生改变，则这样的测量是不等精度测量。

在实际测量过程中，没有绝对不变的人和事物，运动是绝对的，实验条件总是处于变化之中，但只要其变化对实验的影响很小甚至可以忽略，就可以认为是等精度测量；若实验条件部分或全部发生明显变化，明显影响实验结果，则为不等精度测量。本书中若不强调说明，所指测量均为等精度测量。

1.1.2 误差

1. 真值

测量的最终目的是要获得待测物理量的真值，而真值是"与给定的特定量的定义一致的值"。真值是一个理想的概念，其本值是不确定的，但可以通过改进特定量的定义、测量方法和条件等，使获得的量值足够逼近真值，满足实际使用测量值时的需要。在实际测量中使用约定真值来代替真值，约定真值可以是指定值、最佳估计值、约定值、参考值或理论值，实验中常用某量的多次测定结果来确定约定真值，如算术平均值就是最佳估计值。

2. 误差

由于实验方法和测量条件的局限，测量值并非真值，测量值与真值之间必然存在或多或少的差值，这种差值称为测量误差，简称误差，即误差=测量值-真值。

当误差与相对误差有区别时，误差又称为绝对误差，绝对误差可正可负，注意不要与误差的绝对值相混淆。绝对误差反映了测量值偏离真值的大小和方向。

3. 误差分类

由于测量值必然有误差，因此我们需要对测量值的准确程度作出估计，这就需要研究误差的来源、性质以及处理方法，从而完善测量的方法，减少误差。

按照误差的特征，可将测量的误差分为系统误差、随机误差和粗大误差三类。

（1）系统误差：在重复性条件下，对同一被测量进行无限多次测量所得结果的平均值与被测量的真值之差，即 $\delta = \lim_{n \to \infty} \frac{1}{n} \sum_{i=1}^{n} x_i - x_0$。系统误差及其原因不能完全获知，但其来源方法有以下三种：

1）方法误差：这是由于实验原理不完善，公式的近似性以及实验方法过于简化等原因产生的误差。如用单摆测重力加速度时，忽略了空气对摆动的阻力；用伏安法测电阻时，忽略了电表内阻的影响等。

2）仪器误差：这是由仪器本身的缺陷或使用不正当而产生的。如米尺的刻度不均匀、天平的两臂不等长、应水平放置的仪器没有水平放置等。

3）个人误差：这是由实验者本人的生理特点或不良习惯产生的。如用秒表测时间，有的人习惯早按,有的人习惯迟按;观察仪器指针时,有的人习惯将头偏向一边等。

通过校准仪器、完善实验理论、改善实验条件和测量方法,可以将系统误差减小到允许的程度,但增加测量次数并不能减小系统误差。

(2)随机误差:测量结果与在重复性条件下对同一被测量进行无限多次测量所得结果的平均值之差,即 $\delta_i = x_i - \lim_{n \to \infty} \frac{1}{n} \sum_{i=1}^{n} x_i$。随机误差来源于影响量的变化,这种变化在时间上和空间上是不可预知或随机的,它会引起被测量重复观测值的变化。就单个随机误差而言,它没有确定的规律;但就整体而言,随机误差却服从一定的统计规律,故可用统计方法估计其界限或它对测量结果的影响。增加测量次数,可减小随机误差。

服从正态分布的随机误差具有以下四大特征:
- 单峰性:绝对值小的误差比绝对值大的误差出现的概率大。
- 对称性:绝对值相等的正负误差出现的概率相等。
- 有界性:误差的绝对值不会超过一定的界限,即不会出现绝对值很大的误差。
- 抵偿性:随机误差的算术平均值随着测量次数的增加而越来越趋向于零,即

$$\lim_{m \to \infty} \frac{1}{m} \sum_{i=1}^{m} \delta_i = 0$$

随机误差主要有以下三种来源:
- 判断性误差:实验者在对准目标(划线等)、确定平衡(如天平)、估计读数时不一致而产生的误差。
- 实验条件的起伏:如电源电压的波动、环境温度和湿度的变化等产生的误差。
- 微小干扰:如振动、空气流动、外界电磁场干扰的影响等产生的误差。

由于测量次数有限,实验中可确定的系统误差和随机误差分别是系统误差的估计值和随机误差的随机值。

(3)粗大误差:明显与事实不符的误差。它是由测量者粗心大意,或者实验条件突变、仪器在非正常状态下工作、无意识的不正确操作等因素造成的。含有粗大误差的测量值称为可疑值。在没有充分依据的前提下,可疑值绝不能随意去除,应按照一定的统计准则予以剔除。

4. 测量的精密度、正确度和精确度

通常系统误差和随机误差是混在一起出现的,有时也难以区分。在科学实验中,常用"精密度"表示随机误差的大小,反映测量结果的分散性,即测量值 x_i 偏离均值 $\bar{x}$ 的程度;用"正确度"表示系统误差的大小,反映 $\bar{x}$ 接近真值 x_0 的程度;用"精确度"综合反映随机误差和系统误差的大小。如图 1-1 的(a)、(b)、(c)三张打靶图,圆心为目标,黑点为弹着点,(a)图表示设计的精密度高,即分散性小,但弹着点均值偏离目标较大,即随机误差小而系统误差大;(b)图比(a)图系统误差小,但随机误差大,即精密度低而正确度高;(c)图弹着点比较集中且又聚集在靶心,表示精确度高,即精密度高、正确度也高。

5. 测量误差的表示

实验中,常用绝对误差、相对误差、百分误差表示测量结果的优劣。由于真值无法得到,常用多次测量的算术平均值替代真值。测量值与算术平均值之差称为残差,即

$$v_i = x_i - \bar{x}$$

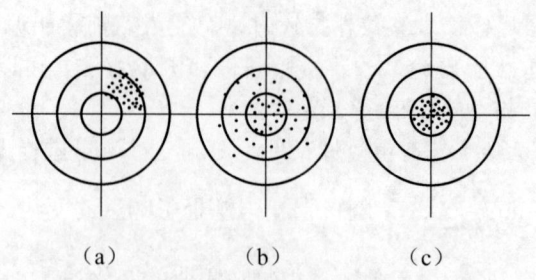

图 1-1　三种测量结果分布示意图

（1）绝对误差：测量结果减去被测量的真值，即
$$绝对误差 \Delta x = |测量值 x - 真值 x_0|$$

（2）相对误差：测量误差与被测量真值之比，即
$$相对误差 E = \frac{测量误差}{真值} \times 100\%$$

（3）百分误差：有时将测量值与理论值或公认值进行比较，用百分误差 E_r 表示：
$$E_r = \frac{|测量值 - 理论值|}{理论值} \times 100\%$$

当两个被测量的值大小相近时，通常用绝对误差比较测量结果的优劣；当两个被测量值相差较大时，用相对误差才能进行有效比较。如测量标称值分别为 9.8mm 和 99.8mm 的甲、乙两物体的长度，实测值分别为 10.0mm 和 100.0mm，两者的绝对误差都为 +0.2mm，无法用绝对误差比较两者的测量水平。而用相对误差表示时，甲为 2%，乙为 0.2%，所以乙测量结果比甲准确，乙比甲的测量水平高出一个数量级。

1.1.3　随机误差的估算

1. 多次等精度直接测量误差及测量结果表示

（1）算术平均值：设对物理量 x 进行了 n 次测量，各次测量值分别为 $x_1, x_2, \cdots, x_n$，则算术平均值 $\bar{x} = \frac{1}{n}\sum_{i=1}^{n} x_i$，可以证明，算术平均值即该物理量的最佳估计值。

（2）平均误差（或平均绝对误差）：各次测量值的残差 $v_i = x_i - \bar{x}$，$i = 1, 2, 3, \cdots, n$，各残差绝对值的算术平均值称为平均（绝对）误差：

$$\Delta \bar{x} = \frac{1}{n}\sum_{i=1}^{n}|v_i| = \frac{1}{n}\sum_{i=1}^{n}|x_i - \bar{x}|$$

当测量次数少、测量仪表准确度不高或数据离散性不大时，可用平均（绝对）误差估算随机误差。

用平均（绝对）误差表示的测量结果为
$$\begin{cases} x = \bar{x} \pm \Delta \bar{x} \\ E = \dfrac{\Delta \bar{x}}{\bar{x}} \times 100\% \end{cases}$$

根据高斯误差理论，上式表示物理量 x 的真值落在 $(\bar{x} - \Delta \bar{x}, \bar{x} + \Delta \bar{x})$ 内的概率是 57.5%。

例 1-1 用米尺测量一铜棒的长度，共测量 5 次，各次的测量值为 L_1=23.2mm，L_2=23.2mm，L_3=23.3mm，L_4=23.1mm，L_5=23.1mm，试写出测量结果的表达式。

解 ①算术平均值：

$$\bar{L} = \frac{1}{5}\sum_{i=1}^{5} L_i = 23.2\text{mm}$$

② 平均绝对误差：

$$\Delta\bar{L} = \frac{1}{5}\sum_{i=1}^{5} |L_i - \bar{L}| = 0.06\text{mm} = 0.1\text{mm}$$

米尺的最小分度值为 1mm，所以我们只能估读出 0.1mm。当平均绝对误差小于仪器的估读数时，平均绝对误差一般取仪器的估读数。

③相对误差：

$$E = \frac{\Delta\bar{L}}{\bar{L}} \times 100\% = \frac{0.1}{23.3} \times 100\% = 0.4\%$$

④测量结果：

$$\begin{cases} L = (23.2 \pm 0.1)\text{mm} \\ E = 0.4\% \end{cases}$$

它表示铜棒长度的真值落在 23.1～23.3mm 范围内的可能性是 68.3%。

（3）标准误差：在物理实验和科技论文中，更常用的是用标准误差来计算测量列随机误差的大小，因为标准误差更符合随机误差的正态分布理论，显然标准误差的计算比绝对误差的计算复杂。标准误差的数学表达式为 $\sigma = \sqrt{\frac{1}{n}\sum_{i=1}^{n}(x_i - x_0)^2}$ （$n \to \infty$），x_0 为真值。

而实际的测量次数都是有限的，实际计算时，用 $\bar{x}$ 代替真值 x_0，则标准误差的估计值为 $s = \sqrt{\frac{1}{n-1}\sum_{i=1}^{n}(x_i - \bar{x})^2}$，称为标准偏差。此式称为贝塞尔公式。

用数学知识可以证明算术平均值 $\bar{x}$ 的标准偏差 $S_{\bar{x}}$ 是测量列标准偏差 S 的 $\frac{1}{\sqrt{n}}$ 倍，表明多次测量可以减小随机误差，测量次数一般取 6～10 次。

$$S_{\bar{x}} = \frac{s}{\sqrt{n}} = \sqrt{\frac{\sum_{i=1}^{n}(x_i - \bar{x})^2}{n(n-1)}}$$

用标准偏差表示的结果为

$$\begin{cases} x = \bar{x} \pm S_{\bar{x}} \\ E = \frac{S_{\bar{x}}}{\bar{x}} \times 100\% \end{cases}$$

按照随机误差的统计理论，上式表示测量列中任一测量值的误差落在区间 $(-S_X, +S_X)$ 内的概率是 68.3%，物理量的真值落在 $(\bar{x} - S_x, \bar{x} + S_x)$ 内的概率也是 68.3%。

若误差取标准误差的 3 倍即 3σ，则测量列中任一测量值的误差落在区间 $(-3\sigma, +3\sigma)$ 内的概率是 99.7%，落在此区间外的概率只有 0.3%，所以误差实际上不会超过此区间，因此称 3σ

为极限误差,用 Δ 表示,即 $\Delta = 3\sigma$。误差大于 3σ 的测量值可以认为是错误的,一般可以舍去,称为 3σ 准则。但 3σ 准则是以测量次数充分大为前提的,在测量次数较少时,不宜用此准则,只有测量次数 $n > 50$ 时才适用。

例 1-2 测量某物体的长度,共测 9 次,各次测量值分别为 23.2mm,23.4mm,23.6mm,23.0mm,23.7mm,23.2mm,23.6mm,23.0mm,23.7mm,试用标准误差表示测量结果。

解 测量值及计算结果如下(见表 1-1):

①算术平均值:

$$\overline{L} = \frac{1}{9}\sum_{i=1}^{9} L_i = 23.4 \text{ (mm)}$$

②测量列标准偏差:

$$S = \sqrt{\frac{1}{n-1}\sum_{i=1}^{n}(L_i - \overline{L})^2} = \sqrt{\frac{0.66}{9-1}} = 0.29 \text{ (mm)}$$

③算术平均值的标准偏差:

$$S_{\overline{L}} = \frac{1}{\sqrt{n}}S = \frac{0.29}{\sqrt{9}} = 0.1 \text{ (mm)}$$

④相对误差:

$$E = \frac{S_L}{L} \times 100\% = \frac{0.1}{23.4} \times 100\% = 0.4\%$$

⑤测量结果:

$$\begin{cases} L = (23.4 \pm 0.1)\text{mm} \\ E = 0.4\% \end{cases}$$

表 1-1 测量值及计算结果

测量次数	L_i/mm	$(L_i - \overline{L})$/mm	$(L_i - \overline{L})^2$/mm
1	23.2	-0.2	0.04
2	23.4	0.0	0.00
3	23.6	0.2	0.04
4	23.0	-0.4	0.16
5	23.7	0.3	0.09
6	23.2	-0.2	0.04
7	23.6	0.2	0.04
8	23.0	-0.4	0.16
9	23.7	0.3	0.09

2. 单次测量误差估算及测量结果表示

在实验中,有些物理量需动态测量,而且只能测量一次;或在间接测量过程中,某一物理量的误差对最后的结果影响较小等,则可以对被测量只测量一次,称为单次测量。单次测量的误差采用平均误差表示时,一般取仪器最小分度 Δ 的一半或用仪器的误差限 $\Delta_{仪}$ 表示,即

$\Delta x = \dfrac{\Delta}{2}$ 或 $\Delta x = \Delta_{仪}$。

若采用标准误差表示,单次测量的标准误差为 $\sigma = \dfrac{\Delta}{k}$,$k$ 是与仪器误差分布有关的常数(见表 1-2)。Δ 为仪器的极限误差,没有标出极限误差的仪器,则其为最小分度。

表 1-2　k 因子与仪器误差分布关系

仪器	米尺	游标卡尺	千分尺	秒表	物理天平	电表、电阻箱
误差分布	正太	矩形	正太	正太	正太	近似均匀
k	3	$\sqrt{3}$	3	3	3	$\sqrt{3}$

例如,米尺最小分度 $\Delta = 1\text{mm}$,用米尺测物体长度:

单次测量的平均误差,$\Delta x = \dfrac{1}{2}\text{mm} = 0.5\text{mm}$;

多次测量的标准误差,$\sigma = \dfrac{1}{3}\text{mm} = 0.4\text{mm}$。

例如,用 0~25mm 的一级千分尺测长度,千分尺仪器误差限 $\Delta_{仪} = 0.004\text{mm}$,单次测量平均误差 $\Delta x = \Delta_{仪} = 0.004\text{mm}$,单次测量的标准误差 $\sigma = \dfrac{0.004}{3}\text{mm} = 0.002\text{mm}$。

单次测量的测量结果,应表示为

$$\begin{cases} x = x \pm \Delta x \text{（单位）} \\ E = \dfrac{\Delta x}{x} \times 100\% \end{cases} \quad 或 \quad \begin{cases} x = x \pm \sigma \text{（单位）} \\ E = \dfrac{\sigma}{x} \times 100\% \end{cases}$$

1.1.4　间接测量的误差

间接测量量是通过一定的函数关系由各直接测量量计算得到的,而各直接测量量都有误差,所以计算出的间接测量量也必有误差,称为误差的传递。由直接测量量误差计算间接测量量误差的公式称为误差传递公式。

设间接测量量为 N,各直接测量值为 $x_1, x_2, \cdots, x_m$,函数关系为 $N = f(x_1, x_2, \cdots, x_m)$,以下分别讨论采用平均误差和标准偏差情况下的间接测量量误差传递公式。

1. 误差传递基本公式

已知各直接测量量:

$$x_i = \overline{x_i} \pm \overline{\Delta x_i}, i = 1, 2, \cdots, m$$

则间接测量量 N 的算术平均值为 N 的最佳估计值:

$$\overline{N} = f\left(\overline{x_1}, \overline{x_2}, \cdots, \overline{x_m}\right)$$

对函数 $N = f(x_1, x_2, \cdots, x_m)$ 求全微分,得

$$\mathrm{d}N = \dfrac{\partial f}{\partial x_1}\mathrm{d}x_1 + \dfrac{\partial f}{\partial x_2}\mathrm{d}x_2 + \cdots + \dfrac{\partial f}{\partial x_m}\mathrm{d}x_m$$

误差均为微小量,类似于数学中的微小增量,可以用 $\Delta x_1, \Delta x_2, \cdots, \Delta x_m$ 误差符号替代微分

符号 $d_{x_1}, d_{x_2}, \cdots, d_{x_m}$，则间接测量的误差为

$$\Delta N = \frac{\partial f}{\partial x_1}\Delta x_1 + \frac{\partial f}{\partial x_2}\Delta x_2 + \cdots + \frac{\partial f}{\partial x_m}\Delta x_m$$

由于各个偏导数的值可正可负，为避免正负抵消，导数对间接测量误差估计不足，各误差分量均取绝对值，则最大误差传递公式为

$$\Delta N = \left|\frac{\partial f}{\partial x_1}\Delta x_1\right| + \left|\frac{\partial f}{\partial x_2}\Delta x_2\right| + \cdots + \left|\frac{\partial f}{\partial x_m}\Delta x_m\right|$$

平均误差为

$$\overline{\Delta N} = \left|\frac{\partial f}{\partial x_1}\overline{\Delta x_1}\right| + \left|\frac{\partial f}{\partial x_2}\overline{\Delta x_2}\right| + \cdots + \left|\frac{\partial f}{\partial x_m}\overline{\Delta x_m}\right|$$

对函数 $N = f(x_1, x_2, \ldots, x_m)$ 取自然对数，再取全微分，得

$$\ln N = \ln f(x_1, x_2, \cdots, x_m)$$

$$\frac{dN}{N} = \frac{\partial \ln f}{\partial x_1}dx_1 + \frac{\partial \ln f}{\partial x_2}dx_2 + \cdots + \frac{\partial \ln f}{\partial x_m}dx_m$$

同理得相对误差：

$$E = \frac{\overline{\Delta N}}{N} = \left|\frac{\partial \ln f}{\partial x_1}\overline{\Delta x_1}\right| + \left|\frac{\partial \ln f}{\partial x_2}\overline{\Delta x_2}\right| + \ldots + \left|\frac{\partial \ln f}{\partial x_m}\overline{\Delta x_m}\right|$$

$$= \left|\frac{\partial f}{\partial x_1}\frac{\overline{\Delta x_1}}{\overline{N}}\right| + \left|\frac{\partial f}{\partial x_2}\frac{\overline{\Delta x_2}}{\overline{N}}\right| + \ldots + \left|\frac{\partial f}{\partial x_m}\frac{\overline{\Delta x_m}}{\overline{N}}\right|$$

结果表示为

$$\begin{cases} N = \overline{N} \pm \overline{\Delta N} \\ E = \dfrac{\overline{\Delta N}}{\overline{N}} \times 100\% \end{cases}$$

例 1-3　测得一空心圆柱的内径 $D_1 = (1.01 \pm 0.01)\text{cm}$，外径 $D_2 = (2.02 \pm 0.02)\text{cm}$，高 $H = (3.03 \pm 0.03)\text{cm}$，计算圆柱体的体积和平均绝对误差，并写出测量结果。

解　由题意知

$$\overline{D_1} = 1.01\text{cm}, \quad \overline{\Delta D_1} = 0.01\text{cm}$$

$$\overline{D_2} = 2.02\text{cm}, \quad \overline{\Delta D_2} = 0.02\text{mm}$$

$$\overline{D_3} = 3.03\text{cm}, \quad \overline{\Delta D_3} = 0.03\text{cm}$$

空心圆柱的体积为

$$V = \frac{\pi}{4}(D_2^2 - D_1^2)H = \frac{\pi}{4}D_2^2 H - \frac{\pi}{4}D_1^2 H = f(D_1, D_2, H)$$

$$\overline{V} = \frac{\pi}{4}\overline{D_2}^2 \overline{H} - \frac{\pi}{4}\overline{D_1}^2 \overline{H} = 7.28\text{cm}^3$$

$$E = \frac{\Delta \overline{V}}{\overline{V}} = \left|\frac{\partial f}{\partial D_2}\frac{\Delta \overline{D_2}}{\overline{V}}\right| + \left|\frac{\partial f}{\partial D_1}\frac{\Delta \overline{D_1}}{\overline{V}}\right| + \cdots + \left|\frac{\partial f}{\partial H}\frac{\Delta \overline{H}}{\overline{V}}\right|$$

$$= \frac{2\overline{D_2}\cdot\Delta\overline{D_2}}{\overline{D_2^2}-\overline{D_1^2}} + \frac{2\overline{D_1}\cdot\Delta\overline{D_1}}{\overline{D_2^2}-\overline{D_1^2}} + \frac{\Delta\overline{H}}{\overline{H}} = 5\%$$

$$\Delta\overline{V} = \overline{V}\cdot E = 7.28 \times 5\% = 0.364\text{cm}^3 = 0.37\text{cm}^3$$

测量结果表示为

$$\begin{cases} V = (7.28 \pm 0.37)\text{cm}^3 \\ E = 5\% \end{cases}$$

2. 标准偏差传递公式

若 $N=f(x_1,x_2,\cdots,x_m)$ 中各直接测量量 $x_1,x_2,\cdots,x_m$ 相互独立，各量误差服从高斯分布，用标准偏差估计各直接测量量误差，则间接测量量的标准偏差按"方和根"合成法传递：

$$x_i = \overline{x}_i \pm S_{\overline{x}_i}, \quad i = 1, 2, \cdots, m$$

$$S_{\overline{N}} = \sqrt{\left(\frac{\partial f}{\partial x_1}\right)^2 S_{\overline{x}_1}^2 + \left(\frac{\partial f}{\partial x_2}\right)^2 S_{\overline{x}_2}^2 + \cdots + \left(\frac{\partial f}{\partial x_m}\right)^2 S_{\overline{x}_m}^2}$$

$$E = \frac{S_{\overline{N}}}{\overline{N}} = \sqrt{\sum_{i=1}^{m}\left(\frac{\partial \ln f}{\partial x_i}\right)^2 S_{\overline{x}_i}^2}$$

例 1-4 用千分尺测一圆柱体的直径，50 分度游标卡尺测高，物理天平测质量，直径、高和质量表达式用标准差表示，结果如下：$d = (0.5645 \pm 0.0003)\text{cm}$，$H = (6.715 \pm 0.005)\text{cm}$，$m = (14.06 \pm 0.01)\text{g}$，求其密度。

解 由题知：

$$\overline{d} = 0.5645\text{cm}, \quad \sigma_{\overline{d}} = 0.0003\text{cm}$$

$$\overline{H} = 6.715\text{cm}, \quad \sigma_{\overline{H}} = 0.005\text{cm}$$

$$\overline{m} = 14.06\text{g}, \quad \sigma_{\overline{m}} = 0.01\text{g}$$

圆柱体的密度公式为

$$\rho = \frac{4m}{\pi d^2 H} = f(m,d,H)$$

则

$$\overline{\rho} = \frac{4\overline{m}}{\pi \overline{d}^2 \overline{H}} = 8.366\text{g}/\text{cm}^3$$

$$\ln f = \ln \rho = \ln 4 + \ln m - \ln \pi - \ln d^2 - \ln H$$

$$E = \frac{\sigma_{\overline{\rho}}}{\rho} = \sqrt{\left(\frac{\partial \ln f}{\partial m}\right)^2 \sigma_{\overline{m}}^2 + \left(\frac{\partial \ln f}{\partial d}\right)^2 \sigma_{\overline{d}}^2 + \left(\frac{\partial \ln f}{\partial H}\right)^2 \sigma_{\overline{H}}^2}$$

$$= \sqrt{\left(\frac{\partial \overline{m}}{\overline{m}}\right)^2 + \left(\frac{2\partial \overline{d}}{\overline{d}}\right)^2 + \left(\frac{\partial \overline{H}}{\overline{H}}\right)^2} = 0.15\%$$

$$\sigma_{\overline{\rho}} = \overline{\rho}E = 8.366 \times 0.15\% = 0.013\text{g}/\text{cm}^3$$

圆柱体的密度为

$$\begin{cases} \rho = (8.366 \pm 0.013) \text{g/cm}^3 \\ E = 0.15\% \end{cases}$$

1.2 测量不确定度评定与表示

测量不确定度（Uncertainty of Measurement）是建立在误差理论基础上的新概念，其应用具有广泛性和实用性。正如国际单位（SI制）一样，目前，测量不确定度评定已被世界各国、各领域采用。1993年，国家标准化组织（ISO）、国际理论物理与应用物理联合会等7个国际组织联合发布了《测量不确定度表示指南》（Guide to the Expression of Uncertainty in Measurement, GUM）。我国于1999年全面施行《测量不确定度评定与表示》（JJF 1059－1999），以替代原技术规范中的测量误差部分。

测量不确定度评定与表示的统一，使不同国家、不同地区、不同学科、不同领域在表示测量结果及评定时具有一致的含义。

1.2.1 测量不确定度的基本概念

1. 测量不确定度

测量不确定度是与测量结果相联系的参数，是误差的量化指标，表征合理地域赋予被测量值的分散性。测量不确定度可以是标准差或其倍数，或说明了置信水准之间的区间的半宽度。测量不确定度由多个分量组成，其中一些分量可用测量列结果的统计分布估算，并用实验标准差表征；另一些分量则可以用基于经验或其他信息的假定概率分布估算，也可用标准差表征。本书若不另外强调，测量不确定度一律用合成标准不确定度表示。

测量不确定度是指对测量结果正确性的可疑程度，不确定度恒为正值；而测量结果是被测量的最佳估计，实验中用算术平均值 $\bar{x}$ 表示。

2. 标准不确定度

以标准差表示的测量不确定度，如用贝塞尔函数表示的实验标准差：

$$S(x_i) = \sqrt{\frac{\sum_{i=1}^{n}(x_i - \bar{x})^2}{n-1}}$$

或用仪器误差限等转换成的标准不确定度。

算术平均值 $\bar{x}$ 的实验标准差：

$$S(\bar{x}) = \frac{1}{\sqrt{n}} S(x_i) = \sqrt{\frac{\sum_{i=1}^{n}(x_i - \bar{x})^2}{n(n-1)}}$$

则算术平均值 $\bar{x}$ 的标准不确定度为：$u(\bar{x}) = s(\bar{x})$。

测量结果 $x = \bar{x} \pm u(\bar{x})$ 表示 x 落在 $(\bar{x} - u(\bar{x}), \bar{x} + u(\bar{x}))$ 内的概率是68.3%。

3. 合成标准不确定度

当测量结果由若干个其他量的值求得时，按其他各量的方差和协方差算得的标准不确定度，可以按不确定度分量的 A、B 两类评定方法分别合成。本书中一般只考虑各分量相互独立的情况。合成标准不确定度用 u_c 表示。

若 $y = f(x_1, x_2, \cdots, x_N), x_1, x_2, \cdots, x_N$ 相互独立，则

$$u_c(y) = \sqrt{\sum_{i=1}^{N}\left(\frac{\partial f}{\partial x_i}\right)^2 u^2(x_i)}$$

或

$$u_c(y) = \sqrt{\sum_{i=1}^{m}\left(\frac{\partial f}{\partial x_i}\right)^2 u_A^2(x_i) + \sum_{i=m+1}^{N}\left(\frac{\partial f}{\partial x_i}\right)^2 u_B^2(x_i)}$$

4. 自由度

自由度的定义：在方差的计算中，和的项数减去对和的限制数。如在重复性条件下，对被测量作 n 次独立测量时所得的样本方差为 $(v_1^2 + v_2^2 + \cdots + v_n^2)/(n-1)$，其中残差为

$$v_1 = x_1 - \bar{x}, \quad v_2 = x_2 - \bar{x}, \quad \cdots, \quad v_n = x_n - \bar{x}$$

和的项数即为残差的个数 n（也是测量次数），而约束条件为 $\sum v_i = 0$，即限制数为 1，则自由度为 $\gamma = n - 1$。

对于最小二乘法，自由度 $\gamma = n - t$（n 为数据个数，t 为未知数个数）。

合成标准不确定度 $u_c(y)$ 的自由度称为有效自由度 γ_{eff}。若

$$u_c(y) = \sqrt{\sum_{i=1}^{N}\left(\frac{\partial f}{\partial x_i}\right)^2 u^2(x_i)}$$

则有效自由度 γ_{eff} 可由韦尔奇—萨特恩韦特公式计算：

$$\gamma_{\text{eff}} = \frac{u_c^4(y)}{\sum_{i=1}^{N} \dfrac{u_i^4(y)}{v_i}}$$

或乘除函数：

$$\gamma_{\text{eff}} = \frac{[u_c(y)/y]^4}{\sum_{i=1}^{N} \dfrac{\left[\dfrac{\partial f}{\partial x_i} \cdot u(x_i)/x_i\right]^4}{v_i}} = \frac{[u_{\text{crel}}(y)]^4}{\sum_{i=1}^{N} \dfrac{\left[\dfrac{\partial f}{\partial x_i} \cdot u_{\text{crel}}(x_i)\right]^4}{v_i}}$$

t 分布中要用到自由度（γ）。

5. 扩展不确定度

扩展不确定度是由合成标准不确定度扩展 k 倍得到的，有 U 和 U_p 两种。$U = ku_c$ 为标准差的倍数，$k=1,2,3$ 分别表示物理量 x 落在 $(\bar{x}-U, \bar{x}+U)$ 内的概率为 p=68.3%、95.4%和99.7%。

$U_p = k_p u_c$ 为具有置信概率 p 的置信区间的半宽。表示物理量 x 落在 $(\bar{x}-U_p, \bar{x}+U_p)$ 内的概率为 p，k_p 由统计分布及置信概率 p 查表求得。如正态分布下，置信概率 p=95%，对应的 k_p=1.96，对应的扩展不确定度记 $U_{95}=1.96u_c$。

k 与 k_p 称为包含因子。

常用仪器、仪表的误差限可理解为 $p=100\%$ 的扩展不确定度，即 $U_{100}=\Delta_{仪}$。在 B 类评定中，由 $\Delta_{仪}=ku_c$，可求出 $u_c=\Delta_{仪}/k$，k 由分布决定，正态分布 $k=3$，均匀分布 $k=\sqrt{3}$，三角分布 $k=\sqrt{6}$，t 分布表可查相关手册。

6. 测量不确定度的 A 类评定

用对观测列进行统计分析的方法来评定标准不确定度，相应的标准不确定度用 u_A 表示。物理实验教学中我们采用平均值的实验标准偏差表示 u_A，即

$$u_A = S(\bar{x}) = \frac{1}{\sqrt{n}} S(x_i) = \sqrt{\frac{\sum_{i=1}^{n}(x_i-\bar{x})^2}{n(n-1)}}$$

在实验中，一般只能进行有限次的测量，这时测量残差不一定会服从正态分布，而是服从 t 分布。此时，A 类不确定度等于实验标准偏差乘以 t 分布因子 $\dfrac{t_p(n-1)}{\sqrt{n}}$，即

$$U_p = \frac{t_p(n-1)}{\sqrt{n}} S(x) = t_p(n-1) S(\bar{x})$$

式中，$t_p(n-1)$ 是与测量次数 n 及置信概率 p 有关的量。

$t_p(n-1)$ 可由概率分布表得到，表 1-3 是部分数据（$p=0.95$）。

表 1-3　$t_p(n\text{-}1)$ 与测量次数 n 的关系

测量次数 n	2	3	4	5	6	7	8	9	10
$\dfrac{t_p(n-1)}{\sqrt{n}}$	8.98	2.48	1.59	1.24	1.05	0.93	0.84	0.77	0.72

从表 1-3 中可见，当 $6\leq n\leq 10$ 时，因子 $\dfrac{t_p(n-1)}{\sqrt{n}}$ 近似取 1，这时可简化为 $U_P=S_X$。在基础物理实验中，测量次数 n 一般不大于 10，作 $U_P=S_X$ 近似，置信概率接近或大于 95%，当测量次数不在上述范围且测量要求较高时，要从有关数据表中查出相应的 $t_p(n-1)$ 因子。

测量次数 n 充分多，才能使 A 类不确定度可靠，一般认为 n 应大于 5，但也要看实际情况而定，当该 A 类不确定分量对合成标准不确定度的贡献较大时，n 不宜太小；反之，当该 A 类不确定度分量对合成不确定度的贡献较小时，n 小一些也影响不大。

7. 测量不确定度的 B 类评定

用不同于对观测列进行统计分析的方法，来评定标准不确定度，相应的标准不确定度用 u_B 表示。获得 B 类标准不确定度的信息来源一般有：

（1）以前的观测数据。

（2）对有关技术材料和观测仪器特性的了解和经验。

（3）生产部门提供的技术说明文件。

（4）校准证书、检定评书或其他文件提供的数据、准确度的等级或级别，包括目前暂使用的极限误差等。

（5）手册或某些材料给出的参考数据及其不确定度。

（6）规定实验方法的图像标准或类似技术文件中给出的重复性限 r 或复性限 R。

本书中主要考虑仪器误差限 $\Delta_{仪}$，它是指计算器具的示值误差，或是按仪表准确度等级算得的最大基本误差。本书中约定采用测量仪器的误差限折合成 B 类标准不确定度，$u_B = \Delta_{仪}/k$，k 大于 1，是与误差分布特性有关的系数。

目前，很多仪器在最大允差范围内的分布性质还不清楚，这种情况下，一般采用保守性估计，k 取较小值。对于误差分布未知的情况，本书均简化为均匀分布处理，即取 $k=\sqrt{3}$，仪器误差限由实验室提供。常用仪器误差限及误差分布见表 1-4。

对于数字显示式测量仪器，若分辨力为 δx，则由此带来的标准不确定度为 $u_B = \dfrac{\delta_x}{2\sqrt{3}}$。

表 1-4 常见仪器量具主要技术指标及误差分布

仪器量具	量程	最小分度值	误差限	误差分布	包含因子 k
钢板尺	150mm 500mm 1000mm	1mm 1mm 1mm	±0.10mm ±0.15mm ±0.20mm	正态	3
钢卷尺	1m 2m	1mm 1mm	±0.8mm ±1.2mm	—	$\sqrt{3}$
游标卡尺	125mm 300mm	0.02mm 0.05mm	±0.02mm ±0.05mm	均匀	$\sqrt{3}$
千分尺	0～25mm	0.01mm	±0.004mm	正态	3
物理天平	500g	0.05g	0.08g（近满量程） 0.06g（近 1/2 量程） 0.04g（近 1/3 量程）	正态	3
普通温度计	0℃～100℃	1℃	±1℃	—	$\sqrt{3}$
指针式电表			$A \cdot K\%$	均匀	$\sqrt{3}$
直流电阻箱			$(a \cdot R + b \cdot m)\%$	均匀	$\sqrt{3}$
秒表		0.1s	0.1s	正态	3

注：A—电表量程；K—电表准确度等级；a—电阻箱准确度等级；R—电阻箱示值；b—与等级有关的系数（电阻箱结构常数），见电阻箱介绍；m—电阻箱示值中除"0"外所用的旋钮个数。

8. 相对合成不确定度

u_{crel} 表示合成不确定度的相对大小，$U_{crel}(\bar{y}) = U_c(\bar{y})/\bar{y}_0$。

1.2.2 测量不确定度评定与表示

在将可修正的系统误差修正后，测量不确定度按照获取方法分别采用 A 类和 B 类不确定度评定。

1. 单次测量的不确定度

作为单次测量，不存在采用统计方法得到的不确定度 A 类分量，因此，单次测量的合成标准不确定度就等于不确定度的 B 类分量 u_B。

例如，用米尺单次测长度 $L=25.5$mm，则

$$u_B = \frac{\Delta_{仪}}{\sqrt{3}} = \frac{0.5}{\sqrt{3}} = 0.3\text{mm}$$

测量结果为

$$\begin{cases} L = (25.5 \pm 0.3)\text{mm} \\ u_{\text{crel}} = 1.2\% \end{cases}$$

2. 多次等精度直接测量的不确定度

首先用贝塞尔公式计算标准不确定度 A 类分量 u_A，再计算仪器误差限对应的标准不确定度 B 类分量 u_B，由 u_A 和 u_B 采用"方和根"方法求得合成标准不确定度 $u_c = \sqrt{u_A^2 + u_B^2}$。

具体步骤如下：

（1）求测量列 $x_1, x_2, \cdots, x_n$ 的算术平均值：$\bar{x} = \frac{1}{n}\sum_{i=1}^{n} x_i$。

（2）求残差：$v_i = x_i - \bar{x}, i = 1, 2, \cdots, n$。

（3）求算术平均值的实验标准偏差 $s(\bar{x})$：$s(\bar{x}) = \sqrt{\dfrac{\sum_{i=1}^{n} v_i^2}{n(n-1)}}$，则 $u_A = s(\bar{x})$。

（4）由仪器误差限 $\Delta_{仪}$ 求标准不确定度 B 类分量 u_B：$u_B = \dfrac{\Delta_{仪}}{k}$。

（5）由合成标准不确定度 u_c：$u_c = \sqrt{u_A^2 + u_B^2}$。

（6）测量结果为

$$\begin{cases} x = \bar{x} \pm u_c \\ u_{\text{crel}} = \dfrac{u_c}{x} \times 100\% \end{cases}$$

例 1-5 用螺旋测微计测钢球直径 5 次，测量值为 3.498mm, 3.499mm, 3.500mm, 3.499mm, 3.498mm，给出测量结果。

解（1）$u_A = S(\bar{d}) = 0.00038$mm，$\bar{d} = 3.4988$mm。

（2）$u_c = \dfrac{\Delta_{仪}}{\sqrt{3}} = 0.0023$mm。

（3）$u_c = \sqrt{u_A^2 + u_B^2} = 0.003$mm。

（4）$u_{\text{crel}} = \dfrac{u_c}{\bar{d}} \times 100\% = 0.09\%$。

（5）测量结果为

$$\begin{cases} d = (3.499 \pm 0.003)\text{mm} \\ u_{\text{crel}} = 0.09\% \end{cases}$$

3. 间接测量结果的不确定度

间接测量不确定度与 1.1 节中所讲的实验标准偏差的传递公式相似，可参阅相关内容。

间接测量量 $y = f(x_1, x_2, \cdots, x_n)$，其中 $x_1, x_2, \cdots, x_n$ 为间接测量量，且相互独立，$u_c(x_i)$ 为各直接测量量的合成标准不确定度。

$$x_i = \overline{x}_i \pm u_c(\overline{x}_i), i = 1, 2, \cdots, n$$

则 $\overline{y} = f(\overline{x}_1, \overline{x}_2, \cdots, \overline{x}_n)$ 为间接测量量的最佳估计值。

合成标准不确定度：

$$u_c(\overline{y}) = \sqrt{\sum_{i=1}^{n} \left(\frac{\partial f}{\partial x_i}\right)^2 u_c^2(\overline{x}_i)}$$

相对合成标准不确定度：

$$u_{\text{crel}}(\overline{y}) = \frac{u_c(\overline{y})}{\overline{y}} = \sqrt{\sum_{i=1}^{n} \left(\frac{\partial \ln f}{\partial x_i}\right)^2 \cdot u_c^2(\overline{x}_i)} = \sqrt{\sum_{i=1}^{n} \left(\frac{\partial f}{\partial x_i}\right)^2 \cdot \frac{u_c^2(\overline{x}_i)}{f^2}}$$

测量结果为：

$$\begin{cases} y = \overline{y} \pm u_c(\overline{y}) \\ u_{\text{crel}} = \dfrac{u_c(\overline{y})}{\overline{y}} \times 100\% \end{cases}$$

从常用函数不确定度传递公式（见表 1-5）可以看出，对于和差函数，先计算合成不确定度 u_c，再由公式 $u_{\text{crel}} = \dfrac{u_N}{N}$ 计算相对不确定度比较方便；对于乘除、乘方等函数，应先计算相对不确定度 u_{crel}，再由公式 $u_c = N u_{\text{crel}}$ 求合成不确定度比较方便。

表 1-5 常用函数不确定度传递公式

函数	不确定度	相对不确定度
$N = x \pm y$	$u_c = \sqrt{u_x^2 + u_y^2}$	$u_{\text{crel}} = \dfrac{u_c}{N}$
$N = kx \pm my \pm nz$	$u_c = \sqrt{k^2 u_x^2 + m^2 u_y^2 + n^2 u_z^2}$	$u_{\text{crel}} = \dfrac{u_c}{N}$
$N = x \cdot y$	$u_c = N \cdot u_{\text{crel}}$	$u_{\text{crel}} = \sqrt{\left(\dfrac{u_x}{x}\right)^2 + \left(\dfrac{u_y}{y}\right)^2} + \sqrt{u_{\text{crel}}^2(x) + u_{\text{crel}}^2(y)}$
$N = \dfrac{x}{y}$	$u_c = N \cdot u_{\text{crel}}$	$u_{\text{crel}} = \sqrt{\left(\dfrac{u_x}{x}\right)^2 + \left(\dfrac{u_y}{y}\right)^2} = \sqrt{u_{\text{crel}}^2(x) + u_{\text{crel}}^2(y)}$
$N = k \cdot x$	$u_c = k \cdot u_x$	$u_{\text{crel}} = u_{\text{crel}}(x)$
$N = x^k \dfrac{y^m}{z^n}$	$u_c = N \cdot u_{\text{crel}}$	$u_{\text{crel}} = \sqrt{k^2 \left(\dfrac{u_x}{x}\right)^2 + m^2 \left(\dfrac{u_y}{y}\right)^2 + n^2 \left(\dfrac{u_z}{z}\right)^2} = \sqrt{k^2 u_{\text{crel}}^2(x) + m^2 u_{\text{crel}}^2(y) + n^2 u_{\text{crel}}^2(z)}$
$N = k\sqrt{x}$	$u_c = N \cdot u_{\text{crel}}$	$u_{\text{crel}} = \dfrac{1}{2} \dfrac{u_x}{x} = \dfrac{1}{2} u_{\text{crel}}(x)$

续表

函数	不确定度	相对不确定度
$N = k\sqrt[m]{x}$	$u_c = N \cdot u_{crel}$	$u_{crel} = \dfrac{1}{m} \cdot \dfrac{u_x}{x} = \dfrac{1}{m} \cdot u_{crel}(x)$
$N = \sin(x)$	$u_c = |\cos x| \cdot u_x$	$u_{crel} = \dfrac{u_c}{N}$
$N = \ln x$	$u_c = \dfrac{u_x}{x}$	$u_{crel} = \dfrac{u_c}{N} = \dfrac{u_{crel}(x)}{\ln x}$

例 1-6 加减法 $y = x_1 + x_2$，$x_1 = \overline{x_1} \pm u_c(\overline{x_1})$，$x_2 = \overline{x_2} \pm u_c(\overline{x_2})$，计算 $u_{crel}(y)$。

解
$$u_c(y) = \sqrt{u_c^2(\overline{x_1}) + u_c^2(\overline{x_2})}$$

$$u_{crel}(y) = \frac{u_c(y)}{\overline{y}} = \frac{\sqrt{u_c^2(\overline{x_1}) + u_c^2(\overline{x_2})}}{\overline{x_1} + \overline{x_2}}$$

例 1-7 乘除法 $y = x_1 \cdot x_2$，$x_1 = \overline{x_1} \pm u_c(\overline{x_1})$，$x_2 = \overline{x_2} \pm u_c(\overline{x_2})$，计算 $u_c(y)$ 及 $u_{crel}(y)$。

解 （1）先计算 $u_c(y)$，后计算 $u_{crel}(y)$。

$$u_c(y) = \sqrt{\left(\frac{\partial f}{\partial x_1}\right)^2 \cdot u_c^2(x_1) + \left(\frac{\partial f}{\partial x_2}\right)^2 \cdot u_c^2(\overline{x_2})} = \sqrt{\overline{x_2}^2 \cdot u_c^2(x_1) + \overline{x_1}^2 \cdot u_c^2(x_1)}$$

$$u_{crel}(y) = \frac{u_c(\overline{y})}{\overline{y}} = \frac{\sqrt{\overline{x_2}^2 \cdot u_c^2(\overline{x_1}) + \overline{x_1}^2 \cdot u_c^2(\overline{x_1})}}{\overline{x_1} \cdot \overline{x_2}}$$

可见，先计算 $u_c(y)$，后计算 $u_{crel}(y)$ 不方便。

（2）先计算 $u_{crel}(y)$，后计算 $u_c(y)$。

$$u_{crel}(y) = \sqrt{\sum_{i=1}^{n}\left(\frac{\partial f}{\partial x_i}\right)^2 \cdot \frac{u_c^2(\overline{x_i})}{f^2}} = \sqrt{\frac{u_c^2(\overline{x_1})}{\overline{x_1}^2} + \frac{u_c^2(\overline{x_2})}{\overline{x_2}^2}} = \sqrt{u_{crel}^2(\overline{x_1}) + u_{crel}^2(\overline{x_2})}$$

$$u_c(y) = \overline{y} \cdot u_{crel}(\overline{y})$$

可见方法（2）比较简便。

1.2.3 不确定度分析的意义及不确定度均分原理

不确定度反映测量结果的可靠程度，由不确定度的合成可以看出，影响测量不确定度的因素很多，分析不同因素对测量不确定度的影响及影响的大小，对前期的实验设计以及事后的实验分析都具有重要意义。在实验前，要根据对测量不确定度的要求设计实验方案，选择仪器和实验环境，使得实验既能满足设计要求又能尽可能地降低实验成本；在实验中和实验后，通过对测量不确定度的大小及其成因进行分析，可以找到影响实验精确度的原因并加以校正。人类历史上的许多重大发现都来自科学家对实验误差和测量不确定度的研究。如开普勒在研究火星轨道的过程中，发现理论数据与第谷的观测数据有 8′ 的误差，这 8′ 的误差相当于秒针 0.02 秒间转过的角度。开普勒坚信第谷的实验数据是可信的，通过坚持不懈的努力终于提出了行星三定律，正是这个不容忽略的 8′ 误差使开普勒走上了天文学改革的道路。氢的同位素氘和氚的发现，也是科学家通过对氢原子实验值不确定度的研究，认定有未知系统误差的存在，才最终发现了氢的同位素，并发明了质谱仪。

不确定度均分原理的提出是基于在间接测量中，各直接测量量都会对最终测量结果的不确定度有贡献，若已知各测量量之间的函数关系，可写出不确定度传递公式，并按均分原理将测量结果的合成不确定度均分到各个分量中，由此经济合理地设计实验方案，确定各物理量的测量方法和使用的仪器。对测量结果影响较大的物理量，应采用精度较高的仪器；而对结果影响不大的物理量，则没必要采用精度过高的仪器，以免造成实验成本的提高。

当然，按不确定度均分原理设计实验也可能出现有的物理量的不确定度需求很容易实现，而有的物理量的不确定度需求却很难实现的情况。在这种情况下，可根据具体情况调整不确定度分配，对难以实现的物理量的不确定度可适当扩大，较容易实现的物理量尽可能缩小，其余的物理量的不确定度不作调整。

例如，$u_c(y) = \sqrt{\sum_{i=1}^{N} \left(\dfrac{\partial f}{\partial x_i}\right)^2 u^2(x_i)}$

则 $\left(\dfrac{\partial f}{\partial x_1}\right)^2 \cdot u^2(x_1) = \left(\dfrac{\partial f}{\partial x_2}\right)^2 \cdot u^2(x_2) = \ldots = \left(\dfrac{\partial f}{\partial x_N}\right)^2 \cdot u^2(x_N) = \dfrac{1}{N} u_c^2(y)$

即为不确定度均分原理，可由 $u(x_i) \geqslant \Delta_{仪}$ 选择满足相应物理量不确定度的测量仪器。

1.2.4 不确定度计算实例

以下用不确定度分析的方法计算例 1-6、例 1-7，并给出一个包含扩展不确定度及自由度计算的不确定度评定实例，以及运用不确定度均分原理选择测量仪器的例子。

例 1-8 用误差限 $\Delta_{仪} = 0.1\text{mm}$ 的钢板尺测量某物体的长度，共测 9 次，各次测量值分别为 23.2mm，23.4mm，23.6mm，23.0mm，23.7mm，23.2mm，23.6mm，23.0mm，23.7mm，给出测量结果。

解 （1）A 类不标准度 u_A。

1）算术平均值：$\overline{L} = \dfrac{1}{9} \sum_{i=1}^{9} L_i = 23.4$（mm）

2）测量列标准偏差：$S = \sqrt{\dfrac{1}{n-1} \sum_{i=1}^{n} (L_i - \overline{L})^2} = \sqrt{\dfrac{0.66}{9-1}} = 0.29$（mm）

3）算术平均值的标准偏差：$S_{\overline{L}} = \dfrac{1}{\sqrt{n}} S = \dfrac{0.29}{\sqrt{9}} = 0.097$（mm）

4）A 类标准不确定度：$u_A = S_{\overline{L}} = 0.097$（mm）

（2）B 类标准不确定度 u_B。钢板尺误差分布为正态分布，有

$$u_B = \dfrac{\Delta_{仪}}{3} = \dfrac{0.1}{3} \text{mm} = 0.034 \text{（mm）}$$

（3）合成标准不确定度：$u_c = \sqrt{u_A^2 + u_B^2} = 0.11$（mm）

（4）相对合成标准不确定度：$u_{crel} = \dfrac{u_c}{L} \times 100\% = 0.47\%$

（5）测量结果为

$$\begin{cases} L = (23.40 \pm 0.11)\text{mm} \\ u_{crel} = 0.47\% \end{cases}$$

例 1-9 用千分尺测一圆柱体的直径，50 分度游标卡尺测高，物理天平测质量，直径、高和质量表达式用标准差表示。结果如下：

$d = (0.5645 \pm 0.0003)$cm，$H = (6.715 \pm 0.005)$cm，$m = (14.06 \pm 0.01)$g，求其密度。

解（1）圆柱体密度。

由题知：

$$\overline{d} = 0.5646\text{cm}, \quad \sigma_{\overline{d}} = 0.0003\text{cm}$$

$$\overline{H} = 6.715\text{cm}, \quad \sigma_{\overline{H}} = 0.005\text{cm}$$

$$\overline{m} = 14.06\text{g}, \quad \sigma_{\overline{m}} = 0.01\text{g}$$

圆柱体的密度公式为

$$\rho = \frac{4m}{\pi d^2 H} = f(m, d, H)$$

则

$$\overline{\rho} = \frac{4\overline{m}}{\pi \overline{d}^2 \overline{H}} = 8.366\text{g/cm}^3$$

（2）圆柱体直径 d 的不确定度。

A 类标准不确定度：$u_A = \sigma_{\overline{d}} = 0.0003$cm

B 类标准不确定度：千分尺误差分布为正态分布，有

$$u_B = \frac{\Delta_{仪}}{\sqrt{3}} = \frac{0.04}{\sqrt{3}}\text{mm} = 0.0014\text{mm} = 0.00014\text{cm}$$

合成标准不确定度：$u_c(\overline{d}) = \sqrt{u_A^2 + u_B^2} = 0.00034$cm

（3）圆柱体高 H 的不确定度。

A 类标准不确定度：$u_A = \sigma_{\overline{H}} = 0.005$cm

B 类标准不确定度：物理天平误差分布为正态分布，有

$$u_B = \frac{\Delta_{仪}}{\sqrt{3}} = \frac{0.02}{\sqrt{3}}\text{mm} = 0.012\text{mm} = 0.0012\text{cm}$$

合成标准不确定度：

$$u_c(\overline{H}) = \sqrt{u_A^2 + u_B^2} = 0.012\text{mm} = 0.0012\text{cm}$$

（4）圆柱体质量 m 的不确定度。

A 类标准不确定度：$u_A = \sigma_{\overline{m}} = 0.01$g

B 类标准不确定度：物理天平误差分布为正态分布，有
$$u_B = \frac{\Delta_{仪}}{\sqrt{3}} = \frac{0.04}{\sqrt{3}}g = 0.014g$$

合成标准不确定度：$u_c(\overline{m}) = \sqrt{u_A^2 + u_B^2} = 0.018g$

（5）圆柱体密度的不确定度。

密度函数是乘除函数，先计算相对不确定度 $u_{crel}(\overline{\rho})$ 后计算合成不确定度 $u_c(\overline{\rho}) = \overline{\rho} \cdot u_{crel}$ 较方便。

相对合成标准不确定度：
$$u_{crel}(\overline{\rho}) = \frac{u_c(\overline{\rho})}{\overline{\rho}} = \sqrt{\left(\frac{2u_c(\overline{d})}{\overline{d}}\right)^2 + \left(\frac{u_c(\overline{h})}{\overline{h}}\right)^2 + \left(\frac{u_c(\overline{m})}{\overline{m}}\right)^2} = 0.19\%$$

合成标准不确定度 $u_c(\overline{\rho}) = \overline{\rho} \cdot u_{crel}(\overline{\rho}) = 8.366 \times 0.19\% = 0.016 g/cm^3$

（6）圆柱体密度的表达式。
$$\begin{cases} \rho = (8.366 \pm 0.016)g/cm^3 = (8.366 \pm 0.016) \times 10^3 \ kg/m^3 \\ u_{crel}(\rho) = 0.19\% \end{cases}$$

例 1-10 用最大允差 $\pm 0.05mm$ 的游标卡尺测量一圆柱体的体积，直径和高的测量数据见表 1-6，体积公式为 $V = \frac{\pi}{4}d^2 h$，用标准不确定度和扩展不确定度评定测量结果。

表 1-6 圆柱体的直径和高的测量数据

测量次数	d_i/mm	h_i/mm
1	10.05	5.00
2	10.00	5.05
3	10.00	5.00
4	9.95	5.00
5	10.05	5.05
6	9.95	5.05

解　（1）算术平均值：
$$\overline{d} = 10.00mm, \overline{h} = 5.025mm, \overline{V} = 0.25\pi \overline{d}^2 \overline{h} = 394.6626mm^3$$

（2）直径 d 的不确定度。

A 类标准不确定度：$u_A(\overline{d}) = 0.01826mm$

$u_A(\overline{d})$ 的自由度：$\gamma = n - 1 = 5$

B 类标准不确定度：$u_B = \frac{\Delta_{仪}}{\sqrt{3}} = \frac{0.05}{\sqrt{3}}mm = 0.02887mm$

$u_B(\overline{d})$ 的自由度：无穷大（仪器给定的误差限，自由度认为是无穷大）。

合成标准的不确定度：$u_c(\overline{d}) = \sqrt{u_A^2 + u_B^2} = 0.03416mm$

$u_c(\bar{d})$ 的自由度：

$$\gamma_{\text{eff}} = \frac{u_c^4(d)}{\dfrac{u_A^4(\bar{d})}{5} + \dfrac{u_B^4(\bar{d})}{\infty}} = 61$$

（3）高 h 的不确定度。

A 类标准不确定度：$u_A(\bar{h}) = 0.01118\text{mm}$

$u_A(\bar{h})$ 的自由度：$\gamma = n - 1 = 5$

B 类标准不确定度：$u_B = \dfrac{\Delta_\text{仪}}{\sqrt{3}} = \dfrac{0.05}{\sqrt{3}}\text{mm} = 0.02887\text{mm}$

$u_B(\bar{h})$ 的自由度：无穷大。

合成标准不确定度：$u_c(\bar{h}) = \sqrt{u_A^2 + u_B^2} = 0.03096\text{mm}$

$u_c(\bar{h})$ 的自由度：$\gamma_{\text{eff}} = \dfrac{u_c^4(d)}{\dfrac{u_A^4(\bar{d})}{5} + \dfrac{u_B^4(\bar{d})}{\infty}} = 294$

（4）体积 V 的不确定度。

先计算相对合成不标准不确定度：$u_{\text{crel}}(\bar{V}) = \sqrt{\left[2 \times \dfrac{u_c(\bar{d})}{\bar{d}}\right]^2 + \left[\dfrac{u_c(\bar{h})}{\bar{h}}\right]^2} = 0.92\%$

再计算合成标准不确定度：$u_c(\bar{V}) = \bar{V} \times u_{\text{crel}}(\bar{V}) = 3.7\text{mm}^3$

$u_c(\bar{V})$ 的自由度：

$$\gamma_{\text{eff}} = \frac{(u_c(\bar{V})/\bar{V})^4}{\underbrace{[2 \times U_C(\bar{d})/\bar{d}]}_{61} + \underbrace{[u_c(\bar{h})/\bar{h}]}_{294}} = 190$$

γ_{eff} 较大，可认为是正态分布，所以 $k_{68.3}=1$，$k_{95.4}=2$，$k_{99.7}=3$。

标准不确定度为：$u_c(\bar{V}) = 3.7\text{mm}^3$

取置信概率为 $p=95.4\%$，扩展不确定度

$$U_{95.4} = k_{95.4} \cdot u_c(\bar{V}) = 2 \times 3.7\text{mm}^3 = 7.4\text{mm}^3$$

取置信概率为 $p=99.7\%$，扩展不确定度 $U_{99.7} = k_{99.7} \cdot u_c(\bar{V}) = 3 \times 3.7\text{mm}^3 = 12\text{mm}^3$。

（5）结果表达式。

体积表示为：$V = (394.7 \pm 3.7)\text{mm}^3$，$p = 68.3\%$

或 $V = (394.7 \pm 7.4)\text{mm}^3$，$p = 94.4\%$

或 $V = (395 \pm 12)\text{mm}^3$，$p = 99.7\%$

结果表达式中，测量不确定度取两位有效位数，测量结果的末位与测量不确定度的末位对齐。

例 1-11 圆柱体直径约为 8mm，高约为 32mm，要求 $\dfrac{u(v)}{V} \leqslant 10\%$，应怎样选择仪器？

解

$$V = \frac{\pi}{4}d^2 h$$

$$\left[\frac{u(V)}{V}\right]^2 = \left[2 \cdot \frac{u(d)}{d}\right]^2 + \left[\frac{u(h)}{h}\right]^2 = 0.0001$$

令

$$\left[2 \cdot \frac{u(d)}{d}\right]^2 = \left[\frac{u(h)}{h}\right]^2 = \frac{1}{2} \times 0.0001$$

则 $\Delta_{仪1} \leqslant u(d) = \frac{1}{2}d \cdot \sqrt{\frac{1}{2} \times 0.0001} = 0.029$mm，测圆柱体的直径，选择 50 分度游标卡尺即可。

$\Delta_{仪2} \leqslant u(d) = h \cdot \sqrt{\frac{1}{2} \times 0.0001} = 0.23$mm，测圆柱体的高，选择150mm 或者 500mm 钢板尺即可。

为方便实验，只选一种仪器即可，即选择 50 分度游标卡尺测圆柱体的直径和高。

1.3 实验数据修约

测量应给出测量结果，测量结果应能反映出测量的精度。除直接从仪器表上读出的数据外，一般的间接测量都需要经过多次运算获得，使用计算器或计算机运算可轻易获得 8～16 位的计算结果，计算结果应该保留几位数字呢？这就涉及数据修约和有效位数的问题。并不是保留的数据位数越多越好，保留的数据位数过少，降低了测量精度；保留的数据位数过多，也会造成虚假的测量精度。

1.3.1 有效位数的概念

关于测量结果的数据位数，一般教材中常用的概念是有效数字，而国家标准中没有有效数字的概念和定义，不同教材中的有效数字的定义不一致甚至相互矛盾，比较常见的定义有以下几种：

（1）几个可靠数字加上一个可疑数字统称为测量值的有效数字。

（2）几个可靠的数字加上 1～2 位安全数字统称为测量值的有效数字。

（3）如果计算结果的极限误差不大于某一位上的半个单位，则该位为有效数字末位，该位到左起第一位非零数字之间的数字个数即是有效数字的个数。

另外还有其他几种有效数字之间的定义，有效数字定义的不一致容易引起测量结果表示中的混乱和数学中的矛盾，如用同一精度为 0.01mm 的千分尺测量同一物体的长度得到的同一组数据，由于有效数字定义的不一致，三种教材中可能出现以下三种结果：L_1=10.02mm，L_2=10.020mm，L_3=10.0200mm，每种教材都认为自己的表示是正确的，因而无法比较测量结果。

为避免这一问题，本书采用国家标准中关于数据"有效位数"的定义，并采用 GUM 和 JJF 1059－1999 的规则修约测量不确定度和测量结果。

有效位数的定义：对没有小数且以若干零结尾的数字，从非零数字最左一位向右得到的位数减去无效零（即仅为定位用的零）的个数，就是有效位数；对于其他十进位数，从非零数字最左一位向右数得到的位数,就是有效位数。

在判断有效位数时,应注意以下几点:

(1)测量数字前面的"0"不是有效位数。例如,物体的长度 L=3.24cm,可以写成 0.0324m,数字前面的"0"只表示小数点的位置,不是有效位数,所以 3.24cm 和 0.0324m 均为 3 位有效位数,即有效位数与十进制单位的变换无关。

(2)测量数字中间的"0"是有效位数。例如,用米尺测得一物体的长度 L=1.0201m,是 5 位有效位数。

(3)末尾的"0"要区分以下三种情况:

1)测量数字有小数位,末尾的"0"是有效位数。例如,用米尺测得一物体的长度 L=1.0230m,是 5 位有效位数,末尾的"0"表示物体的末端与米尺上的刻线"3mm"正好对齐,后面毫米以下的估读数为"0",这个"0"不能随意丢掉。

2)测量数字没有小数位,末尾的"0"是无效零(即仅为定位用的零),末尾的"0"不是有效位数。如地球与月球的平均距离是 38×10^4km,其末尾的 4 个"0"仅用于定位,是无效零,其有效位数为 2 位;地球与月球的准确距离是 384401km,有效位数为 6 位。

3)测量数字没有小数位,末尾的"0"是有效零(即不是定位用的零),末尾的"0"是有效位数。如用千分尺测得一物体的长度 L=1.020mm,用微米单位表示为 L=1020μm,末尾的"0"是有效零,有效位数为 4 位。

表示很大或很小的数,应采用科学记数法。例如,将 3.24cm 写成以微米为单位时,绝对不能写成 32400μm,因为 32400μm 变成 5 位有效位数了。此时宜采用科学记数法,写成 3.24×10^4μm。又如,0.0000123 应写成 1.23×10^{-5},一般规定小数点在第一位非零数字的后面。

1.3.2 测量不确定度的有效位数和修约规则

按照 GUM 和 JJF 1059-1999 的规定,合成标准不确定度 u_c 和扩展不确定度 U 的数值都不应该给出过多的位数,通常最多为 2 位有效位数,虽然在连续计算过程中为避免修约误差而必须保留多余的位数,但相对不确定度的有效位数最多也是 2 位。

由于测量不确定度本身也有不确定度,仅保留一位有效位数往往会导致很大的修约误差,尤其是有效位数的第 1 位数字较小时。如不确定度的部分数据为 0.001001,若只保留 1 位有效位数,当采用"只进不舍"的修约规则时,不确定度 0.002,不确定度本身的相对不确定度为 999/1001,对结果的影响太大,因而有的国家建议:当测量不确定度的第 1 位数字是 1 或 2 时,保留 2 位;而第 1 位数字是 3 以上时,可只保留 1 位。这一建议未被 GUM 和 JJF 1059-1999 采纳。

本书物理实验中规定测量不确定度的修约规则是"只进不舍",如 0.001001=0.0011;测量不确定度的有效位数取 1~2 位。无论第 1 位数字的大小,保留 2 位总是允许的。误差和相对误差也采用同样的规则。

1.3.3 测量结果的有效位数和修约规则

JJF 1059-1999 规定,当采用同一单位表示测量结果和测量不确定度时,测量结果应和测量不确定度的末位对齐,即"末位对齐"原则。如千分尺测长度:L=(1.020±0.012)mm。

当出现测量结果的实际计算位数不够而无法和测量不确定度对齐时，一般的操作方法是将测量结果补零对齐，如千分尺测长度 L =1.020mm，u_c=0.0012mm，则 L =(1.0200±0.0012)mm。

当出现测量结果的实际计算位数较多时，采用以下数据修约规则修约测量结果：

（1）拟舍弃数字的最左一位数字小于 5，舍去。如 X=6.42=6.4。
（2）拟舍弃数字的最左一位数字大于 5，进 1。如 X=6.46=6.5。
（3）拟舍弃数字的最左一位数字等于 5，且其后有非零数字，进 1。如 X=6.4501=6.5。
（4）拟舍弃数字的最左一位数字等于 5，且其后数字全为零，则看 5 前面的数字：为奇数，进 1；为偶数或零，舍去。如 X=6.6500=6.6；X=6.5500=6.6。

以上规则简称"四舍六入五凑偶"。

若测量结果是直接从仪器仪表读出的原始数据，则据仪器不同，读法也不同：

（1）机械式仪表（游标卡尺除外）。机械式仪表应估读到仪器最小分度的 1/10 或 1/5，即可靠数字加上一位可疑数字。

仪器的精确度就是仪器的最小分度，也就是仪器可以准确测出的最小物理量。如米尺的最小分度是 1mm，"1mm"是米尺可以准确测出的最小长度，所以米尺的精确读数是 1mm。

（2）数字式仪表。若仪表的全部读数稳定，则测量结果为全部稳定读数；若仪表有跳变读数，则测量结果为全部稳定读数加上第一位跳变读数。

1.3.4 实验数据有效位数的运算规则

实验数据的处理与运算是实验的一个中间环节，在计算工具落后的年代，为节省计算时间，传统教材中都以误差理论为依据制定了有效数字的运算规则，在计算机和计算器普及的今天，这一规则已无必要，以下仅作简单介绍。本书实验中对参与运算的数据和中间运算结果都可不必修约的，可多保留几位，但要保证原始数据记录、最终测量结果以及测量不确定度的有效位数正确，而且常数的有效位数可以认为是无限的。

传统有效数字的运算规则如下：

（1）加减法：几个数加减运算后，运算结果的最后一位数只保留到各数都有的那一位。例如：N=1.11+1.1=2.2。

（2）乘除法：几个数乘除运算后，运算结果的有效数字一般与各数中有效数字最少的相同。例如：N=2.11×3.2=6.8。

（3）在乘方、开方运算中，一般变量有几位有效数字，结果也取几位有效数字。例如：5.1^2=26，$\sqrt{25}$ =5.0。

（4）三角函数的有效数字一般取 5 位。例如：sin20°6′=0.34366。

（5）常数的有效数字位数可以认为是无限的。例如，钢球的体积 $V=\frac{4}{3}\pi R^3$ 中，$\frac{4}{3}$ 和 π 均为常数，在计算时可根据需要多取。

（6）中间计算过程多保留一位，运算到最后在舍入。

1.4 实验数据处理方法

实验中测得的大量数据需要进一步整理、分析和计算，才能得到实验的结果，找到实验的规律，这个过程称为实验数据处理。数据处理的方法有很多，这里仅介绍常用的几种。

1.4.1 列表法

列表法就是将实验中直接测量、间接测量和计算过程中得到的数据，列成一个适当的表格。表格中应有物理量及单位，并留出计算平均值、残差和测量不确定度等位置。列表法的优点是简单明了，便于后期的计算处理。列表法是其他实验数据处理方法的基础。

例如，用单摆测重力加速度时，单摆振动 100 个周期的时间是 $100T$，振动一个周期的时间 T_i 和各次测量的残差 v_i 可列表如表 1-7 所示。

表 1-7 单摆测重力加速度数据表

实验次数	1	2	3	4	5	平均值
$100T_i$/s	194.6	194.3	194.8	194.3	194.5	194.5
T_i/s	1.946	1.943	1.948	1.943	1.945	1.945
v_i/s	0.001	-0.002	0.003	-0.002	0.000	—

1.4.2 坐标法

坐标法有图示法和图解法两种。

图示法就是将实验测得的两组相互关联的物理量数据，在坐标纸上绘成折线、直线或曲线，以便直观和形象地表示出两个物理量之间的关系。

图解法就是利用图示法描绘出的两个物理量间的关系曲线，求出其他物理量。如由图解法求解普朗克常数、杨氏模量和刚体的转动惯量等。

1. 图示法

下面以电阻的伏安特性曲线为例，说明图示法的具体步骤。

（1）列表记录数据（见表 1-8）。

表 1-8 电阻的伏安特性试验数据

实验次数	1	2	3	4	5	6	7	8	9	10
I/A	0.080	0.100	0.120	0.140	0.160	0.180	0.200	0.220	0.240	0.260
U/V	0.80	1.00	1.21	1.43	1.65	1.88	2.05	2.25	2.45	2.68

（2）选用大小合适的坐标纸。坐标纸根据需要可选用直角坐标纸、对数坐标纸、半对数坐标纸和极坐标纸等，坐标纸的大小应根据实验数据的大小和有效位数来确定。物理实验中一般选用直角坐标纸，规格是 25cm×17cm。

（3）画坐标轴。以横坐标代表自变量——电流 I，并标明单位 A（安倍），以纵坐标表示因变量——电压 U（V）。在坐标轴上标明标度值，标度值一般不必有有效位数表示。如电压 U 只要标明 1、2、3，而不必写成 1.00、2.00、3.00。标度值的估读数应与测量值的估读数相对应。标度值不要取得使作出的图线偏向横轴或纵轴，致使图纸上出现大片空白。标度值不一定从"0"开始。

（4）标出实验点。在坐标纸上用符号"•"标出每组电流和电压的位置，并使小圆圈中的点正好落在数据的坐标上。如果同一张坐标纸上要画几条曲线,则每条曲线上的实验点要用不同的符号"×""•""+"等标出,以便区别。注意不要用小"•"表示,以免画曲线时把"•"掩盖掉。

(5)描绘曲线。用铅笔和透明直尺(或曲板尺)将实验点用直线(或曲线)描绘出来。直线不一定通过所有的实验点,但应尽量使实验点均匀地分布在直线两侧。

(6)标明图线名称。在横坐标下面写上图线名称:电阻的伏安特性曲线。作出的图线如图 1-2 所示。

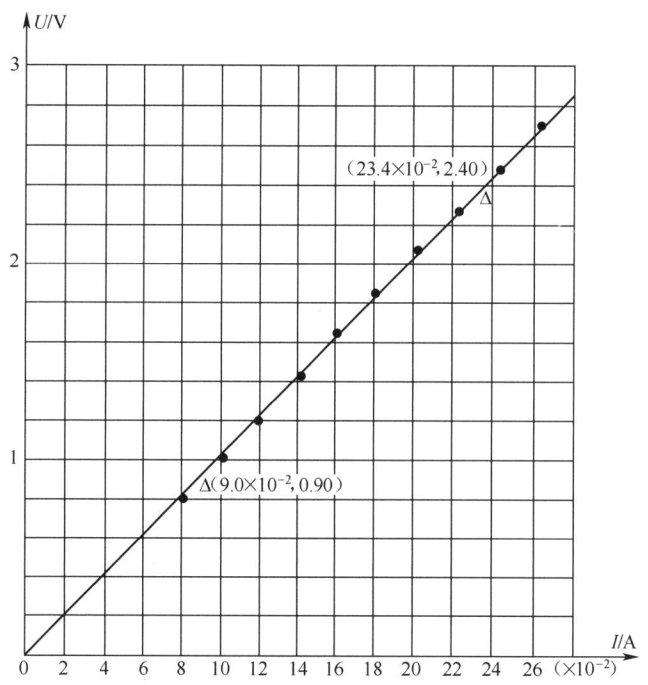

图 1-2 电阻的伏安特性曲线

2. 图解法

下面以电阻的伏安特性曲线为例,来说明图解法求电阻的具体步骤。

由伏安特性曲线可知,$U-I$ 关系曲线是一条直线,验证了欧姆定理($U=IR$)。用图解法求出直线的斜率即是电阻值。

(1)选点。在直线上任取两点,用符号 △ 将这两点标出,并标出它们的坐标。这两点应尽量相距远一点,但不能超出实验值的范围,并且不要选取实验点(见图 1-2)。

(2)求斜率 K。

$$R = K = \frac{\Delta U}{\Delta I} = \frac{2.40 - 0.90}{(23.4 - 9.0) \times 10^{-2}} = 10.4\Omega$$

1.4.3 逐差法

当自变量等间距变化,且两物理量之间是线性关系时,可以用逐差法处理数据。

例如，在用光杆法测定金属的杨氏模量实验中，每次增加一个 1kg 砝码，连续增重 5 次，则可读得 6 个标尺度数：$r_0, r_1, r_2, \cdots, r_5$，每增重一个砝码，引起钢丝的长度变化的算术平均值为：

$$\bar{l} = \frac{(r_1 - r_0) + (r_2 - r_1) + \cdots + (r_5 - r_4)}{5} = \frac{r_5 - r_0}{5}$$

可见中间值全部抵消，只有始末两次测量值起作用，与增重 5kg 的一次测量等价。为了发挥多次测量的优越性，减少各次测量值的随机误差，通常测偶数个数据，并把数据分为前后两组，一组是 r_0, r_1, r_2，另一组是 r_3, r_4, r_5，取相应每增重 3 kg 砝码钢丝的长度变化的平均值：

$$\bar{l} = \frac{(r_3 - r_0) + (r_4 - r_1) + (r_5 - r_2)}{3}$$

可见，逐差法处理数据充分利用了测量数据，发挥了多次测量的优越性。

1.4.4 最小二乘法

图解法能十分方便地求得某些物理量（如电阻、电阻温度系数等），而且各实验点偏离直线的情况一目了然。但是，根据实验点拟合出的直线受人为因素影响较大，有较大的主观性，不是最佳直线，从而得出的斜率不是最佳值，不同的人将得到不同的结果。而用解析的方法，通过数据拟合可以得到唯一一条最佳曲线，这种解析方法称为最小二乘法，又称线性回归法。最小二乘法是一种直线拟合法，在科学实验中的应用非常广泛。

若两物理量 x 和 y 之间满足线性关系，即

$$y = kx + b$$

则由实验测得的一组数据为 $(x_i, y_i; i = 1, 2 \cdots, n)$，如何由这一组实验数据 (x_i, y_i) 拟合出一条最佳直线，也就是说，如何由这一组实验数据 (x_i, y_i) 来确定直线的斜率 k 和直线在 Y 轴上的截距 b？这就是最小二乘法要解决的问题。

最小二乘法的原理是：若最佳拟合直线为

$$y = kx + b$$

则由实验测得的各 y_i 值与拟合直线上相应的各估计值 $Y_i = kx_i + b$ 之间偏差的平方和最小，即

$$s = \sum_{i=1}^{n}(y_i - Y_i)^2 = \text{最小值}$$

把 $Y_i = kx_i + b$ 代入上式，得

$$s = \sum_{i=1}^{n}(y_i - kx_i - b)^2 = \text{最小值}$$

故所求的 k 和 b 应是下列方程的解：

$$\begin{cases} \dfrac{\partial s}{\partial k} = -2\sum_{i=1}^{n}(y_i - kx_i - b) \cdot x_i = 0 \\ \dfrac{\partial s}{ab} = -2\sum_{i=1}^{n}(y_i - kx_i - b) = 0 \end{cases}$$

将上面两式展开，得

$$\sum_{i=1}^{n} x_i y_i - k\sum_{i=1}^{n} x_i^2 - b\sum_{i=1}^{n} x_i = 0 \tag{1-1}$$

$$\sum_{i=1}^{n} y_i - k\sum_{i=1}^{n} x_i - nb = 0 \tag{1-2}$$

（1-1）式 $\times n -$（1-2）式 $\times \sum_{i=1}^{n} x_i$ 得：

$$k = \frac{n\sum_{i=1}^{n} x_i y_i - \sum_{i=1}^{n} x_i \cdot \sum_{i=1}^{n} y_i}{n\sum_{i=1}^{n} x_i^2 - (\sum_{i=1}^{n} x_i)^2} \tag{1-3}$$

由（1-2）式得：

$$b = \frac{1}{n}\sum_{i=1}^{n} y_i - \frac{k}{n}\sum_{i=1}^{n} x_i = \overline{y} - k\overline{x} \tag{1-4}$$

只要两个物理量 x 和 y 之间满足线性关系，由一组实验数据 (x_i, y_i)，根据式（1-3）和式（1-4）就可以计算出 k 和 b。这样，我们要拟合的最佳直线方程：

$$y = kx + b$$

就被唯一确定了。

对一些不是直线关系的曲线，难以用图解法或最小二乘法求解实验参数，但有时可以通过坐标变换，即

$$\begin{cases} X = f(x) \\ Y = f(y) \end{cases}$$

把曲线转换成 $Y = F(X)$ 的直线关系，这样就容易处理了。

（1）幂函数 $y = ax^b$。方程两边取对数，$\ln y = \ln a + b\ln x$，令

$$\begin{cases} X = \ln x \\ Y = \ln y \end{cases}$$

则 $Y = \ln a + bX$ 是线性关系。

在直角坐标纸上作 $\ln y - \ln x$ 图，斜率为 b，截距为 $\ln a$，从而求出常数 a 和 b。或采用最小二乘法求解常数 a 和 b。

（2）指数函数 $y = ae^{bx}$。方程两边取对数，$\ln y = \ln a + bx$，令

$$\begin{cases} X = x \\ Y = \ln y \end{cases}$$

则 $Y = aX + b$ 是线性关系。

（3）双曲线 $y = \dfrac{a}{x}$。令

$$\begin{cases} X = \dfrac{1}{x} \\ Y = y \end{cases}$$

则 $Y = aX$ 是线性关系。

（4）二次函数：$y = ax^2 + bx$。方程变形为 $\dfrac{y}{x} = ax + b$，令

$$\begin{cases} X = x \\ Y = \dfrac{y}{x} \end{cases}$$

则 $Y = aX + b$ 是线性关系。

下面举一实例，分别用图解法和最小二乘法来处理数据，从中体会这两种数据处理方法的优缺点。

例 1-12 在测定铜丝的电阻温度系数实验中，测得温度 t 和电阻 R 的数据如表 1-9 所示。

表 1-9 温度 t 和电阻 R 的数据

实验次数	1	2	3	4	5	6	7	8
温度 t/℃	14.3	25.0	33.3	44.9	52.8	64.0	73.8	84.8
电阻 R/Ω	14.31	14.89	15.33	15.89	16.35	16.90	17.39	17.96

试分别用图解法和最小二乘法求电阻的温度系数。

解 （1）图解法。图 1-3 是根据实验数据做出的 R-t 曲线。

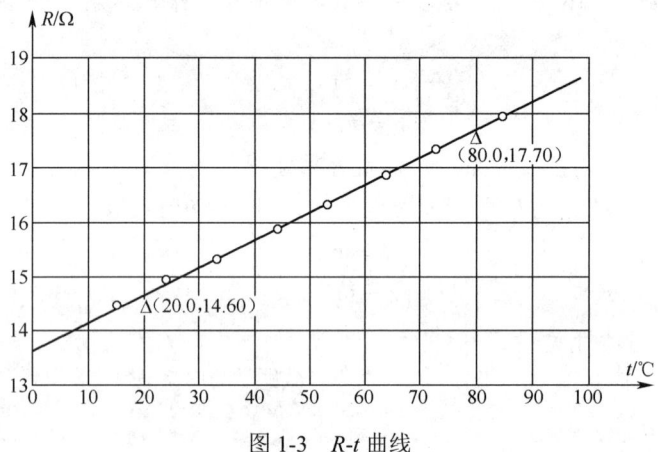

图 1-3 R-t 曲线

电阻 R 和温度 t 的关系为

$$R = R_0 + R_0 \alpha t$$

式中，R_0 为 0℃ 时的电阻值，α 是电阻的温度系数。

从图 1-3 可直接读出截距：

$$b = R_0 = 13.61\ \Omega$$

直线的斜率

$$k = R_0 a = \dfrac{R_2 - R_1}{t_2 - t_1} = \dfrac{17.70 - 14.60}{80.0 - 20.0} = 0.0517\ \Omega/℃$$

$$\alpha = \dfrac{k}{R_0} = \dfrac{0.517}{13.61} = 3.80 \times 10^{-3}\ ℃$$

所以，电阻 R 和温度 t 之间的关系为
$$R = 13.61 \times (1 + 3.80 \times 10^{-3} t) \; \Omega$$

最小二乘法数据处理表如表 1-10 所示。

表 1-10 最小二乘法数据处理表

实验次数	温度 t/℃	电阻 R/Ω	$t_i R_i$	t_i^2
1	14.3	14.31	204.6	204.5
2	25.0	14.89	372.2	625.0
3	33.3	15.33	510.5	1109
4	44.9	15.89	713.5	2016
5	52.8	16.35	863.3	2788
6	64.0	17.90	1082	4096
7	73.8	17.39	1283	5446
8	84.8	17.96	1523	7191
$n = 8$	$\sum t_i = 392.9$	$\sum R_i = 129.02$	$\sum (t_i R_i) = 6552$	$\sum t_i^2 = 23476$

$$\bar{t} = \frac{1}{n} \sum t_i = 49.1 \; ℃$$

$$\bar{R} = \frac{1}{n} \sum R_i = 16.13 \; \Omega$$

$$k = R_0 \alpha = \frac{n \sum (t_i R_i) - \sum t_i \sum R_i}{n \sum t_i^2 - (\sum t_i)^2} = 0.0516 \; \Omega/℃$$

$$b = R_0 = \bar{R} - k\bar{t} = 13.60 \; \Omega$$

$$a = \frac{k}{R_0} = 3.79 \times 10^{-3} \; ℃$$

所以，电阻 Ω 和温度 t 之间的关系为
$$R = 13.60 \times (1 + 3.79 \times 10^{-3} t) \Omega$$

1.5 随机变量的统计分布

随机误差和测量不确定度是不可预见的，但测量次数足够多时，随机误差和测量不确定度都服从一定的统计规律，本节介绍几种常见的随机变量统计分布。

1.5.1 正态分布

如果随机变量 x 服从正态分布，则其概率密度函数为 $f(x) = \frac{1}{\sigma \sqrt{2\pi}} e^{-\frac{(x-\mu)^2}{2\sigma^2}}$，其中 σ 和 μ 为

常数，$\sigma>0$ 为标准差，μ 为均值，通常记作 $x\sim N(\mu,\sigma)$。$\mu=0$，$\sigma=1$ 的正态分布称为标准正态分布，记为 $x\sim N(0,1)$。

实验中，测量值的正态分布如图 1-4 所示，误差 $\sigma=x-\mu$ 的正态分布如图 1-5 所示。

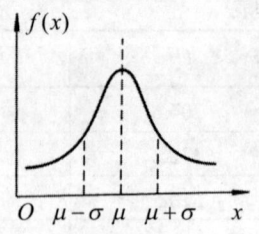
图 1-4　测量值正态分布曲线

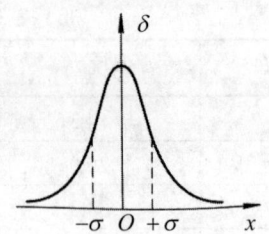
图 1-5　误差正态分布曲线

在物理实验中，测量量 x 的平均值 $\bar{x}$ 在测量次数 N 足够大时总是服从正态分布，并且其标准差会大大减小。

1.5.2　t 分布（学生分布）

被测量 $x_i\sim N(\mu,\sigma)$，其 N 次测量的算术平均值 $\bar{x}\sim N(\mu,\dfrac{\sigma}{\sqrt{N}})$，当 N 充分大时，则若以有限次测量的标准偏差 S 代替无穷次测量的标准差 σ，则

$$\dfrac{\bar{x}-\mu}{\sigma/\sqrt{N}}\sim N(0,1)$$

若以有限次测量的标准偏差 S 代替无穷次测量的标准差 σ，则

$$\dfrac{\bar{x}-\mu}{S/\sqrt{N}}\sim t(\gamma)$$

式中，γ 为自由度，$t=\dfrac{\bar{x}-\mu}{S/\sqrt{N}}$ 服从自由度为 γ 的 t 分布。

当自由度较小时，t 分布与正态分布有明显区别，但当自由度 $\gamma\to\infty$ 时，t 分布曲线趋于正态分布曲线。

当测量列的测量次数较少时，其误差分布通常服从 t 分布，t 分布在测量不确定度评定中占有重要地位。

1.5.3　均匀分布

均匀分布的基本特征是随机误差在其界限内出现的概率处处相等。其概率密度为

$$f(\delta)=\begin{cases}\dfrac{1}{2a} & (|\delta|\leq a)\\ 0 & (|\delta|>a)\end{cases}$$

均匀分布函数图形为矩形，又称为矩形分布（见图 1-6）。

均匀分布的数学期望：$E(\delta)=0$。

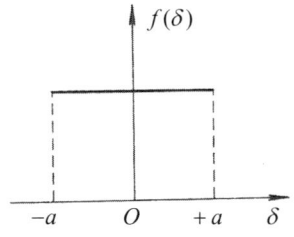

图 1-6 均匀分布函数曲线

均匀分布的方差为：$\sigma^2 = \dfrac{a^2}{3}$。

标准偏差为：$S = \dfrac{a}{\sqrt{3}}$。

误差限为：$a = \sqrt{3}S$。

某些仪器度盘刻线误差所引起的角度测量误差、眼睛引起的瞄准误差等均服从均匀分布。在缺乏任何其他信息情况下的测量，一般假设为均匀分布。

1.5.4 三角分布

由概率论可知，两个服从相等的均匀分布的相互独立的随机变量之和（差），仍为随机变量，且服从三角分布（见图 1-7）。其概率密度为

$$f(\delta) = \begin{cases} \dfrac{a+\delta}{a^2} & (-a \leqslant \delta < 0) \\ \dfrac{a-\delta}{a^2} & (0 \leqslant \delta \leqslant a) \end{cases}$$

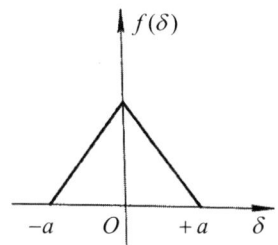

图 1-7 三角分布函数曲线

数学期望：$E(\delta) = 0$。

方差：$\sigma^2 = \dfrac{a^2}{6}$。

标准差：$S = \dfrac{a}{\sqrt{6}}$。

误差限：$a = \sqrt{6}S$。

思考题

1. 简要给出以下概念的意义：
①测量误差；②误差；③绝对误差；④相对误差；⑤等精度测量；⑥测量不确定度；⑦标准不确定度；⑧测量不确定度的 A 类评定；⑨测量不确定度的 B 类评定；⑩合成标准不确定度。

2. 指出下列各量是几位有效位数，再将各量的有效位数改为 3 位。
（1）L_1=2.3751m；
（2）L_2=0.002 375 1km；
（3）L_3=237 5100μm；
（4）m=1470.0g；
（5）t=6.2815s；
（6）g=980.1230cm/s²。

3. 按数据修约的规则，将以下数据分别截取到百分位和千分位：
$\sqrt{2}$；$\sqrt{3}$；π；6.3786；6.3743；6.3755；6.3755001；6.3755000；6.3745001；6.3745000

4. 改正以下错误，写出正确答案。
（1）l = 18.90mm = 1.89cm；
（2）h = (32.1±0.08)mm （用米尺测量）；
（3）t = (20.10±0.02)℃ （用最小分度为 1℃ 的温度计单次测量）；
（4）m = (40.450±0.12)g；
（5）m = (40.4±0.12)g；
（6）0.221×0.221 = 0.048841；
（7）40.5 + 2.04 − 0.0846 = 42.4554；
（8）$\dfrac{400 \times 15000}{12.60 - 11.6} = 6000000$；
（9）$\dfrac{3.85 \times 10^3 \times 30.0}{\dfrac{1}{4}\pi} = 147000$。

5. 测量某物体的质量（单位：g），共测 8 次，各次测量值为：m_1=236.45，m_2=236.37，m_3=236.51，m_4=236.34，m_5=236.38，m_6=236.43，m_7=236.47，m_8=236.40。
求其算术平均值、各次测量值的残差、平均绝对误差和相对误差，用平均绝对误差表示测量结果。

6. 计算第 5 题的标准偏差 S、算术平均值的偏差 S_m，用实验标准差表示测量结果。

7. 第 5 题中，天平 $\Delta_仪$=0.05g，用测量不确定度表示测量结果。

8. 测得一矩形铜片的长 $a = \bar{a} \pm u_c = (2.34 \pm 0.02)$cm，宽 $b = \bar{b} \pm u_c = (1.98 \pm 0.01)$cm，求其面积。

9. 测得一圆形薄片的半径 $R = \bar{R} \pm u_c = (6.53 \pm 0.02)$mm，求面积。

10．试判断以下各直接测量数据使用的测量仪器（米尺、20 分度游标卡尺、50 分度游标卡尺、千分尺）：

（1）16.3mm；（2）16.30mm；（3）16.300mm；（4）16.35mm。

11．推导以下不确定度传递公式并计算结果，给出正确表示：

（1）$y = A - B$，其中 $A = (25.3 \pm 0.2)$cm，$B = (9.0 \pm 0.2)$cm。

（2）$R = \dfrac{U}{I}$，其中 $U = (10.5 \pm 0.2)$V，$I = (100.0 \pm 1.2)$mA。

（3）$y = A + B - \dfrac{1}{3}C$，其中 $A = (25.30 \pm 0.12)$cm，$B = (9.00 \pm 0.21)$cm，$C = (5.00 \pm 0.02)$cm。

（4）$g = 4\pi^2 \dfrac{L}{T^2}$，$L = (101.00 \pm 0.02)$cm，$T = (2.01 \pm 0.01)$s。

（5）$\rho = \dfrac{M}{\dfrac{1}{6}\pi d^3}$，$M = (100.0 \pm 0.02)$g，$d = (5.00 \pm 0.02)$mm。

1.6　游标卡尺和螺旋测微计的使用

物理实验离不开测量，本实验训练学生掌握长度、质量、时间、温度、湿度、角度、密度等常用物理量的测量方法，并通过测量液体密度和规则固体的密度，训练学生掌握直接测量和间接测量的基本方法，加深学生对测量不确定度传递规律的理解。

1.6.1　实验目的

（1）了解游标卡尺和螺旋测微计的结构和测量原理，掌握测量长度的基本方法。
（2）掌握物理天平测质量的方法。
（3）掌握测量时间的一般方法。
（4）掌握测量温度和湿度的一般方法。
（5）掌握角度测量的一般方法。
（6）掌握液体密度测量的一般方法。
（7）通过间接测量固体的密度，加深对测量不确定度传递规律的理解。
（8）通过米尺、游标卡尺和螺旋测微计的使用，加深对测量结果有效位数的理解。

1.6.2　实验仪器

米尺、游标卡尺、螺旋测微计、物理天平、秒表、干湿温度计、分光仪、密度计、薄长方体、圆柱体、钢球、细铜丝等。

1.6.3　实验原理

本节只介绍间接测量物体密度的原理。

1. 形状规则固体

物体质量为 M（kg），体积为 V（m³），则密度定义为 $\rho = \dfrac{M}{V}$，密度单位为 kg/m³。

质量由天平读出，规则固体如长方体和圆柱体等，可通过测量物体的长、宽、高和直径等几何尺寸，计算出物体的体积，由于物体各个断面的大小和形状的不均匀性，应在不同位置多次测量物体的长、宽、高和直径，取其算术平均值，再计算体积。

2. 形状不规则固体

对于形状不规则的固体，难点在于体积的测量。常用流体静力平衡法测量其密度，其基本思想是阿基米德原理，即物体所受的浮力等于其所排开的液体的重量。假设不计空气浮力，物体在空气中称得的质量为 m_1，浸没在液体中称得的质量为 m_2，物体体积为 V，则由阿基米德原理：

$$m_1 g - m_2 g = \rho_0 g V \tag{1-5}$$

其中，g 为重力加速度，ρ_0 为液体密度。

由式（1-5）得物体体积：

$$V = \frac{m_1 - m_2}{\rho_0}$$

物体密度为

$$\rho = \left(\frac{m_1}{m_1 - m_2}\right)\rho_0 \qquad (\rho > \rho_0) \tag{1-6}$$

若物体密度小于液体密度，可将另一密度较大的重物与待测物体拴在同条细线的不同部位上，重物在下方，待测物体在上方。先将重物浸入液体中，称得质量为 m_4，再将待测物体和重物全部浸没在液体中，称得质量为 m_3，如图 1-8 所示。

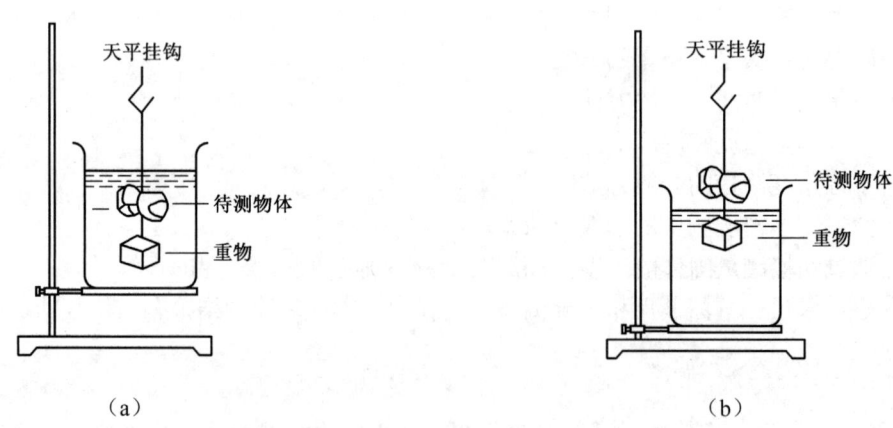

图 1-8　流体静力平衡法测密度

设重物体积为 V_1，质量为 m'，则

$$(m_1 + m')g - m_3 g = \rho_0 g(V + V_1) \tag{1-7}$$

$$(m_1 + m')g - m_4 g = \rho_0 g V_1 \tag{1-8}$$

式（1-7）和式（1-8）得物体体积：

$$V = \frac{m_4 - m_3}{\rho_0}$$

物体密度为

$$\rho = \frac{m_1}{m_4 - m_3}\rho_0 \qquad (\rho > \rho_0) \tag{1-9}$$

3．液体密度

可用流体静力平衡法或比重瓶法测液体密度。

（1）比重瓶法。

如图 1-9 所示比重瓶，瓶塞用一个中间有毛细管的磨口塞子制成。使用比重瓶时，先将比重瓶注满液体，然后用塞子塞紧，多余的液体通过毛细管流出，这样就保证了比重瓶的容积固定。

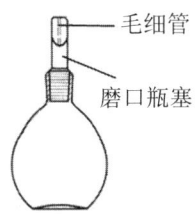

图 1-9　比重瓶

实验中，先称出空比重瓶的质量 m_0，再将已知密度为 ρ_0 的液体注满比重瓶，称出总质量 m_1。然后倒出液体，将比重瓶晾干或烘干，再注满密度为 ρ 的待测液体，称出总质量 m_2，设比重瓶体积为 V，则

$$m_1 = m_0 + \rho_0 V \tag{1-10}$$
$$m_2 = m_0 + \rho V \tag{1-11}$$

由式（1-10）和式（1-11）得待测液体密度为

$$\rho = \frac{m_2 - m_0}{m_1 - m_0}\rho_0 \tag{1-12}$$

也可用比重瓶测小块固体的密度，公式为

$$\rho = \frac{m}{m + m_1 - m_0}\rho_0 \tag{1-13}$$

式（1-13）中，m 为小块固体的质量，m_1 为盛满液体后的比重瓶质量，m_2 为盛满液体后再加入小块固体的比重瓶质量。

（2）流体静力平衡法。

任选一质量为 m 的物体，将其全部浸入已知密度为 ρ_0 的液体中，称得其质量为 m_1。然后再将其全部浸入待测液体中，称得其质量为 m_2，则液体密度

$$\rho = \frac{m - m_2}{m - m_1}\rho_0$$

1.6.4　实验步骤

作为基本训练，本次实验仅测规则物体的密度。

（1）记下游标卡尺和螺旋测微计的零点误差，用米尺、游标卡尺和螺旋测微计各测一次薄长方体的高，记录数据，比较并理解三种测量结果的有效位数的区别。

（2）用螺旋测微计测量小钢球或细铜丝的直径，沿不同方位各测 6 次。计算出平均值，给出测量结果表达式（注意：测量结果三要素）。

（3）用物理天平测圆柱体的质量。

（4）用游标卡尺测圆柱体的直径和高，沿不同方位各测 6 次，计算出平均值，测出圆柱体的密度。

（5）用干湿温度计测出实验室的温度和湿度。

（6）用秒表测 10s 内的任意一时间，掌握秒表使用方法。

（7）使用分光仪测任意一角度，理解角游标测量原理，掌握角度测量的一般方法。

（8）使用密度计测液体密度。

1.6.5 测量记录和数据处理

（1）测量薄长方体的高，并记录在表 1-11 中。

游标卡尺的零点误差 L_0=　　　　　螺旋测微计的零点误差 L_0=

游标卡尺的误差限 Δ=　　　　　螺旋测微计的误差限 Δ=

表 1-11　薄长方体的高

测量仪器	米尺	游标卡尺	螺旋测微计
薄长方体的高 H/mm			

（2）测量小钢球或细铜丝的直径，并记录在表 1-12 中。

表 1-12　小钢球或细铜丝的直径

测量次数	1	2	3	4	5	6	平均
直径读数 d'/mm							—
直径$(d'-L_0)$/mm							

（3）物理天平测圆柱体的质量。

物理天平的误差限 Δ=　　　　　质量 M=

（4）测量圆柱体的直径和高，并记录在表 1-13 和表 1-14 中。

表 1-13　圆柱体的直径

测量次数	1	2	3	4	5	6	平均
直径读数 d'/mm							—
直径$(d'-L_0)$/mm							

表 1-14　圆柱体的高

测量次数	1	2	3	4	5	6	平均
高读数 h'/mm							—
高$(h'-L_0)$/mm							

（5）用干湿温度计测出实验室的温度和相对湿度。
温度计的误差限 Δ =
干度表读数：T_1=　　　　湿度表读数：T_2=　　　　相对湿度=

（6）用秒表测时间。
秒表的误差限 Δ =　　　　时间 t =

（7）用分光仪测角度。
分光仪的误差限 Δ =　　　角度 $\theta_{左}$ =　　　$\theta_{右}$ =　　　$\theta = |\theta_{左} - \theta_{右}|$ =

（8）使用密度计测液体密度。
密度计误差限 Δ =　　　密度=

（9）计算圆柱体的密度，给出结果表达式：$\rho = \bar{\rho} \pm u_c(\rho)$

思考题

1．用流体静力平衡法测密度时，细线对测量结果有何影响？

2．推导流体静力平衡法测液体密度的公式。

3．推导用比重瓶测小块固体密度的公式。

4．如果设计一精确度为 0.05mm 的游标卡尺，主尺的最小分度是 1mm，那么它的游标应当如何设计？

5．如何用游标卡尺测圆孔的内径和槽孔的深度？

6．如果某螺旋测微计测微螺杆的螺距为 0.5mm，沿微分筒一周刻有 100 等份，试问该螺旋测微计的精确度是多少？若另一个螺旋测微计的螺距为 1mm，沿微分筒一周刻有 50 等份，则该螺旋测微计的精确度又是多少？

第2章 物理实验常用测量方法

物理学实验方法是依据一定的物理现象、物理规律和物理原理,通过设置特定的实验条件,观察相关物理现象和物理量的变化,研究各物理量之间关系的科学实验方法,物理实验方法包含测量方法和数据处理方法两个方面。按测量技术划分,常用的测量方法有比较法、放大法、转换法、补偿法、平衡法、模拟法、干涉法等,当然测量方法的分类不是绝对的,各种测量方法之间往往是相互联系的,有时无法截然分开。测量方法是进行物理实验的思想方法,学习并掌握这些基本的实验思想方法,并在实验中综合使用各种方法,有助于我们进行实验的设计和实验方案的选择,是我们进行科学实验和科学研究的基础。

2.1 比较法

比较法通过将待测量和标准量进行比较,获得待测物理量的量值,是测量方法中最基本、最普遍、最常用的方法,比较法可分为直接比较法和间接比较法。

2.1.1 直接比较法

直接比较法就是将被测量与同类物理量的标准量具直接进行比较,直接读取测量数据,如用米尺测长度、用秒表测时间。直接比较法有以下三个特点:

(1)量纲相同:被测量与标准量的量纲相同。如用米尺测长度,米尺与被测量同为长度量纲。

(2)直接可比:被测量与标准量直接可比,直接获得被测量的量值。如用天平测质量,当天平平衡时,砝码的质量就是被测物体的质量。

(3)同时性:被测量与标准量的比较是同时发生的,没有时间的超前或滞后。如用秒表测时间,事件发生的过程与秒表的记录是同时的。

直接比较法的测量精度受测量仪器或量具自身精度的限制,要提高测量精度,就必须提高测量仪器的精度。

2.1.2 间接比较法

有些物理量难于制成标准量具,无法通过直接比较测量,但可通过一些与待测物理量有函数关系的中间量或仪器,间接实现比较测量,称为间接比较法。例如温度计是利用物体的体积膨胀与温度的关系制成的,属于间接比较测量。

2.2 放大法

当待测物理量的量值很小或变化很微弱时,很难找到与其进行直接比较的标准量进行测量或者测量误差很大而不能满足要求时,可以设计一些方法将被测量放大后再进行测量,放大被测量所用的原理和方法称为放大法。放大法是常用的基本测量方法之一,可分为累计放大法、机械放大法、电磁放大法和光学放大法等。许多物理量的测量往往归结为长度、角度和时间的测量,因此关于长度、角度和时间的放大是放大法的主要内容。

2.2.1 累计放大法

在被测物理量可简单叠加的情况下,将其延展若干倍后再进行测量,最后将测量值除以累计倍数,得出被测量量值的方法,称为累计放大法。如薄纸的厚度、细金属丝的直径、干涉条纹的间距或振动的周期等,都可以采用这种方法。

累计放大法的优点是在不改变测量性质、不增加测量难度的情况下,增加了测量结果的有效位数,减小了测量结果的相对不确定度。例如用秒表测量单摆周期,设秒表测量时间间隔的不确定度为 0.1s,单摆周期为 2.0s。如仅测量单摆摆动 1 个周期的时间间隔,则测量结果 T_1=2.0s,有效位数为 2 位,测量结果的相对不确定度 $u_{\text{crel1}} = \frac{0.1}{2.0} = 5\%$;若测量单摆 50 个摆动周期的累计时间间隔,累计时间间隔为 T=100.0s,则测量结果 $T_2 = \frac{100.0\text{s}}{50} = 2.000\text{s}$,有效位数为 4 位(暂不考虑测量不确定度),测量结果的相对不确定度为 $u_{\text{crel2}} = \frac{0.1}{2.0 \times 50} = 0.10\%$,增加了测量结果的有效位数,减小了测量结果的相对不确定度。当然,以上是简单的计算,仅考虑了秒表的 B 类测量不确定度,没有考虑其他因素所产生的测量不确定度,实际测量结果的有效位数应由测量不确定度确定。

2.2.2 机械放大法

测量微小长度或角度时,为了提高测量精度,常利用机械部件之间的几何关系,将其最小刻度用游标、螺距的方法进行机械放大,称为机械放大法。机械放大法提高了测量仪器的分辨率,增加了测量结果的有效位数。游标卡尺、螺旋测微计和读数显微镜都是用机械放大法进行精密测量的典型例子。

2.2.3 电磁放大法

在电磁类实验中,要测量微小的电流或电压,常用电磁放大法。电信号的放大很容易实现,当前把电信号放大几个、几十个数量级已不是难事。因此,常常在非电量的测量中,将非电量转换为电量,再将该电量放大后进行测量。电磁放大法已成为科学研究和工程应用方面常用的测量方法之一。物理实验中,利用光电效应测普朗克常数的实验中微弱光电流的测量,就是应用放大电路将微弱光电流放大后再测量,常用的电学仪器——示波器也可将电信号放大,以便于观察和测量。

2.2.4 光学放大法

光学放大法有两种:一种是通过光学仪器放大被测物的像,以便于观察,如常用的测微目镜、读数显微镜等,这些仪器在观察中只起放大视角的作用;另一种是通过测量放大的物理量,间接测量较小的物理量。

2.3 转换法

许多物理量由于属性关系无法用仪器直接测量,或者测量起来不方便、测量准确性差,但可将这些物理量转换成其他便于准确测量的物理量,这种方法称为转换法。使用转换法可将不可测的量转换为可测的量进行测量,也可将不易测准的量转换为可测准的量,提高测量精度。如我国古代曹冲称象的故事,就是把不可直接称重的大象的重量转换为可测的石块的重量,其中包含了转换法的思想方法;而利用阿基米德原理测量不规则物体的体积,则是将不易测准的体积转换为容易测准的浮力来测量,提高了测量精度;还有如通过测量三线摆的周期测刚体的转动惯量、通过落体法测物体下落的时间或转动的角加速度测刚体转动惯量等都是转换法思想的体现。由于不同物理量之间存在多种相互联系的关系和效应,所以就存在各种不同的转换测量方法,这正是物理实验最富开创性的一面。转换测量方法使物理实验方法与各学科的发展关系更加密切,已渗透到各个学科领域。

转换测量方法大致可分为参量转换法和能量转换法。

2.3.1 参量转换法

参量转换法利用各物理量之间的变换关系来测量某一物理量,这一方法几乎贯穿于整个物理实验领域。例如,用拉伸法测金属杨氏模量的实验中,要测量的是杨氏弹性模量 E,而实际测量的是应力 $\dfrac{F}{S}$ 和应变 $\dfrac{\Delta L}{L}$。变换关系是由胡克定律得到的关系式:$E=\dfrac{F/S}{\Delta L/L}$。

2.3.2 能量转换法

能量转换法利用换能器(如传感器)将一种形式的能量转换为另一种形式的能量,从而通过测量另一种物理量来获得待测的物理量。由于电学量测量方便,通常将非电量转换为电学量测量,常见的能量转换有热电转换、压电转换、光电转换和磁电转换。

热电转换就是将热学量转换为电学量的测量,常见的热电传感器有热敏电阻、P-N 结传感器和热电偶等,利用温差电动势测温度,就是通过热电转换将温度差转换为电势差,通过测电势差得到待测温度。

压电转换就是将压力转换为电学量的测量,扬声器就是常见的换能器,压电转换常用于厚度、速度的测量。

光电转换就是将光学量转换为电学量的测量,其基本原理是光电效应。常见的换能器有光电管、光电倍增管、光电池、光敏管等。

磁电转换就是将磁学量转换为电学量的测量,主要是利用半导体材料的霍尔效应,换能器是霍尔元件。

2.4 补偿法

若系统受到某种作用产生 A 效应,同时又受到另一种作用产生 B 效应,B 效应和 A 效应相互抵消,使系统复原,即 B 效应对 A 效应进行了补偿,这就是补偿法。补偿法常常要与平衡法、比较法结合使用，主要用于补偿法测量和补偿法校正两个方面。

2.4.1 补偿法测量

图 2-1 是用电位差计测电动势的补偿测量系统，E_s 为已知电动势，E_x 是待测电动势，它们极性相同连接起来，G 是检流计。E_x 存在时产生 A 效应，即在电路中产生一顺时针方向的电流；E_s 存在时产生 B 效应，即在电路中产生一逆时针方向的电流；当 E_s 和 E_x 相等时，B 效应和 A 效应抵消，即电路中电流为零，检流计 G 中无电流通过，指针不偏转，即 E_s 对 E_x 进行了补偿，从而测得 $E_s=E_x$。

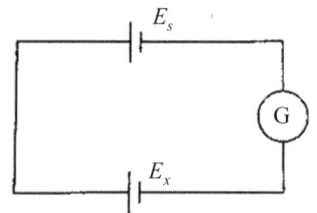

图 2-1　电位差计测电动势的补偿测量系统

由上面的例子可看出，补偿系统一般由待测装置、补偿装置、测量装置和指零装置组成，待测装置产生待测效应，补偿装置产生补偿效应，测量装置将待测装置和补偿装置联系起来以进行测量比较。指零装置是一个比较系统，指示待测量和补偿量的比较结果，比较结果可采用零示法和差示法，零示法是完全补偿，差示法是不完全补偿，一般采用零示法。

2.4.2 补偿法校正

在测量过程中，有时由于存在某些不合理的因素而产生系统误差且又无法排除，但可创造一种条件去补偿这种不合理的影响，使得影响因素消失或减弱，这就是补偿法校正。迈克尔逊干涉仪中补偿板的作用就是补偿法校正，用于补偿光线通过分光板所产生的附加光程差。

2.5　平衡法

通过调节测量系统的相关参量，使系统达到平衡状态，在平衡状态下测量待测物理量的方法称为平衡法，常用平衡法测量系统中的指零装置，判断系统是否平衡，所以平衡法也称零示法。指零装置的灵敏度可以做得很高，因而平衡法可以用于高精度的测量。不同的平衡原理可用于不同物理量的测量，如常用的天平测质量，利用的是待测质量和砝码质量的力矩平衡原理；温度计测温度利用的是热平衡原理；惠斯通电桥测电阻利用的是电势平衡原理。随着测量方法的发展，平衡法测量已发展到非平衡测量，非平衡测量在自动化、遥感和遥测等方面已得到广泛应用。

2.6　模拟法

以相似理论为基础，设计一个与研究对象有物理或数学相似的模型，通过研究模型获得原型性质和规律的实验方法，称为模拟法。模拟法使我们可以对一些体积庞大（如大型水坝）、危险（如核反应堆）或变化缓慢、难以直接进行测量研究的对象进行研究测量。模拟法可分为物理模拟法和数学模拟法。

2.6.1 物理模拟法

模型与原型保持同物理本质的模拟方法称为物理模拟法。物理模拟法要求模型与原型满足几何相似和物理相似两个条件，即模型与原型的几何尺寸成比例，同时遵从同样的物理规律。

2.6.2 数学模拟法

模型与原型没有完全相同的物理本质，但却遵从相同的数学规律的模拟方法，称为数学模拟法。如稳恒电流场和静电场是两种不同的场，但在一定条件下，两种场的场强和电势具有相似的数学表达式和空间分布，因而可以通过测试研究稳恒电流场来研究难以测量的静电场。

2.7 干涉法

利用相干波干涉时所遵循的物理规律进行物理量测量的方法，称为干涉法。利用干涉法可精确测量长度、厚度、微小位移、角度、波长、透镜的曲率半径以及气体、液体的折射率等物理量，利用干涉法还可以进行光学元件的质量检验。

思考题

1. 物理实验中常用的测量方法有哪几种？
2. 结合本书实验，具体判断其属于哪一种测量方法，或是属于哪种测量方法的组合。
3. 物理模拟法和数学模拟法分别需要满足什么样的条件？

第 3 章　力学&热学实验

实验 1　杨氏弹性模量测定

一、实验目的

（1）学会用拉伸法测量杨氏模量。
（2）掌握光杠杆测量微小伸长量的原理。
（3）学会用逐差法处理实验数据。
（4）学会不确定度的计算方法和结果的正确表达。

二、实验仪器

实验所用设备仪器有：杨氏弹性模量测试仪（包括测试架、光杠杆、望远镜直尺、砝码）、钢卷尺、游标卡尺、螺旋测微计。下面介绍三种主要仪器设备：测试架、光杠杆、望远镜直尺。

1. 测试架

（1）基本结构和特点。

该仪器主要由三脚底座 2、主柱 9、立柱固定板 3、工作台 6、簧卡下固定座 7、钢丝下夹头 8、簧卡上固定座 13、钢丝上夹头 12、钢丝 10、砝码盘 5、砝码 4 等零件组成（详见图 3-1）。其主要特点：

钢丝直径为 0.2mm，砝码重量 320g（共 7 只），使钢丝伸长量增加的同时,也增大了望远镜的放大倍数，使标尺成像更加清晰。

实验参量选择适当，可以利用近似计算方法迅速得出实验结果。

该仪器结构简单，使用方便，仪器总高度为 900mm，主机整体放入泡沫盒中。

（2）安装方法。

1）将主机整体放在三脚底座上，用 M12 螺栓、螺母、垫圈将其固定在三脚底座上。

2）将簧卡上固定座 13、钢丝上夹头 12、钢丝 10、钢丝下夹头 8、簧卡下固定座 7、挂钩等组成的组件，通过簧卡上固定座紧固于立柱上端（立柱露出约 10mm）。

3）初调工作台高度，使工作台的上平面与挂钩螺纹端的凹坑平面（即簧卡下固定座下部的空心平面）成一水平面，再用工作台上的两个胶木六角螺丝固紧。

（3）使用方法。

1）调节三脚底座的两个可调节螺钉，使仪器的立柱处于铅直状态（可用圆水泡校正工作台呈水平位置）。

2）调节被测钢丝长度 $L=(50\pm1)$cm。

该仪器出厂时被测钢丝长度已调好，呈组件包装，实验时可用钢卷尺测量一下，若长度未变，可不进行调节；反之则要调节。

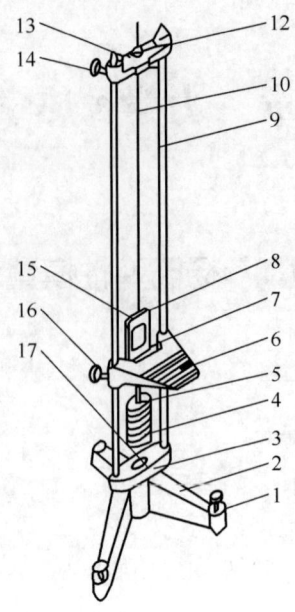

图 3-1 测试架

调节时，用手拉住钢丝上端，旋松钢丝上夹头的止紧螺钉，即可调节被测钢丝的长度。用钢卷尺测量被测钢丝长度时，可将钢卷尺一端从左侧而放入钢卷尺压板 11 之下，使尺上 2 或 3cm 的整数刻线与簧卡上固定座平面基本齐平，滑动钢卷尺的上测角，使之靠紧簧卡上固定座之下平面。拉开钢卷尺至簧卡下固定座，滑动钢卷尺的下测角，使之与簧卡下固定座的上平面靠紧，两者间的距离即为钢丝之长度。

若被测钢丝经过调节，则工作台的高度也需按上述安装方法的第 3 步作相应的调节。

3）将光杠杆（另备）置于仪器的工作台上，使光杠杆的一个后支足放入簧卡下固定座下部内框平面的凹坑中，两个前足放到工作台上，测量光杠杆前后足尖的垂直距离时，可将光杠杆前后足尖轻轻地在纸上压下三个足痕，用游标卡尺测量三个足痕之间的垂直距离。

4）将光杠杆平面镜竖直，把圆水泡放在光杠杆后的平台上，通过调节工作台和光杠杆的两个支足，使光杠杆处于水平位置。

5）将望远镜直尺（另备）放置光杠杆对面距离为 0.8~1.5m 的范围处，使望远镜水平对准光杠杆的平面镜，同时使标尺竖直。

6）调节望远镜和标尺，使望远镜中的交叉细丝清楚对准标尺由光杠杆镜面反射的零刻度，此时负荷为零，被测钢丝伸长为零。

7）依次加砝码，每次一个（重 320g），共 7 次，从望远镜中观察尺刻度的变化，并依次记下相应的刻度值。

8）依次取下砝码，并记下相应的刻度值。

9）用逐差法处理上述数据，代入公式 $E=8FLR/(\pi d^2 DI)$（式中 F 为钢丝所受拉力，L 为钢丝长，R 为望远镜刻度尺到光杠杆镜面的垂直距离，d 为钢丝直径，D 为通过光杠杆两前支撑点的竖直平面到光杠杆后支撑点的距离，I 为望远镜刻度尺的读数）。

这样即可算出被测钢丝的弹性模量。也可用作图法处理数据，算出被测钢丝的弹性模量。

2. 光杠杆

(1) 用途。

光杠杆为几何光学测量仪器之一，常配合望远镜直横尺和其他一些测量仪器测量微小的位变，如长度或厚度的变化等。

(2) 结构及基本性能。

光杠杆由带框的平面镜、杠杆及支架组成。平面镜借紧定螺钉固定在支架上，调整紧定螺钉进出量，可使平面自锁于任一仰角处。在支架下端面两侧旋入两个钢质锥形尖足（即前支足），在下端面中间处借固定旋扭固定一个带有直角弯头的杠杆，直角弯头尖端也呈锥形，构成光杠杆的后支足，该杠杆允许的伸缩量为60mm。在支架上还固定一托座，用以放置水准器，实验或测试前，须调节测量仪器底座的支撑点，使水准器的水泡移至中心。

(3) 使用方法。

通常配合使用的一般仪器为望远镜直横尺，配合使用的测量仪器为具有台座的伸长弹性模量试验器或立式线胀仪等仪器。

1) 安装方法：将本仪器放置于测量仪器的平台上，旋松固定杠杆的旋钮，移动杠杆，使其前锥形足尖嵌入平台上的沟槽中，使后锥形足尖置于位变零件测量点处，再旋紧旋钮，将杠杆固紧，之后再调节平面镜的仰角，使其能将刻度尺上的分度值反射到望远镜头上。

2) 杠杆长的测量法：杠杆长度须测量准确，测量误差稍大，实验误差更大。度量方法通常有两种：一种为将三锥形足尖留印于纸片上，就印迹量出后锥形足尖于两前锥形足尖连线的垂直距离；另一种为用游标卡尺测量出前后锥形足尖圆柱段内外侧的距离两值相加折半即是锥形足尖的距离，然后同样方法算出两前锥形足联线与后锥形足的垂直距离。

3. 望远镜直尺

(1) 基本性能。

1) 望远镜主要技术参数。

放大倍率：30倍

物镜有效孔径：40mm

视场角：1°26′

物距：1.5～5m

标尺格值：1mm

目镜：可调

十字线：可调

2) 标尺主要技术参数。

标尺刻度：100-0-100mm

刻度全长误差：±0.5mm

刻线及数字下凹：分划线宽 0.2mm

(2) 结构。

望远镜直尺由支架、标尺、望远镜三部分组成。

支架：立柱插落在铸铁圆底座上，并由底座下方垫圈、六角螺母紧固，立柱上装有标尺及望远镜。

标尺：标尺系透明有机玻璃板，刻度 100-0-100mm，标尺内装有发光装置及开关，读数清晰明亮，装在支架上，上下可移动。

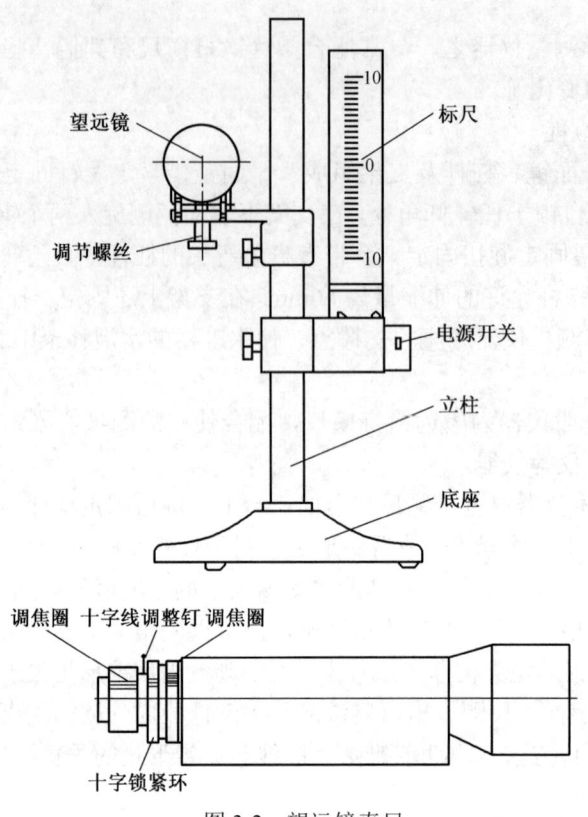

图 3-2 望远镜直尺

望远镜：望远镜长 190mm，单筒望远镜调焦方式为内调焦，目镜视度可调、镜内十字线可调及锁紧，物镜有效孔径 40mm，光通量大，内有十字刻线以便正确瞄准目标。其放大倍数为 30 倍，成像清晰，该镜装在托座上，可沿立柱作上下移动及水平旋转调节。托座上另有 1 个调节螺丝用以微调望远镜中十字线，使其能正确瞄准标尺上刻线。

三、实验原理

杨氏模量于 1807 年因英国医生兼物理学家托马斯·杨（Thomas Young，1773－1829）所得到的结果而命名，符合胡克定律。测量杨氏模量的方法一般有拉伸法、梁弯曲法、振动法、内耗法等。本实验采有拉伸法测定杨氏模量。

胡克定律：在物体的弹性限度内，应力与应变成正比，其比例系数称为杨氏模量（记为 E）。用公式表达为：

$$E = F \cdot L / (A \cdot L)$$

E 在数值上等于产生单位应变时的应力。它的单位与应力的单位相同。杨氏弹性模量是材料的属性，与外力及物体的形状无关，取决于材料的组成。

应变 Tensile strain（ε）：是指在外力作用下的相对形变（相对伸长 e/L，其中 e=extension=ΔL），反映了物体形变的大小。

杨氏模量的大小标志着材料的刚性，杨氏模量越大，越不容易发生形变。

四、实验内容及步骤

1. 仪器调整

（1）杨氏模量测定仪底座调节水平。
（2）平面镜面与测定仪平面垂直。
（3）望远镜放置在平面镜正前方 1.0～1.5m 处。
（4）粗调望远镜，透过望远镜能在平面镜里看见尺子的影子。
（5）调节物镜焦距，能清晰看见尺子的数值。
（6）调节目镜焦距，能清晰看见叉丝。
（7）调节叉丝在标尺±2cm 以内，并使视差不超过半格。

2. 测量

（1）下无挂物时，刻度尺读数为 I_0。
（2）依次挂上砝码，记下 I_1、I_2、I_3、I_4、I_5、I_6、I_7。
（3）依次取下砝码，并记下数据。
（4）用米尺测量金属丝长度 L、镜面到望远镜直尺的距离 D。
（5）用游标卡尺测量光杠杆距离 R，用螺旋测微计测量金属丝直径 d。

3. 实验数据记录

测量次数 i	加砝码 I_i 读数/cm	减砝码 I_i 读数/cm	砝码质量/g
0			
1			
2			
3			
4			
5			
6			
7			

钢丝直径 d 测量位置	未加载钢丝直径/mm	加满载钢丝直径/mm	备注
d 上			
d 中			使用螺旋测微计测量
d 下			
其他数据	D/cm		使用游标卡尺测量
	L/cm		使用卷尺测量
	R/cm		使用卷尺测量

五、实验数据处理

1. 逐差法采用隔项逐差计算金属丝拉长量：

$$I = \frac{(I_4 - I_0) + (I_5 - I_1) + (I_6 + I_2) + (I_7 - I_3)}{4}$$

2．采用平均值法计算机金属丝直径：

$$d = \frac{d_1 + d_2 + d_3 + ... + d_n}{n}$$

3．不确定度计算：

$$S_n = \sqrt{\frac{\sum(A_I - A)}{4-1}}$$

$$\Delta A = \sqrt{S_n^2 - \Delta_{仪}^2}$$

实验数据处理如下表。

测量次数 i	加砝码 l_i	减砝码 l_i	平均值	$l_i=l(i+4)-l_i$	不确定度
0					
1					$\Delta l=$
2					
3					
4					
5					$I=I_i+\Delta I=$
6					
7					
直径 d	未加载	加满载			
d 上					
d 中					
d 下					

按如下公式进行数据计算：

$$Y = \frac{B \times mg \times L \times R}{\pi \times d^2 \times D \times I}$$

六、注意事项

1．本仪器前后足尖须永保尖锐，用完后需揩防锈油及加保护套管。

2．平面镜须防潮并注意清洁，不可用硬纸擦试。

3．加负荷时一定不可超过钢丝的弹性限度（不超过仪器所备砝码），否则上述计算公式不成立。

4．被测钢丝调整好以后，一定要用止紧螺钉将钢丝止紧在钢丝夹头之中，防止钢丝偏斜与滑长。

5．光杠杆、望远镜直横尺调整好后，实验中防止位置变动。

6．保持被测钢丝在整个实验中处于平直状态。

7. 加取砝码时要轻取轻放，待钢丝不动时再观察数据。
8. 观测竖尺刻度时，眼睛正对望远镜，不得忽高忽低引起视差。

七、思考题

1. 在什么情况下可以采用逐差法处理数据？逐差法处理数据有哪些优点？
2. 在用光杠杆测量过程中，怎样才能正确迅速地从望远镜中找到标尺的像？
3. 分析本实验中哪个量的测量对结果影响最大。

实验 2 声速测量

一、实验目的

（1）了解超声波的发射和接收方法。
（2）加深对驻波及振动合成等理论知识的理解。
（3）掌握用共振干涉法和相位比较法测声速。

二、实验仪器

SMD-1 声速测量仪（2 个压电陶瓷换能器和 1 把游标卡尺）、信号发生器、示波器，声速测量仪如图 3-3 所示。

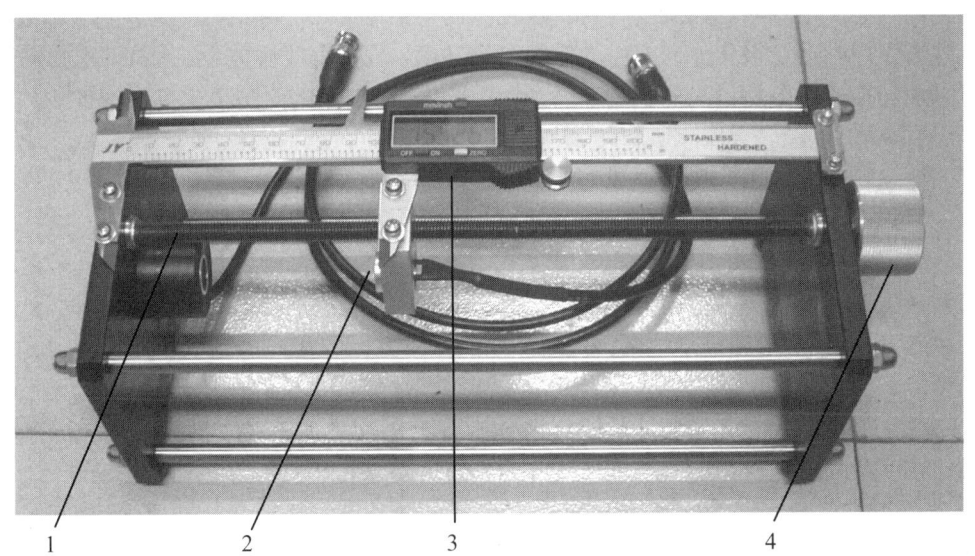

1—超声波 S1 发射探头及连线；2—超声波 S2 接收探头及连线；3—读数数显游标卡尺；
4—接收探头移动旋钮

图 3-3 声速测量仪

三、实验原理

一般来说，人耳能听到的声音频率约在 20Hz～20kHz 范围内，此频率范围内的机械振动在弹性介质中所能激起的机械波就称为声波。超过了20kHz，人的耳朵就感觉不到了，这种波就称为超声波，其频率在$2\times 10^4 \sim 5\times 10^4$Hz之间。

声速是声波在介质中传播的速度，在不同的介质中声速是不同的。本实验研究声波在空气中的传播速度，并把空气当作理想气体处理。从理论上可得声波在空气中的传播速度为

$$v = \sqrt{\frac{\gamma RT}{M}} \tag{3-1}$$

式中$\gamma = C_p/C_v$是空气定压比热容和定热比热容之比，R是气体普适常数，M是气体分子量，T是绝对温度。从式（3-1）可得0℃（T_0=273.15K）时的声速

$$v_0 = \sqrt{\frac{\gamma RT_0}{M}} = 331.45 \text{m/s} \tag{3-2}$$

在t℃时的声速

$$v_t = v_0\sqrt{1+\frac{t}{273.15}} \tag{3-3}$$

波的频率、波速和波长之间的关系是

$$v = f\lambda \tag{3-4}$$

所以只要能测量出波的频率和波长，就可以测出波速。本实验就用此方法测量声速，使用的声源是压电陶瓷换能器，信号发生器输出的约40kHz正弦电压信号被转换成相同频率的超声波，声波的波长则用共振干涉法（驻波法）和相位比较法（行波法）测量。

压电陶瓷换能器由位于中间的压电陶瓷环、位于前部的轻金属和位于后部的重金属组成。压电陶瓷环具有压电效应，当受到与材料极化方向一致的外力作用时会产生伸缩形变；反之，当受到外力作用时会在极化方向产生一定的电场强度，且都有线性关系。因此，正弦的交流电信号可以被转换成压电材料纵向长的伸缩，从而带动轻金属振动，成为定向发射的声波源；反之，外界的振动可以经轻金属喇叭口传到压电陶瓷片，从而在压电陶瓷的两端产生一定的电压，把声音的变化转化为电压的变化，成为超声波接收器。

1. 共振干涉法（驻波法）测波长

实验装置如图3-3所示，换能器S_1出声波，换能器S_2接收声波并转换成电信号，示波器用来观察S_2接收到的电信号，游标卡尺用来确定S_1和S_2的位置。S_1发出的平面波沿x方向传播，到达S_2后会被反射回来，这两列波有相同的振动方向、相同的频率和几乎相同的振幅，会产生干涉，发生驻波现象，振幅最大处形成波腹，振幅最小处形成波节，波腹处于$x=n\lambda/2$（$n=0,1,2,3,\ldots$）位置，相邻波腹间的距离为$\lambda/2$。当S_2处于这些位置时，在示波器上可以看到信号的幅度最大，从游标卡尺上读出波腹的位置即可求得半波长，进而求得波长。

2. 相位比较法（行波法）测波长

实验装置如图3-4所示。S_1发出的波经过一定距离d被S_2接收，在同一时刻，S_1处的波和S_2处的波有一个相位差$\varphi = 2\pi d/\lambda$，驱动S_1的电信号和S_2接收到的电信号之间有相同的位相差。若把S_2输出的电信号接到示波器的垂直偏转板上，把驱动S_1的电信号接到示波器的水平偏转板上，在示波器上就能看到最简单的李萨如图形，这两个电信号之间的相位差不同，所显示的图形也不同（图3-5）。若两个信号同相（$\varphi=0$）后再移动S_2，使S_1与S_2之间的距离逐渐增加$\lambda/2$，那么李萨如图形会由斜率为正的直线变为椭圆，继而变为斜率为负的直线，再进一

步逐渐增加 S_2 与 S_1 之间的距离，李萨如图形又会从斜率为负的直线变为椭圆，继而变为斜率为正的直线。与李萨如图形的直线斜率从正到负或从负到正变化相应的 S_2 的位置，可在游标卡尺上读出，相邻的位置的读数之差便是 $\lambda/2$，再使用式（3-4）就可以测出波速。

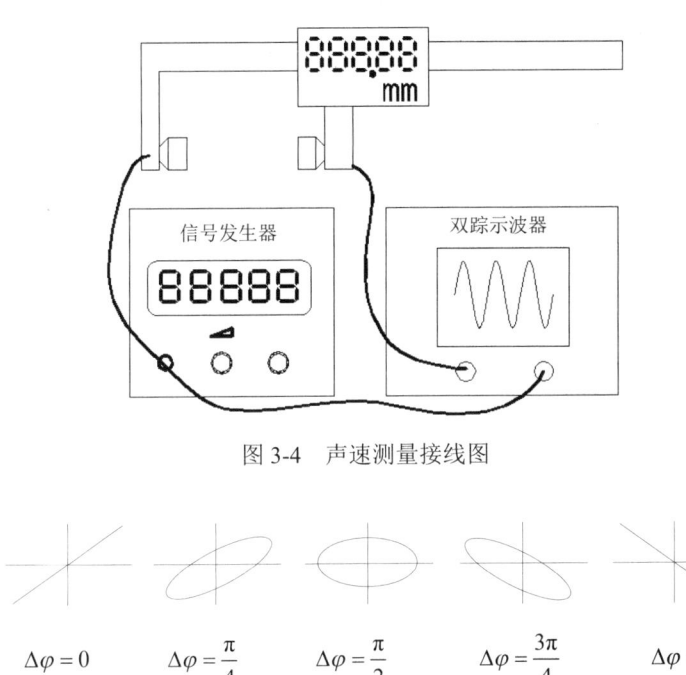

图 3-4　声速测量接线图

$\Delta\varphi = 0$　　$\Delta\varphi = \dfrac{\pi}{4}$　　$\Delta\varphi = \dfrac{\pi}{2}$　　$\Delta\varphi = \dfrac{3\pi}{4}$　　$\Delta\varphi = \pi$
（a）　　　（b）　　　　（c）　　　　（d）　　　　（e）

图 3-5　李萨如图形

四、实验内容及步骤

1. 调整仪器使系统处于最佳工作状态

调整固紧 S_1 和 S_2 的螺丝，使 S_1 的端面与卡尺的游动方向垂直，S_2 的端面与 S_1 的端面平行。

按图 3-4 接好实验装置，使 S_1 和 S_2 端面相距 5cm 左右，打开信号发生器和示波器，信号发生器输出率频预置 36kHz（或由实验室规定），调整信号发生器输出的正弦信号的幅度和示波器的幅度增益旋钮，使示波器显示的波形有适当幅度。

移动 S_2，寻找示波器显示信号幅度最大的位置。找到后，调节信号发生器的输出频率，使示波器上的波形幅度再达到相对最大状态，此时系统达到共振状态，信号发生器输出的系统共振频率就是本实验所需的频率，接着为测声速所做的工作都应在此共振频率下进行。

2. 振干涉法（驻波法）测波长和声速

先将 S_2 缓慢地从一端移向另一端重复几次，了解示波器上信号幅度的变化情况，然后在靠近 S_1 处选择一个示波器上信号幅度最大位置，作为 S_2 的起点，记下游标卡尺上 S_2 位置的读数。接着缓慢向一个方向移动 S_2，依次记下每次示波器上的信号幅度最大时 S_2 的位置，相继共 12 个值。记下信号发生器输出信号的频率和实验室的室温（取实验开始的室温与实验结束时的室温的平均值）。

3. 相位比较法测波长和声速

按图 3-4 连接好仪器，调节示波器，使屏上出现李萨如图形。缓慢地移动 S_2，屏上反复出现如图 3-5 所示的图形变化。然后在靠近 S_1 处，选择一个屏上显示直线的位置作为 S_2 的起点，记下游标卡尺上 S_2 的位置的读数，接着缓慢向一个方向移动 S_2，依次记下每次屏上出现直线时所对应的 S_2 的位置，相继共 12 个值。

五、实验数据处理

用逐差法处理数据，求出波长 λ 及其不确定度 U_λ，再算出声速 v 及其不确定度 U_v，并分别同理论值 $v_{理}$ 相比较，求出百分误差。

$f=$ _____ kHz $t_{初}=$ _____ ℃ $t_{末}=$ _____ ℃

测波长表如下表。

次数 i	1	2	3	4	5	6
X_i（mm）						
$i+6$	7	8	9	10	11	12
X_{i+6}（mm）						
$L_i=x_{i+6}-x_i$						

$\Delta_{x仪} = 0.02\text{mm}$　　　　$\overline{L} = \dfrac{1}{6}\sum\limits_{i=1}^{6} L_i$　　　　$S_L = \sqrt{\dfrac{1}{6-1}\sum\limits_{i=1}^{6}(L_i - \overline{L})}$

$\Delta_{L仪} = \dfrac{1}{6}\sqrt{12\Delta_{x仪}^2}$　　　　$U_L^2 = \sqrt{S_L^2 + \Delta_{L仪}^2}$　　　　$U_f = 测量值 \times 1\%$

$\lambda = 2 \times \dfrac{\overline{L}}{6}$　　　　$U_\lambda = \dfrac{1}{3}U_L$　　　　$v = f\lambda$

$E_v = \sqrt{\left(\dfrac{U_\lambda}{\lambda}\right)^2 + \left(\dfrac{U_f}{f}\right)^2}$　　　　$U_v = vE_v$　　　　$A = \dfrac{|v - v_{理}|}{v_{理}} \times 100\%$

实验结果 $v \pm U_v =$ _____

六、注意事项

1. 调节仪器时应严格按照教师或说明书的要求进行，以免损坏仪器。
2. 测量过程中仔细将频率调整到压电换能器的谐振频率。
3. 实验中采用累加放大法测量。

七、思考题

1. 本实验测量声速时用了什么方法？
2. 如何调节仪器使系统达到最佳状态？

3. 在各种不同的气体中声速是否相同？
4. 压电陶瓷换能器的工作原理什么？

实验 3　测定匀变速直线运动的平均速度和瞬时速度

一、实验目的

（1）观察物体的匀变速直线运动。
（2）测定匀变速直线运动的平均速度和瞬时速度。

二、实验仪器

1. 气垫导轨
（1）仪器工作原理。

气垫导轨是利用气垫原理进行工作的，它利用微音气泵将压缩空气打入导轨的空腔里，再由导轨表面按一定规律分布的许多小孔中喷射出,在导轨平面与滑行器内表面之间形成一个薄空气层——气垫，滑行器被气垫托起来悬浮在导轨上，滑行器在气轨表面运动过程中，只受到很小的空气粘滞阻力的影响，能量损失极小，故滑行器的运动可以近似地看成是无摩擦阻力的运动。极大地减少了力学实验中由于摩擦力引起的误差，使实验结果基本上接近理论值，提高了实验精度，实验现象真实直观，实验效果明显。

气垫导轨与计时器及微音气泵配套使用，可对各种力学物理量进行定量测定,对力学规律进行验证。

（2）导轨的调平。

导轨调整水平是实验前的重要准备工作，要细致耐心地反复调整，可按下面两种方法调平导轨：

1）静态调平法：导轨接通微音气泵，滑行器置在导轨某处，用手轻轻地把滑行器压在导轨上，再轻轻地放开，观察滑行器的运动状态。连续做几次，如果滑行器在导轨上静止不动，或稍有左右移动，则导轨是水平的；如滑行器都向同一方向运动，表明导轨不平。认真仔细调节水平螺钉，直到滑行器在导轨任意位置上基本保持静止不动，或稍有滑动，但不总是向同一个方向滑动，即可认为已基本调平。一般要在导轨上选取几个位置做这样的调节。

2）动态调平法：将气轨与计时器配合进行调平，仪器接通电源，仪器功能选择在"间隔计时"挡上，两个光电门间距不小于 30cm 卡装在导轨上，在导轨两端装上弹射器，滑行器装上挡光片（如 1cm 一种），给气轨通气，让滑行器以一定的速度从导轨的左端向右端运动（或者滑行器在导轨以一定速度向右运动），先后通过两个光电门 G_1 和 G_2，计时器就分别记录下了滑行器装上挡光片宽度 L、通过两个光电门的时间 Δt_1 和 Δt_2。

若 $\Delta t_1 > \Delta t_2$，即滑行器通过 G_2 的光电门时间短，表明滑行器运动速度加快，导轨左高右低，滑行器做加速运动；若 $\Delta t_1 < \Delta t_2$，表明滑行器做减速运动，导轨左低右高，细心调节水平调节螺钉，Δt_1 与 Δt_2 的时间差值尽量小，直至 $\Delta t_1 = \Delta t_2$，但由于受空气的粘滞阻力的影响，$\Delta t_1 \neq \Delta t_2$，只要 Δt_1 比 Δt_2 稍微大些，即可视为导轨已基本调平了。

2. 数字计时器

详见 J0201-CC 或 J0201-CHJ 型数字计时器说明书。

三、实验原理

作直线运动的物体，在 Δt 时间内，物体经过的位移为 ΔX，则该物体在 Δt 时间内的平均速度为 $\bar{v} = \dfrac{\Delta X}{\Delta t}$。

为了精确地描述物体在某点的实际速度，应该把时间 Δt 取得越小越好，Δt 越小，所求出平均速度越接近实际速度，当 $\Delta t \to 0$ 时，平均速度趋近于一个极限，即 $v = \lim\limits_{\Delta t \to 0} \dfrac{\Delta x}{\Delta t} = \lim\limits_{\Delta t \to 0} \bar{v}$。这就是物体在该点的瞬时速度。

四、实验内容及步骤

1. 方法一

（1）实验装置如图 3-6 所示。

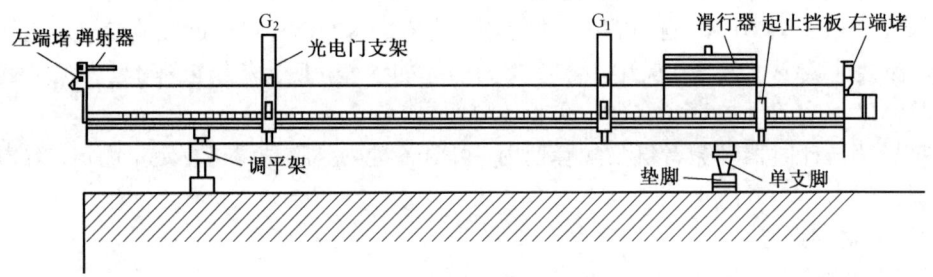

图 3-6　气垫导轨实验装置图

（2）在导轨低端装置弹射器，用垫高块把导轨摆成倾斜状态，让滑行器从高端自由下滑，这时滑行器做匀变速直线运动。

（3）将光电门 G_1、G_2 分别置于导轨 60cm 刻度两边等距位置 30cm、90cm 处，它们之间的距离为 S，起始挡板固定在最高端处。

（4）将挡光条用 M4×10 螺栓固定在滑行器上，计时器功能选择"间隔计时"挡，让滑行器紧靠起始挡板自由下滑，计时器将记录下滑行器通过 G_1、G_2 两处之间的时间 t，则这段位移内滑行器的平均速度为 $\bar{v} = S/t$。

（5）以 60cm 处为中心，逐次缩短 G_1 和 G_2 间的距离。重复以上实验，计算出各次的平均速度，但应注意每次实验时，滑行器应从紧靠起始挡板的位置开始下滑。

（6）根据瞬时速度的概念，G_1 和 G_2 之间的距离最短时，所测得的平均速度可近似认为是滑行器在 60cm 处的瞬时速度。

2. 方法二

（1）在导轨低端装置弹射器，用垫高块将导轨摆成倾斜状态，起始挡板固定在最高端处。

（2）将光电门 G_1 置于导轨上 70cm 处（另一光电门不用），计时器功能选择"间隔计时"挡上。

（3）将 10cm 的挡光片固定在滑行器上，让滑行器紧靠起始挡板从高端下滑，通过光电门 G 后，计时器测出滑行器通过 G 时的时间 t。按动计时器停止按钮，计时器就显示出 t，可计算出瞬时速度 $v = L/t$ 的数值（L 为挡光片的计时宽度）。

（4）依次更换 5cm、3cm、1cm 的挡光片，重复实验，计算 V_2、V_3、V_4。根据瞬时速度的概念，挡光片最短时，所测的平均速度 V_4 可以近似认为该处的瞬时速度。

五、实验数据处理

1. 方法一

实验次数	光电门 G_1 位置	光电门 G_2 位置	时间 t	平均速度
1	30cm	90cm		
2	35cm	85cm		
3	40cm	80cm		
4	45cm	75cm		
5	50cm	70cm		
6	55cm	65cm		

2. 方法二

实验次数	光电门 G_1 位置	挡光片宽度	时间 t	平均速度
1	70cm	10cm		
2	70cm	5cm		
3	70cm	3cm		
4	70cm	1cm		

六、注意事项

1. 气垫导轨需尽量保持干净光滑。
2. 将光电门接到通用计时器的接口时，要注意接口方向。

七、思考题

1. 由于滑块挡光板距离不为零，实验测出的是平均速度，你能设计一个测量瞬时速度的方法吗？
2. 在方法一中，垫脚高度是否影响测量结果？如果影响，如何影响的？
3. 在方法一中，如果滑块不采用自由下滑，而是用手推动下滑，是否可行？为什么？
4. 在方法二中，光电门 G1 如果不放在 70cm 处，是否可行？为什么？

实验 4　测定匀变速直线运动的加速度

一、实验目的

（1）观察物体在倾斜轨道上做匀加速直线运动。

（2）测定物体做匀加速直线运动的速度 $a = \dfrac{v_2 - v_1}{t}$。

二、实验仪器

气垫导轨、数字计时器，详细参见实验 3 的实验仪器。

三、实验原理

在实验中，若滑块在水平方向受一恒力作用，滑块将做匀加速运动，分别测出滑块通过相距 L 的两个光电门的始末速度 v_1 和 v_2，则滑块的加速度为：

$$a = \frac{v_2^2 - v_1^2}{2L}$$

四、实验内容及步骤

1. 实验装置如图 3-6 所示。
2. 在导轨低端装置弹射器上用垫高块将导轨摆成倾斜状态，起始挡板固定在最高端处。
3. 将光电门放置在导轨的某两个位置上（以 1.2m 气轨放置 30cm、90cm 处），计时器功能选择在测加速度 a 挡，用 1cm 的挡光片固定在滑行器上。
4. 滑行器紧靠起始挡板，从高端自由下滑，通过两个光电门，计时器就会自动测出并显示出滑行器通过光电门 G_1、G_2 处的时间 Δt_1、Δt_2，以及从 G_1 滑行到 G_2 处所用的时间 t。
5. 按所测出的时间数据，分别计算通过 G_1 和 G_2 的瞬时速度 $v_1 = \dfrac{s_1}{\Delta t_1}$，$v_2 = \dfrac{s_2}{\Delta t_2}$ 和物体运动加速度 $a = \dfrac{v_2 - v_1}{t}$ 的值。
6. 将光电门 G_1、G_2 分别置于 30cm、80cm 处和 40cm、90cm 处，重复上述实验，利用测得的实验数据计算 a 值，可以验证物体做匀加速直线运动时的加速度是恒量。

五、实验数据处理

G_1 位置 S_1	G_2 位置 S_2	L	v_1	v_2	t_1	t_2
30cm	90cm					
30cm	80cm					
40cm	90cm					

六、注意事项

1. 气垫导轨需尽量保持干净光滑。
2. 将光电门接到通用计时器的接口时,要注意接口方向。

七、思考题

在本实验仪器条件下,用公式 $a = \dfrac{v_2^2 - v_1^2}{2L}$ 和 $a = \dfrac{v_2 - v_1}{t}$ 哪个计算出来的误差更大?为什么?

实验5 验证牛顿第二定律

一、实验目的

用实验验证加速度 a 的大小与所受到的作用力 F 成正比,与物体的质量 M 成反比,即 $F=Ma$ 关系。

二、实验仪器

气垫导轨、数字计时器,详细参见实验3的实验仪器。

三、实验原理

本实验可以用两种方法进行,一种是质量 M 保持不变,通过改变牵引砝码的质量来改变作用力 F,验证 $a \propto F$ 的关系;另一种是作用力 F 保持不变,用增减滑行器上的配重砝码来改变滑行器的质量 m 验证 $a \propto \dfrac{1}{m}$ 的关系。

四、实验内容及步骤

1. 方法一:滑行器质量 m 不变时,验证 $a \propto F$ 的关系。
(1)实验装置如图3-7所示。

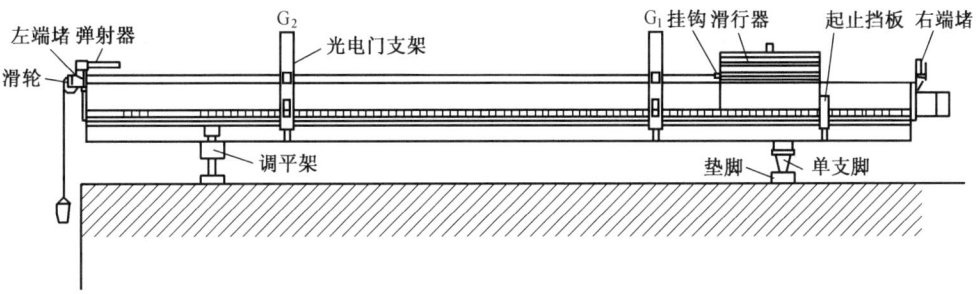

图3-7 气垫导轨严重牛顿第二定律实验装置图

(2)在气轨的端部安装好滑轮,使其转动自如,细心调整好导轨的水平。
(3)在滑行器上装上1cm的挡光片,两端各装上挂钩,将拴在砝码桶(或砝码钩)上的细线跨过滑轮，并通过堵板上的方孔挂在滑行器的挂钩上。

（4）将起始挡板固定在导轨高端适当位置上，并将两个光电门置于导轨的相应位置上（如 30cm 和 80cm 处）。注意在砝码桶（或砝码钩）着地前，滑行器要能通过靠近滑轮一侧的光电门。

（5）计时器的功能选择在 a 挡，在砝码桶（或砝码钩）内加上一定质量的砝码（如 5g，但不要超过 30g）。导轨通气，让滑行器从起始挡板处开始运动，通过两个光电门，计时器会自动测出并直接显示出加速度 a 的数据。

（6）用天平准确称出滑行器总质量（包括细线）m_1，牵引砝码桶（或砝码钩）和砝码的质量 m_2，运动系统总质量 $m=m_1+m_2$，作用力 $F=m_2g$（g 为当地的重力加速度）。

（7）逐次改变牵引砝码的质量（如 10g、15g），重复按上述方法分别测出加速度 a 的值。按测出数据计算，可得 $\frac{a_2}{a_1}=\frac{F_2}{F_1}$，$\frac{a_3}{a_2}=\frac{F_3}{F_2}$，在误差范围内验证 $a \propto F$ 的比例关系。注意每次实验中，滑行器要紧靠起始挡板轻轻开始运动。

2. 方法二：在作用力 F 不变时，验证 $a \propto 1/m$ 关系。

（1）实验步骤按实验方法一中的步骤（1）～（3）。

（2）计时器的功能选择 a 挡，在砝码桶（或砝码钩）内加上一定质量的砝码（如 15g）。导轨通气，让滑行器从起始挡板开始运动，通过两个光电门，计时器会自动测出并显示加速度 a 的数值。

（3）用天平准确称出滑行器总质量（包括细线）m_1 牵引砝码桶（或砝码钩）和砝码的质量 m_2，运动系统总质量 $m=m_1+m_2$。

（4）牵引砝码 15g 作用力固定不变，逐次在滑行器两侧的 T 型槽上加上相同的配重砝码，重复上述实验，分别测出显示加速度 a 的值。按测出数据计算，可得 $\frac{a_1}{a_2}=\frac{m_2}{m_1}$，$\frac{a_3}{a_2}=\frac{m_2}{m_3}$ 的关系，在误差范围内验证了 $a \propto \frac{1}{m}$ 的比例关系。

五、实验数据处理

方法一：m 不变（$m=m_1+m_2$）。

次数	m_1/g	m_2/g	m/g	F/N	a=F/m
1					
2					
3					

方法二：F 不变（$F=m_2g$）。

次数	m_1/g	m_2/g	m/g	F/N	a=F/m
1					
2					
3					

六、注意事项

1. 气垫导轨需尽量保持干净光滑。
2. 将光电门接到通用计时器的接口时，要注意接口方向。

七、思考题

1. 方法一中，如何改变 m_2 而保持 m 不变？
2. 方法二中，如何改变 m 而保持 m_2 不变？

实验 6　验证动量守恒定律

一、实验目的

在弹性碰撞和完全非弹性碰撞情况下，验证动量守恒定律。

二、实验仪器

气垫导轨，数字计时器。详细参见实验 3 的实验仪器。

三、实验原理

在水平导轨上放置两个滑行器，以两个滑行器作为系统，在水平方向不受外力，两个滑行器碰撞前后的总动量应保持不变。设两个滑行器的质量分别为 m_1 和 m_2，相碰前的速度分别为 v_1 和 v_2，相碰后的速度为 v_1' 和 v_2'，则根据动量守恒定律有：

$$m_1v_1+m_2v_2=m_1v_1'+m_2v_2' \tag{3-5}$$

只要测出两个滑行器在碰撞前后的速度，称出质量，即可验证动量守恒定律。

四、实验内容及步骤

1. 弹性碰撞

（1）实验装置如图 3-8 所示。

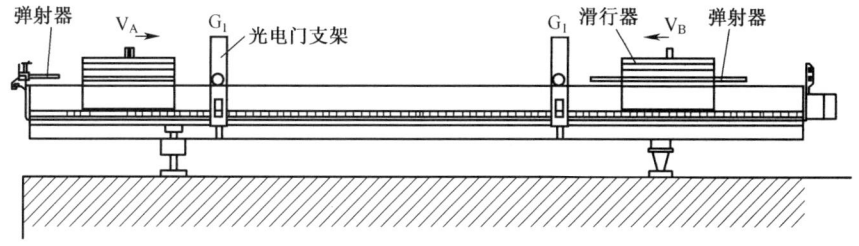

图 3-8　弹性碰撞实验图

（2）在导轨的安装滑轮端装上弹射架，两光电门分别置于导轨 30cm 和 80cm 处，调整导轨的水平。

(3) 两个滑行器上分别安装上 1cm 的挡光片，令其一在滑行器 m_1 两端各安装弹性架。

(4) 用天平分别称出两个滑行器的质量 m_1 和 m_2。

(5) 将计时器功能选择在"碰撞"挡。将两个滑行器放在导轨两端处，作为运动起始点。用手同时推动两个滑行器使其相向运动，让它们分别通过两个光电门的中间发生碰撞。发生碰撞后，各自朝相反的方向运动，再次分别通过两个光电门，此时计时器会自动测出 t_1、t_1'、t_2、t_2'。

(6) 计算出两滑行器碰撞前后，通过两个光电门时相对应 v_1、v_1'、v_2、v_2'。

(7) 将上述测定的速度和计算的滑行器质量代入式（3-5）中，在误差范围内，有 $m_1v_1+m_2v_2=m_1v_1'+m_2v_2'$，即验证了动量守恒定律。

2. 完全非弹性碰撞

(1) 实验装置见图 3-9 所示。

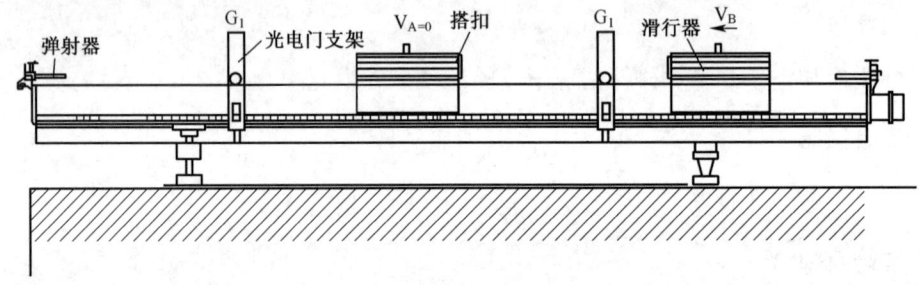

图 3-9 完全非弹性碰撞实验图

(2) 在导轨的两端各自装上弹射器，光电门分别置于导轨 30cm 和 80cm 处，调整导轨的水平。

(3) 两个滑行器上分别安装上 1cm 的挡光片，在一端装上搭扣。

(4) 用天平分别称出两个滑行器的质量 m_1 和 m_2。

(5) 将计时器功能选择在"间隔计时"挡，将一滑行器 m_2 放在导轨中间处于静止状态（即两个光电门中间处），另一滑行器 m_1 放在导轨的进气口端。用手推动滑行器 m_1 向滑行器 m_2 方向运动。通过一光电门后，自动测出时间。与滑行器 m_2 发生完全非弹性碰撞后，两个滑行器朝同一方向继续运动，通过另一光电门后，自动测出时间。立即用手轻轻制止滑行器运动。

(6) 算出两滑行器在完全非弹性碰撞前后，通过光电门时的对应速度 v_1、v_2。

(7) 将上述的测定值代入滑行器完全非弹性碰撞前总动量 m_1v_1 和完全非弹碰撞后总动量 $(m_1+m_2)v_2$ 进行计算出比较在误差范围内有 $m_1v_1=(m_1+m_2)v_2$ 式成立。

五、实验数据处理

1. 完全弹性碰撞

$m_1=$ _____ , $m_2=$ _____

序号	碰撞前				碰撞后			
	t_1	t_2	v_1	v_2	t_1'	t_2'	v_1'	v_2'
1								
2								
3								
4								
5								
6								

2. 完全非弹性碰撞

$m_1=$ _____ , $m_2=$ _____

序号	碰撞前				碰撞后			
	t_1	t_2	v_1	v_2	t_1'	t_2'	v_1'	v_2'
1								
2								
3								
4								
5								
6								

六、注意事项

1. 气垫导轨要尽量水平。
2. 记录实验数据时，注意记录单位。
3. 在完全非弹性碰撞实验中，静止的滑块要摆放在碰撞后的光电门附近。

七、思考题

1. 实验中，气垫导轨不水平会有什么影响？
2. 在完全非弹性碰撞实验中，为什么计时器有三个速度？公式中只需要两个速度，实验中的三个速度如何取舍？
3. 实验中，在调节气垫导轨水平时，为什么有的设备会出现两个滑块在两端静止后向中间慢慢靠拢？
4. 碰撞实验中的滑块速度是否需要考虑方向？
5. 计时器记录的时间是什么时间？

实验7 研究简谐振动的规律

一、实验目的

（1）观察滑行器在弹力作用下，气轨上的往复运动是简谐振动。
（2）测定弹簧振动的振动周期。
（3）验证简谐振动的振幅与周期无关。

二、实验仪器

气垫导轨、计数计时毫秒仪。气垫导轨仪器详细参见实验3的气垫导轨实验仪器。

1. MS-1/MS-2 计数计时毫秒仪

MS-1/MS-2 系列计数计时毫秒仪采用单片机作主件，测明滑块运行时间、周期准确度高、重复性好的优点，特别是没有第一个周期的计时误差，自动利用下降边沿触发开始计时和结束计时，计数计时毫秒仪是物理实验中的基本测量仪器，可应用于集成霍尔传感器与简谐振动实验仪中测量弹簧的振动周期、应用于单摆实验中测量单摆的振动周期、应用于磁阻尼和动摩擦系数测定仪中测量滑块匀速下滑的时间、应用于三线摆实验中测量摆的振动周期；也可结合本厂生产的激光光电门，在气垫导管实验中进行速度测量。本计时仪接口的传感器可以是集成霍尔开关传感器，也可以是光电门，它备有+5V 电源和信号输入接线柱，可作为上述传感器的电源和信号响应。实验仪输入信号是常态高电平，有效作用是由高电平向低电平的跳变，类似信号可多组并联接入，计时时间按次数先后可查阅，分别读出对应输入信号的时间，直至保存到按复位钮，因此实验数据采集处理准确而方便。

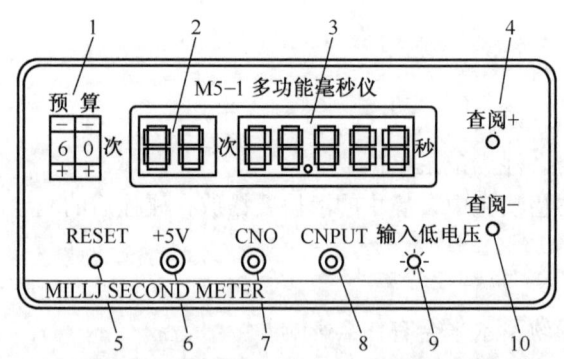

1. 计时次数设定拨码按钮；2. 次数显示屏；3. 时间显示；4. 次数+1 时间查阅钮；
5. 计数、计时复位钮；6. +5V 电源接线柱；7. GND 地接线柱；8. 信号输入接线柱；
9. 输入低电平指示；10. 次数-1 时间查阅钮

图3-10 计数计时毫秒仪示意图

2. 计数计时毫秒仪的性能

（1）量程和分辨率。

仪器型号	被测次数	量程（S）	分辨率	备注
MS-1/MS-2	1，2，…，64	0.001～99.999	0.001S	计数、计时、可记忆备查阅

（2）准确度达到一级计数时时毫秒仪自动记录系统标准 0.02。

（3）计时仪输入端电压幅度在 0～5V 之间，由高电平向低电平跳变时为有效信号。超过 0～5V 的输入电压幅度可能损坏计数计时仪，这种情况一定要避免，以使用毫秒仪电源为妥。

（4）计时仪附带的标准+5 电源，其负载电流<0.5A，可为霍尔传感器、激光光电门提供标准+5 工作电源。上述传感器可以并联接入输入信号端和电源端，一般少于 10 个为宜。

（5）输入电压：AC220±10%，50Hz

（6）功耗：<5W

（7）工作温度：0-50℃，80%RH

3. **计数计时毫秒仪使用举例**

MS-1 多功能毫秒仪与霍尔开关传感器的连接如图 3-11 所示。

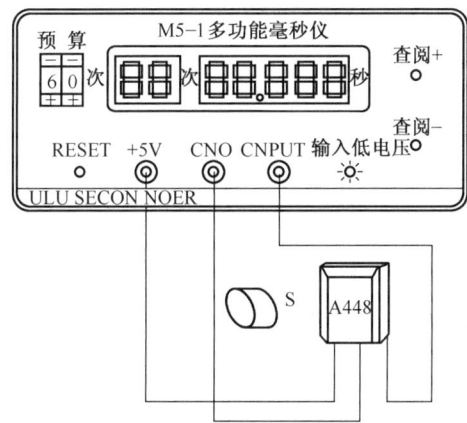

图 3-11　毫秒仪与霍尔开关传感器的连接图

4. **使用方法**

接通电源，打开位于仪器后盖板上的电源开关。

按下 RESET 按钮，数码管显示：－－　　00.000

按下拨码开关上的 + 或 － 按钮，设定计数预置次数。

连接相应的传感器，传感器常态为高电平，有效输出信号为 TTL 低电平。此时仪器面板上的低电平指示灯亮。

多功能毫秒仪输入端由高电平向低电平跳变信号后，左窗口数码管显示"00"，即开始计时标志线，右窗口的数码管以 1ms 递增。如毫秒仪输入端再由高电平向低电平跳变信号，左窗口数码管显示"01"，右窗口的数码管仍以 1ms 递增，依此类推，直到左窗口数码管显示的数等于设定的次数时，毫秒仪停止计时。

按下 查阅＋ 或 查阅－ 按钮可以查阅由计时仪开始计时到相应时刻（对应输入端由高电平向低电平跳变次数）所计的时间。

如需要再测量，按下 RESET 按钮即可重复上述工作过程。改变设定次数后，按下 RESET 按钮。

三、实验原理

如图 3-12 所示，滑块质量为 m，两弹簧的系数分别为 k_1 和 k_2，在忽略空气阻力和弹簧质量的理想情况下，当滑块位移为 x 时，$F=-(k_1+k_2)x$。

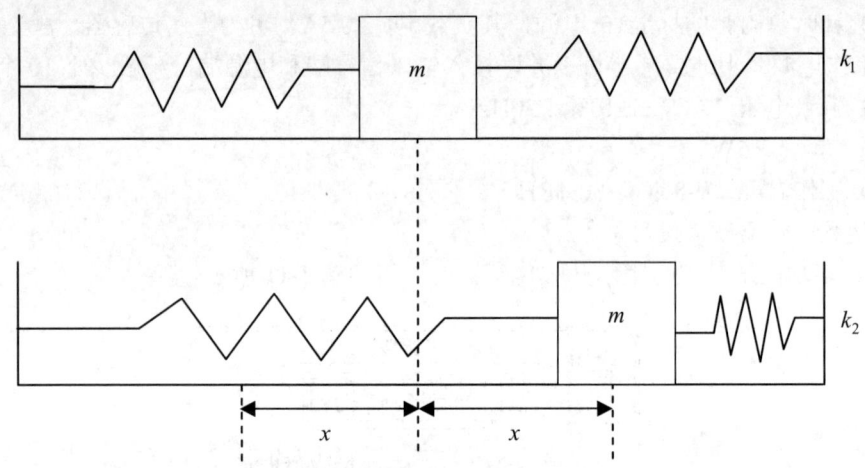

图 3-12　简谐振动原理图

按牛顿第二定律 $F = ma$，可得 $m\dfrac{d^2x}{dt^2} = -(k_1 + k_2)$

令 $\omega^2 = \dfrac{k_2 + k_1}{m}$，则有 $\dfrac{d^2x}{dt^2} = -\omega^2 x$

$x = x_0 \sin(\omega t + \phi_0)$

则有　$T = \dfrac{2\pi}{\omega} = 2\pi\sqrt{\dfrac{m}{k_1 + k_2}}$

四、实验内容及步骤

1. 实验装置如图 3-13 所示。

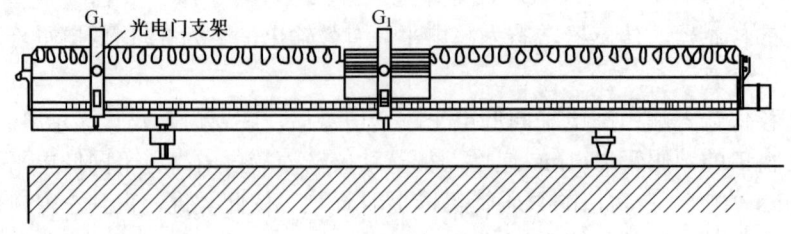

图 3-13　简谐振动实验装置图

2. 调整好导轨的水平。
3. 在一个滑行器上安装挡光条（在中心处），两侧各安装挂钩；取两条弹簧，每条弹簧的一端挂在滑行器的挂钩上，另一端挂在导轨另一挡堵板的孔上。滑行器放置在导轨上，气轨通气后，可组成在气轨上做简谐振动的弹簧振子。

4. 用天平称出弹簧振子（滑行器）的质量。

5. 测定弹簧系数 k_1 和 k_2。在图 3-13 中，保留滑块一侧弹簧 1，将另一侧弹簧 2 换成钢丝，钢丝一端固定在滑块上，另一端跨过气垫导轨边缘的滑轮吊上砝码桶，记录此时滑块位置。然后在砝码桶中逐次放入砝码，并记录相应滑块位置。用同样方法记录弹簧 2 的相应数据。

6. 测定简谐振动周期。逐次在滑行器两侧 T 型槽上加上砝码，改变滑行器的质量分别测出振动周期，从实验数据结果可验证 $T \propto \sqrt{m}$ 的关系。

五、实验数据处理

1. 弹簧系数 k_1 和 k_2 测定

次序		初始	1	2	3	4	5	6
砝码质量 m/g		10	15	20	25	30	35	40
弹簧 1	x_1/cm							
弹簧 2	x_2/cm							

利用逐差法处理数据。

2. 简谐振动周期 T 的测定

次序	滑块质量/g	不同振幅 A			一个周期 T/s
		A_1（5cm）	A_2（8cm）	A_3（10cm）	
1					
2					
3					

六、注意事项

将气垫导轨调水平。

七、思考题

为什么要将气垫导轨调水平？

实验 8　刚体转动

一、实验目的

（1）了解多功能计数计时毫秒仪实时测量（时间）的基本方法。
（2）用刚体转动法测定物体的转动惯量。
（3）验证转动定律及平行移轴定理。

（4）分析实验中误差产生的原因和实验中为降低误差应采取的实验手段。

二、实验仪器

刚体转动惯量实验仪、计数计时毫秒仪。计数计时毫秒仪详见实验7。

1. 刚体转动惯量实验仪

IM-2 刚体转动惯量实验仪应用霍尔开关传感器，结合计数计时多功能毫秒仪自动记录刚体在一定转矩作用下，转过 π 角位移的时刻，测定刚体转动时的角加速度和刚体的转动惯量。因此本实验仪提供了一种测量刚体转动惯量的新方法，实验思路新颖、科学，测量数据精确，仪器结构合理，维护简单方便，是开展研究型实验教学的新仪器。

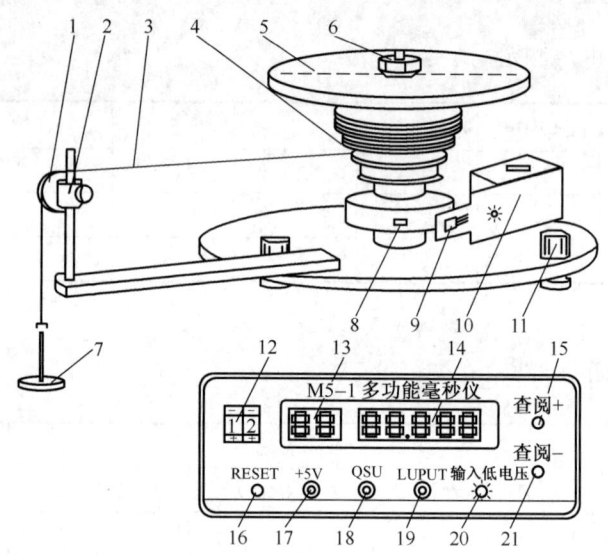

1—滑轮；2—滑轮高度和方向调节组件；3—挂线；4—塔轮组；5—铝质圆盘形实验样品，转轴位置可为样品上的任意圆孔；6—样品固定螺母；7—砝码盘；8—磁钢，相对霍尔开关传感器时，传感器输出低电平；9—霍尔开关传感器，红线接毫秒仪+5V接线柱，黑线接GND接线柱，黄线接INPUT接线柱；10—传感器固定架，装有磁钢，可任意放置于铁质底盘上；11—实验样品水平调节旋钮；12—毫秒仪次数预置拨码开关，可预设1~64次；13—次数显示，00为开始计数计时；14—时间显示，与次数相对应，时间为开始计时的累计时间；15—计时结束后，次数+1查阅键，查阅对应次数的时间；16—毫秒仪复位键，测量前和重新测量时可按该键；17—+5V电源接线柱；18—电源GND（地）接线柱；19—INPUT输入接线柱；20—输入低电平指示；21—计时结束后，次数-1查阅键，查阅对应次数的时间

图 3-14 刚体转动惯量实验仪

三、实验原理

转动惯量是描述刚体转动中惯性大小的物理量，它与刚体的质量分布及转轴位置有关。正确测定物体的转动惯量，在工程技术中有着十分重要的意义。

1. 力矩、转动惯量和角加速度的关系

当系统受外力作用时，系统做匀加速转动。系统所受的外力矩有两个，一个为绳子张力 T 产生的力矩 $M=T \cdot r$，r 为塔轮上绕线轮的半径，$M\mu$ 为摩擦力矩。所以：

即
$$M+M\mu = J\beta_2$$
$$T*r+ M\mu = J\beta_2 \quad (1)$$

式中，β_2 为系统的角加速度，此时为正值；J 为转动系统的转动惯量；$M\mu$ 为摩擦力矩，数值为负。

由牛顿第二定律可知，设砝码 m 下落时的加速度为 a，则运动方程为 $mg-T = ma$。

绳子张力 T：
$$T=m(g-r\beta_2)$$

式中，g 为重力加速度，β_2 为系统的角加速度，r 为塔轮上绕线轮的半径。

当砝码与系统脱离后，此时砝码力矩 $M=0$，摩擦力矩 $M\mu$ 使系统作角加速度 β_1，数值为负。

$$M = I\beta_1 \quad (2)$$

解得
$$m(g-r\beta_2)r+J\beta_1=J\beta_2$$
$$J = \frac{mr(g-r\beta_2)}{\beta_2 - \beta_1} \quad (3)$$

2. 角加速度的测量

设转动体系统在 $t=0$ 时刻初角速度为 ω_0，角位移为 0，转动 t 时间后，其角位移 θ，转动中角加速度为 β，则

$$\theta = \omega_0 t + \frac{1}{2}\beta t^2$$

若测得角位移 θ_1 和 θ_2 与相应的时间 t_1 和 t_2，得

$$\theta_1 = \omega_0 t_1 + \frac{1}{2}\beta t_1^2$$
$$\theta_2 = \omega_0 t_2 + \frac{1}{2}\beta t_2^2$$

所以
$$\beta = \frac{2(\theta_2 t_1 - \theta_1 t_2)}{t_2^2 t_1 - t_1^2 t_2} = \frac{2(\theta_2 t_1 - \theta_1 t_2)}{t_1 t_2 (t_2 - t_1)}$$

实验时，角位移 θ_1 和 θ_2 可取为 2π，4π，…，实验转动系统转过 π 角位移，计数计时毫秒仪的计数窗内计数次数+1。计数为 0 作为角位移开始时刻，实时记录转过 π 角位移的时刻，计算时用角位移时刻减去角位移开始时刻，转化成角位移的时间，应用上述公式得到角加速度。

在求角速度 β_1 时，注意砝码与系统脱离的时刻，以下一时刻作为系统做角加速度角位移起始时刻。计算角位移时间时，用角位移时刻减去该角位移开始时刻，在该时间段角加速度为负，实际上是角减速度角位移。

3. 线性回归法测量角加速度

用多功能计数计时毫秒仪实时测量时间。①测出有外力矩作用下承物台转过角位移 $\theta_1, \theta_2, ..., \theta_n$ 时所需的时间 $t_1, t_2, ..., t_n$。②当砝码和塔轮分开后（$M=0$），用同样方法测出系统转过角位移 $\theta_1, \theta_2, ..., \theta_n$，所需的时间 $t_1', t_2', ..., t_n'$，算出角加速度 β 和 β'。

在系统转动过程中（即采集数据的时间内）摩擦力矩 $M\mu$ 基本不变，系统做匀变速运动。有如下运动方程：

$$\theta = \omega_0 t + \frac{1}{2}\beta t^2$$

即

$$\frac{\theta}{t} = \omega_0 + \frac{1}{2}\beta t$$

式中，ω_0 为承物台的初角速度，t 为它转过角速度 θ 所需果的时间。利用计数计时毫秒仪实时测量：$\theta = \pi, 2\pi, 3\pi, \ldots, n\pi$ 所对应的时间 $t = t_1, t_2, t_3, \ldots, t_n$。用 θ/t 作 y，t 作 x，进行回归运算，由斜率可算出角加速度 ω，利用同样方法测得角减速度 β'。砝码质量 m 和塔轮直径 $2r$ 都是已知值。

4. 转动惯量 J 的"理论公式"

（1）设圆形试件，质量分步均匀，总质量为 M，其对中心轴的转动惯量为 J，外径为 D_1，内径为 D_2，则：

$$J = \frac{1}{8}M(D_1^2 + D_2^2)$$

若为盘状试件，则 $D_2 = 0$。

（2）平行移轴定理：设转动体系的转动惯量为 J_0，当有 M_1 的部分质量远离转轴平行移动 d 距离后，则体系的转动惯量增为：

$$J = J_0 + M_1 d^2$$

四、实验内容及步骤

测转动体系的转动惯量实验中角加速度 β_2、β_1 的方法如下：

1. 放置仪器，滑轮 1 置于实验台外 3cm～4cm，调节仪器水平。设置毫秒仪计数次数。
2. 连接传感器与计数计时毫秒仪。调节霍尔传感器 9 与磁钢 8 间距为 0.4cm～0.6cm，转离磁钢，复位毫秒仪，转动到磁钢与霍尔传感器 9 相对时，毫秒仪低电平指示灯亮，开始计数和计时。
3. 将质量为 $m=50g$ 的砝码挂线的一端打结，沿塔轮上开的细缝塞入，并整齐地绕于半径为 r 的塔轮。
4. 调节滑轮 1 的方向和高度，使挂线与绕线塔轮相切，挂线与绕线轮的中间呈水平。
5. 释放砝码，砝码在重力作用下带动转动体系做加速度转动。
6. 计数计时毫秒仪自动记录铝盘从 0π 开始做 $1\pi, 2\pi, \ldots$ 角位移相应的时刻。

实验内容如下：

1. 必做部分

（1）以铝盘中心孔安装铝盘，组成转动系统，测量在砝码力矩作用下的角加速度 β_2 和砝码挂线脱离后的角加速度 β_1。

（2）以铝盘作为载波物台，加载环形钢质实验样品，测量在砝码力矩作用下的角加速度 β_2 和砝码挂线脱离后的角加速度 β_1。

（3）以铝盘偏心距 $d=3.0cm$、$4.0cm$、$5.0cm$ 为转轴，测量测量在砝码力矩作用下的角加速度 β_2 和砝码挂线脱离后的角加速度 β_1。

2. 选做部分

角位移 $\theta = \pi, 2\pi, 3\pi, \ldots, n\pi$，记录全部数据，用线性回归法计算角加速度 β 和转动惯量 J。

五、实验数据处理

1. 以铝盘中心孔为转轴装载铝盘，测量系统的转动惯量 J_1。数据如表 3-1 所示。

表中 0 时刻，2 时刻、……分别对应角位移 0π 时刻，2π 时刻，……

表 3-1　IM-2 刚体转动惯量实验数据（例 1）

0π 时刻	2π 时刻	4π 时刻	12π 时刻	14π 时刻	16π 时刻	t1/S	t2/S	t3/S	t4/S	b2/(S·S)	b1/(S·S)	J/g·cm·cm
0	0.713	1.185	2.583	2.97	3.476	0.713	1.185	0.387	0.893	2.417281092	-2.72203692	5975.039196
0	0.725	1.205	2.623	3.044	3.658	0.725	1.205	0.421	1.035	2.337005771	-2.88553591	5882.8983
0	0.721	1.199	2.623	3.036	3.616	0.721	1.199	0.413	0.993	2.352252401	-2.80833666	5952.9313
0	0.741	1.224	2.648	3.068	3.668	0.741	1.224	0.42	1.02	2.355770292	-2.80112045	5957.0641
0	0.71	1.183	2.58	2.986	3.553	0.71	1.183	0.406	0.973	2.386184956	-2.87517269	5837.627449

砝码质量为 $m=50$g，绕线半径 $r=2.0$cm，由砝码重力作力矩时，2π、4π 角位移时间分别为 t_1、t_2，转动系统作正角加速度，$\theta_1=2\pi$，$t_1=T_2\pi$，$\theta_2=4\pi$，$t_2=T_4\pi$，代入公式得

$$\beta_2 = \frac{2(\theta_2 t_1 - \theta_1 t_2)}{t_1 t_2 (t_2 - t_1)} = \frac{4\pi(2t_1 - t_2)}{t_1 t_2 (t_2 - t_1)}$$

砝码挂线脱离后，下一时刻 12π 角位移为角减速度计算时刻，2π、4π 角位移时间分别为 t_3、t_4，转动系统作负角加速度，$\theta_1=2\pi$，$t_3=T_{14}\pi-T_{12}\pi$，$\theta_2=4\pi$，$t_4=T_{16}\pi-T_{12}\pi$，代入公式得

$$\beta_1 = \frac{2(\theta_4 t_3 - \theta_3 t_4)}{t_3 t_4 (t_4 - t_3)} = \frac{4\pi(2t_3 - t_4)}{t_3 t_4 (t_4 - t_3)}$$

因此，系统的转动惯量 J_1：

$$J_1 = \frac{mr(g - r\beta_2)}{\beta_2 - \beta_1}$$

由表 3-1，取平均值，$J_1 = 5921$ gcm^2 $= 5.92\times 10^{-4}$ kg·m^2

2. 以铝盘作为载物台，加载环形钢质实验样品，测量在砝码力矩作用下的角加速度代入 β_2 和砝码挂线脱离后的角加速度 β_1，公式数据如表 3-2 所示。

砝码质量为 $m=50$g，绕线半径 $r=2.0$cm。
环形钢质实验样品：$M=204$g，外径 $D_外=9.50$cm，内径 $D_内=6.50$cm。

表 3-2　IM-2 刚体转动惯量实验数据（例 2）

0π 时刻	2π 时刻	4π 时刻	12π 时刻	14π 时刻	16π 时刻	t1/S	t2/S	t3/S	t4/S	b2/(S·S)	b1/(S·S)	J/g·cm·cm
0	0.915	1.513	3.278	3.782	4.468	0.915	1.513	0.504	1.19	1.531644753	-1.76941525	9356.011049
0	0.903	1.498	3.236	3.725	4.375	0.903	1.498	0.489	1.139	1.530714437	-1.77885246	9332.018635
0	0.889	1.471	3.143	3.587	4.132	0.889	1.471	0.444	0.989	1.613470199	-1.68812889	9349.52669
0	0.904	1.496	3.214	3.684	4.29	0.904	1.496	0.47	1.076	1.558808821	-1.77507271	9262.273056
0	0.895	1.482	3.19	3.646	4.221	0.895	1.482	0.456	1.031	1.582345687	-1.76082259	9235.136

由砝码重力作力矩时，2π、4π 角位移时间分别为 t_1、t_2，转动系统作正角加速度，$\theta_1=2\pi$，

$t_1=T_2$, $\theta_2=4\pi$, $t_2\pi=T_4\pi$ 代入公式得

$$\beta_2 = \frac{2(\theta_2 t_1 - \theta_1 t_2)}{t_1 t_2 (t_2 - t_1)} = \frac{4\pi(2t_1 - t_2)}{t_1 t_2 (t_2 - t_1)}$$

砝码挂线脱离后下一时刻 12π 角位移为角减速度计算时刻，2π、4π 角位移时间分别为 t_3、t_4，转动系统作负角加速度，$\theta_1=2\pi$，$t_3=T_{14\pi}-T_{12\pi}$，$\theta_2=4\pi$，$t_4=(T_{16\pi}-T_{12\pi})$，代入公式得

$$\beta_1 = \frac{2(\theta_4 t_3 - \theta_3 t_4)}{t_3 t_4 (t_4 - t_3)} = \frac{4\pi(2t_3 - t_4)}{t_3 t_4 (t_4 - t_3)}$$

因此，系统的转动惯量 J_2：

$$J_2 = \frac{mr(g - r\beta_2)}{\beta_2 - \beta_1}$$

由表 3-2，取平均值，$J_2=9307 \text{gcm}^2=9.31\times 10^{-4} \text{kg}\cdot\text{m}^2$

因此，环形钢质实验样品转动惯量 J_3 为

$$J_3 = J_2 - J_1 = 3.39 \times 10^{-4} \text{kg}\cdot\text{m}^2$$

环形钢质实验样品转动惯量理论值。

实验样品：$m_{铁环}=204\text{g}$　外径 $D_{外}=9.50\text{cm}$，内径 $D_{内}=6.50\text{cm}$。

$$J_3' = \frac{1}{8} m_{铁环}(D_{外}^2 + D_{内}^2) = \frac{1}{8} \times 204 \times (9.5^2 + 6.5^2) = 3378 \text{gcm}^2 = 3.38 \times 10^{-4} \text{kg}\cdot\text{m}^2$$

实验值与理论值比较，百分差为：

$$E = \frac{|J_3 - J_3'|}{J_3'} \times 100\% = 0.4\%$$

3. 验证平行移轴定理

以载物台铝盘偏心孔为转轴，偏心距 $d=3.0\text{cm}$，4.0cm，5.0cm。记录数据后，用 Excel 软件数据处理，测量在砝码力矩作用下的角加速度 β_2 和砝码挂线脱离后的角加速度 β_1。计算转动系统铝盘偏心安装后转动惯量的增量，验证平行移轴定理。铝盘质量 $m_{铝}=247\text{g}$。

（1）以铝盘偏心安装，偏心距 $d=3.0$，数据如表 3-3 所示。

表 3-3　IM-2 刚体转动惯量实验数据（例3）

0π 时刻	2π 时刻	4π 时刻	12π 时刻	14π 时刻	16π 时刻	t1/S	t2/S	t3/S	t4/S	b2/(S·S)	b1/(S·S)	J/g·cm·cm
0	0.858	1.425	3.095	3.569	4.225	0.858	1.425	0.474	1.13	1.679066007	-2.07190937	8225.932322
0	0.844	1.405	3.065	3.535	4.171	0.844	1.405	0.47	1.106	1.701628672	-2.00843591	8315.423181
0	0.848	1.414	3.076	3.544	4.183	0.848	1.414	0.468	1.107	1.662062714	-2.06614963	8277.068853
0	0.844	1.406	3.056	3.516	4.123	0.844	1.406	0.46	1.067	1.6913949	-1.97363294	8418.163574
0	0.839	1.403	3.06	3.524	4.148	0.839	1.403	0.464	1.088	1.65689104	-2.0316482	8366.375566

取平均值，系统转动惯量 $J_4=8320=\text{g}\cdot\text{cm}^2=8.32\times 10^{-4} \text{kg}\cdot\text{m}^2$

依照平行移轴定理，则铝盘中心离转轴平行移动 d 距离后，系统转动惯量增量为 J_5' 为

$$J_5' = m_{铝} d^2 = 247 \times 3.00^2 = 2241 \text{g}\cdot\text{cm}^2 = 2.24 \times 10^{-4} \text{kg}\cdot\text{m}^2$$

因此，转动系统的转动惯量理论值为

$$J_4' = J_1 + J_5' = 5920 + 2223 = 8.14 \times 10^{-4} \text{kg}\cdot\text{m}^2$$

实验值与理论值比较，百分差为：
$$E = \frac{|J_4 - J_4'|}{J_4'} \times 100\% = 2.2\%$$

（2）以铝盘偏心安装，偏心距 d=4.0，数据如表 3-4 所示。

表 3-4　IM-2 刚体转动惯量实验数据（例 4）

0π 时刻	2π 时刻	4π 时刻	12π 时刻	14π 时刻	16π 时刻	t_1/S	t_2/S	t_3/S	t_4/S	b_2/(S·S)	b_1/(S·S)	I/g·cm·cm
0	0.981	1.598	3.36	3.82	4.389	0.981	1.598	0.46	1.029	1.505325535	-1.61882915	9887.480231
0	0.978	1.595	3.343	3.797	4.35	0.978	1.595	0.454	1.007	1.500315123	-1.56633528	10073.21203
0	0.968	1.585	3.357	3.823	4.406	0.968	1.585	0.466	1.049	1.483123512	-1.6421616	9885.324684
0	0.976	1.595	3.371	3.84	4.427	0.976	1.595	0.469	1.056	1.481927828	-1.62355549	9948.434455
0	0.968	1.575	3.304	3.747	4.28	0.968	1.575	0.443	0.976	1.560352017	-1.56214646	9889.20016

取平均值，系统转动惯量 J_6=9936g·cm² =9.94×10⁻⁴kg·m²

依照平行移轴定理，则铝盘中心离转轴平行移动 d 距离后，系统转动惯量增量为 J_7' 为
$$J_7' = m_{铝} d_2 = 247 \times 4.00^2 = 3952 \text{g·cm}^2 = 3.95 \times 10^{-4} \text{kg·m}^2$$

因此，转动系统的转动惯量理论值为 $J_6' = J_1 + J_7' = 5920 + 3952 = 9.87 \times 10^{-4}$ kg·m²

实验值与理论值比较，百分差为：
$$E = \frac{|J_6 - J_7'|}{J_7'} \times 100\% = 0.7\%$$

（3）以铝盘偏心安装，偏心距 d=5.0，数据如表 3-5 所示。

表 3-5　IM-2 刚体转动惯量实验数据（例 5）

0π 时刻	2π 时刻	4π 时刻	12π 时刻	14π 时刻	16π 时刻	t_1/S	t_2/S	t_3/S	t_4/S	b_2/(S·S)	b_1/(S·S)	I/g·cm·cm
0	1.076	1.743	3.61	4.083	4.645	1.076	1.743	0.473	1.035	1.307819495	-1.2939342	11887.95041
0	1.068	1.737	3.619	4.098	4.67	1.068	1.737	0.479	1.051	1.285984394	-1.29183986	11999.998
0	1.068	1.737	3.619	4.098	4.67	1.068	1.737	0.479	1.051	1.285984394	-1.29183986	11999.998
0	1.068	1.738	3.631	4.116	4.698	1.068	1.738	0.485	1.067	1.28010984	-1.28825721	12044.64167
0	1.076	1.748	3.649	4.137	4.723	1.076	1.748	0.488	1.074	1.278551964	-1.27633403	12108.31815

取平均值，系统转动惯量 J_8=12007g·cm²=1.20×10⁻³kg·m²

依照平行移轴定理，则铝盘中心离转轴平行移动 d 距离后，系统转动惯量增量为 J_7' 为
$$J_9' = m_{铝} d^2 = 247 \times 5.00^2 = 6175 \text{g·cm}^2 = 6.18 \times 10^{-3} \text{kg·m}^2$$

因此，转动系统的转动惯量理论值为
$$J_8' = J_1 + J_9' = 5920 + 6175 = 1.21 \times 10^{-3} \text{kg·m}^2$$

实验值与理论值比较，百分差为：
$$E = \frac{|J_8 - J_8'|}{J_8'} \times 100\% = 0.8\%$$

4. 线性回归法测量角加速度

利用计数计时毫秒仪实时测量：$\theta = \pi, 2\pi, 3\pi, \ldots, n\pi$ 所对应的时间 $t = t_1, t_2, t_3, \ldots, t_n$。将 θ/t 作 y，t 作 x，进行回归运算，由斜率可算出角加速度 β' 和角减速度 β'。砝码质量 m 和塔轮直径 $2r$ 都是已知值。利用式（2）和式（3）可算得摩擦力矩 $M\mu$ 和转动惯量了。

5. 数据表格记录

（1）以铝盘中心孔为转轴装载铝盘，测量系统的转动惯量 J_1。数据如表 3-6 所示。

表 3-6 惯量实验数据 1

0π 时刻	2π 时刻	4π 时刻	12π 时刻	14π 时刻	16π 时刻	t1/S	t2/S	t3/S	t4/S	b2/(S·S)	b1/(S·S)	l/g·cm·cm

（2）以铝盘作为载物台，加载环形钢质实验样品，测量在砝码力矩作用下的角加速度 ω_2 和砝码挂线脱离后的角加速度 ω_1。数据如表 3-7 所示。

砝码质量为 $m=50$g，绕线半径 $r=2.0$cm。

环形钢质实验样品：$m=204$g，外径 $D_外=9.50$cm，内径 $D_内=6.50$cm。

表 3-7 惯量实验数据 2

0π 时刻	2π 时刻	4π 时刻	12π 时刻	14π 时刻	16π 时刻	t1/S	t2/S	t3/S	t4/S	b2/(S·S)	b1/(S·S)	l/g·cm·cm

（3）验证平行移轴定理。

以载物台铝盘偏心孔为转轴，偏心距 $d=3.0$cm，4.0cm，5.0cm，记录数据后，用 Excel 软件数据处理，测量在砝码力矩作用下的角加速度 β_2 和砝码挂线脱离后的角加速度 β_1。计算转动系统铝盘偏心安装后其转动惯量的增量，验证平行移轴定理。铝盘质量 $m_铝=247$g。

1）以铝盘偏心安装，偏心距 $d=3.0$，数据如表 3-8 所示。

表 3-8 实验数据

0π 时刻	2π 时刻	4π 时刻	12π 时刻	14π 时刻	16π 时刻	t1/S	t2/S	t3/S	t4/S	b2/(S·S)	b1/(S·S)	l/g·cm·cm

0π时刻	2π时刻	4π时刻	12π时刻	14π时刻	16π时刻	t1/S	t2/S	t3/S	t4/S	b2/(S·S)	b1/(S·S)	I/g·cm·cm

2）以铝盘偏心安装，偏心距 $d=4.0$，数据如表 3-9 所示。

表 3-9 惯量实验数据 3

0π时刻	2π时刻	4π时刻	12π时刻	14π时刻	16π时刻	t1/S	t2/S	t3/S	t4/S	b2/(S·S)	b1/(S·S)	I/g·cm·cm

3）以铝盘偏心安装，偏心距 $d=5.0$，数据如表 3-10 所示。

表 3-10 惯量实验数据 4

0π时刻	2π时刻	4π时刻	12π时刻	14π时刻	16π时刻	t1/S	t2/S	t3/S	t4/S	b2/(S·S)	b1/(S·S)	I/g·cm·cm

6. 线性回归法测量角加速度

利用计数计时毫秒仪实时测量：$\theta = \pi, 2\pi, 3\pi, \ldots, n\pi$ 所对应的时间 $t = t_1, t_2, t_3, \ldots, t_n$。将 θ/t 作 y，t 作 x，进行回归运算，由斜率可算出角加速度 β' 和角减速度 β'。砝码质量 m 和塔轮直径 $2r$ 都是已知值。利用式（2）和式（3）可算得摩擦力矩 $M\mu$ 和转动惯量了。

六、注意事项

1. 连接霍尔开关传感器组件和毫秒仪，红线接+5 接线柱，黑线接 GND 接线柱，黄线接 INPUT 接线柱。
2. 霍尔传感器 9 放置于合适的位置，当系统转过约 π/2 角位移后，毫秒仪开始计数计时。
3. 挂线长度以挂线脱离塔轮后，砝码离地 3cm 左右为宜。
4. 实验中，在砝码钩挂线脱离塔轮前转动体系作正加速度 β_2，在砝码钩挂线脱离塔轮后转动体系作负加速度 β_1，须分清正加速度 β_2 到负加速度 β_1 的计时分界处。
5. 数据处理时，系统作负加速度 β_1 的开始时刻，可以选为分界处的下一时刻，角位移时间须减去该时刻。

6．实验中，砝码置于相同的高度后释放。

七、思考题

实验中，为什么要把砝码放在相同高度后释放？

实验 9　金属线胀系数测定

一、实验目的

（1）学习并掌握测量金属线膨胀系数的一种方法。
（2）学会用千分表测量长度的微小增量。
（3）掌握使用千分表和温度控制仪的操作方法。
（4）学会用图解法求出金属线胀系数。

二、实验仪器

本实验由 SLE-1 固体线胀系数测定仪实验装置和 HTC-1 加热温度控制仪组成。

1．实验仪器如图 3-15 所示。

2．实验条件。

（1）被测实验样品外形尺寸：直径 $\phi 6 \sim \phi 10$，长度 400mm；整体要求平直。

（2）千分表安装须适当固定（以表头无转动为准），且与被测物体有良好的接触（读数在 0.1～0.2mm 处较为适宜，然后转动表壳校零）。

（3）因伸长量极小，故仪器不应有振动。

（4）千分表探头需保持与实验样品在同一直线上。

3．仪器使用（HTC-1 加热温度控制仪）。

（1）连接温度传感器探头连线，连接加热部件接线柱。

（2）HTC-1 加热温度控制仪开机时，左旋设置温度旋钮，设定低于室温 5℃以上，仪器预热 5 分钟后，测温显示窗显示室温。

（3）实验时可以室温作为实验开始温度，也可将高于室温的温度作为开始实验温度，如室温为 12℃，可用 15℃作为开始实验温度。

（4）调节温度设置旋钮，设定加热目标温度，须高于室温，此时可观察到加热输出指示灯发光，亮度与输出电压成正比。

（5）加热时实测温度会比设定温度低 0.1℃～2.2℃，该温度差与周围环境散热条件有关，实测温度显示窗显示实验样品的实际温度，实验中须保持该温度 10 分钟以上，使实验样品内外温度均匀。

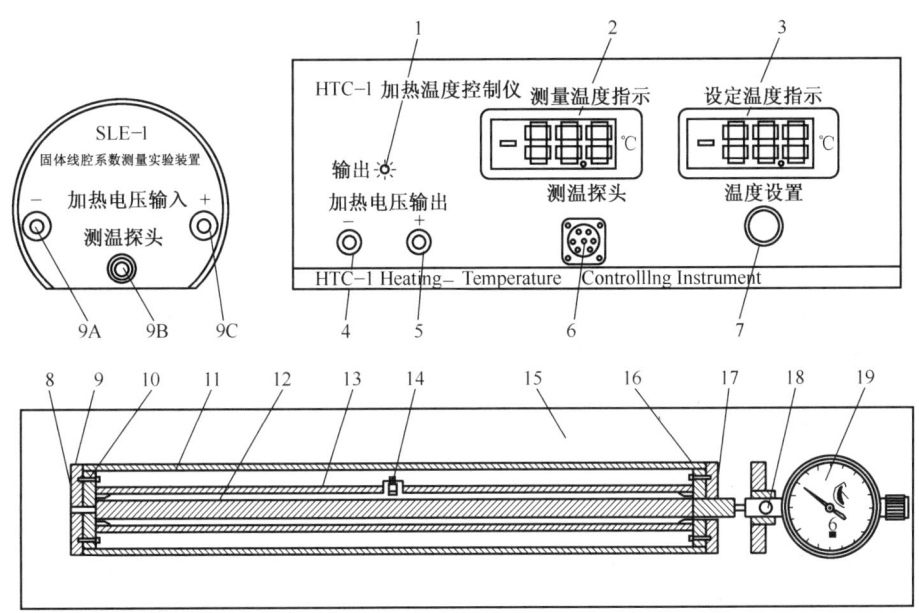

1—加热电压输出指示；2—实验样品实测温度指示；3—加热温度设定指示；4—加热电压输出接线柱"－"；5—加热电压输出"＋"接线柱；6—测温探头连接口；7—温度设置旋钮；8—固定架；9A—加热部件输入"－"接线柱；8B—测温传感器接口；9C—加热部件输入"＋"接线柱；10—隔热盘；11—隔热管；12—实验样品；13—加热导热均衡管；14—测温传感器；15—实验装置底盘；16—隔热盘；17—隔热棒；18—千分表固定螺钉；19—千分表

图 3-15　金属线胀系数测定实验示意图

加热实验样品时，实测温度以一定的速率上升，在出现 2～3 次的温度波动后，实测温度趋于稳定，并保持实测温度±0.2℃/1 分钟。

三、实验原理

绝大多数物质具有"热胀冷缩"的特性，这是由物体内部分子热运动加剧或减弱造成的。这个性质在工程结构的设计、机械和仪表的制造、材料的加工（如焊接）中都应考虑到，否则将影响结构的稳定性和仪表的精度，考虑失当甚至会造成工程结构的毁损、仪表的失灵以及加工焊接中的缺陷和失败等。

固体材料的线膨胀是材料受热膨胀时，在一维方向上的伸长。线胀系数是选用材料的一项重要指标。在研制新材料中，测量其线胀系数更是必不可少的。SLE-1 固体线胀系数测定仪通过加热温度控制仪，精确地控制实验样品在一定的温度下，由千分表直接读出实验样品的伸长量，实现对固体线胀系数测定的一种新型教学实验仪器。

该仪器的恒温控制由高精度数字温度传感器与 HTC-1 加热温度控制仪组成，可加热温度控制在室温至 103.0℃之间。HTC-1 加热温度控制仪自动检测实测温度与目标温度的差距，确定加热策略，并以一定的加热输出电压维持实测温度的稳度，分别由四位数码管显示设定温度和实验样品实测温度，读数精度为±0.1℃，调节设定方便、控温稳定、精确。专用加热部件的加热电压为 12V，因此具有实验安全可靠、维护简单的特点。

在一定温度范围内，原长为 l 的物体受热后的伸长量 Δl 与其温度的增加量 Δt 近似成正比，

与原长 l 也成正比，即 $\Delta l = \alpha \cdot l \cdot \Delta t$。式中 α 为固体的线胀系数。实验证明：不同材料的线膨胀系数是不同的。本实验仪配备的实验样品为铁棒（碳钢）、铜棒、铝棒。实验测量值与理论值的误差为±3%。

四、实验内容及步骤

连接温度传感器探头连线，连接加热部件接线柱。

旋松千分表固定架螺栓，拉出千分表，将实验样品[$\phi 6 \sim \phi 10 \times 400mm$]插入加热实验装置的加热部件（加热导热铜管内），再插入隔热棒 17（不锈钢），用力压紧后，安装千分表，注意被测物体与千分表测量头保持在同一直线。

在固定架上安装千分表，并扭紧螺栓，使千分表不转动，千分表读数值在 0.1mm～0.2mm 处，再转动千分表圆盘读数为零。

实验温度以实测温度为准，当实测温度显示值上升到大于设定值时，停止加热电压输出，一般在接近设定温度时，HTC-1 加热温度控制器降低加热电压输出，实测温度与设定温度的差值是一定的加热电压输出补偿实验装置的散热。因此设定温度与室温相差较大时，实测温度稳定后，实测温度与设定温度的差值也较大。所以在设定温度由室温至较高温度时，应比实验温度（实测温度）略高 0.1℃～2℃。

（1）确定实验温度点，实验温度一般可分别比室温增加 10℃，20℃，30℃，40℃，50℃，…，或比室温增加 5℃，15℃，25℃，35℃，45℃，…。

（2）接通 HTC-1 加热温度控制仪的电源并加热实验样品时，实测温度以一定的速率上升，出现 2～3 次的温度波动后，实测温度趋于稳定，持续稳定十分钟以上的实测温度，记录 Δt 和 Δl，并通过公式 $\alpha = \dfrac{\Delta l}{l \cdot \Delta t}$ 计算线膨胀系数，并研究其线性情况。

（3）换不同的金属棒样品，分别测量并计算线膨胀系数，与理论参考值进行比较，分析研究误差原因。

五、实验数据处理

1. 实验数据记录。

表 3-11　实验样品：铁　直径 D=＿＿＿cm　长度 L=＿＿＿cm

温度 t/℃	0	10	20	30	40	50
伸长/mm						

表 3-12　实验样品：铝　直径 D=＿＿＿cm　长度 L=＿＿＿cm

温度 t/℃	0	10	20	30	40	50
伸长/mm						

表 3-13　实验样品：铜　直径 D=＿＿＿cm　长度 L=＿＿＿cm

温度 t/℃	0	10	20	30	40	50
伸长/mm						

2．作图：根据以上表格中的数据，以 t 为横坐标，以 ΔL 为纵坐标，作出 $\Delta L - \Delta t$ 的关系图，说明其关系为直线。

3．在同一图中作上述三种材料的 $\Delta L - \Delta t$ 图，比较线胀系数的大小。

4．计算：作出的直线应使数据点均匀地分布在直线的两侧，用最小二乘法求其直线斜率，为该材料的线胀系数 α。

5．分析测量结果的相对误差。

六、注意事项

测量某些合金材料，在金相组织发生变化温度附近时，会出现线膨胀量的突变现象。

七、思考题

1．试分析哪个量是影响实验结果精度的主要因素？
2．试举出几个在日常生活和工程技术中应用线胀系数的实例。
3．若实验中加热时间过长，仪器支架受热膨胀，对实验结果会有什么影响？
4．分析影响测量精度的因素。

第 4 章　电磁学实验

电磁学实验操作规程

1. 连接电路时，必须有规整的电路图，对电路各部分的作用应明确，对电路中电源、电表、仪器及其他器具的规格应预先定好。
2. 选择适用的仪器用具，参照电路图将其放置实验平台上，注意安全并能很方便地进行观察、操作和读数。
3. 对多功能、多量程的仪表，要调到适用的功能状态和量程。对灵敏度可调的仪器，要先调到灵敏度最低的状态。
4. 电路连接完必须认真复查，请指导老师检查，绝不允许未经审查电路就通电。
5. 实验中途调换仪器、仪器换挡、改变量程、改变接线时，都要先切断电源。
6. 实验结束时，将仪器调到最安全的状态再切断电源，检查数据记录，看是否有漏测或错误，最后拆除连线，整理好仪器和导线。

实验 10　惠斯通电桥测电阻

一、实验目的

（1）掌握惠斯通电桥测量电阻的原理。
（2）了解惠斯通电桥的结构和使用方法。

二、实验仪器

惠斯通电桥实验装置（如图 4-1 所示）、电阻箱、数字检流计、待测电阻。

三、实验原理

电桥在电磁测量技术、自动调节、自动控制中的应用十分广泛，其特点是灵敏度和准确度都很高。惠斯通电桥是一种直流电桥，利用其处于平衡状态时的特点，可以较准确地测定中等阻值电阻（几十欧姆至几百千欧姆）。

如图 4-2 所示，将四只电阻 R_0、R_1、R_2、R_x 接成一个四边形，在 A、B 两点间连接直流电源，在 C、D 两点间接入检流计，这就构成了惠斯通电桥。四边形的每一条边称为电桥的桥臂。由于 G 所在的这条支路好像是 ACB 和 ADB 两条并联支路的"桥"，所以称为电桥。

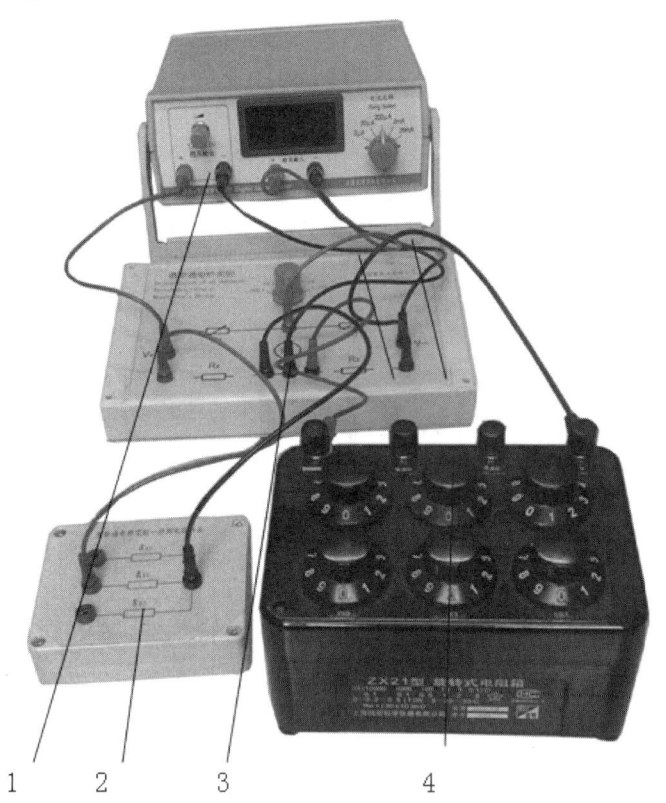

1－数字检流计（含稳压电源）；2－待测电阻；3－电桥实验装置；4－电阻箱

图 4-1　惠斯通电桥测电阻实验装置图

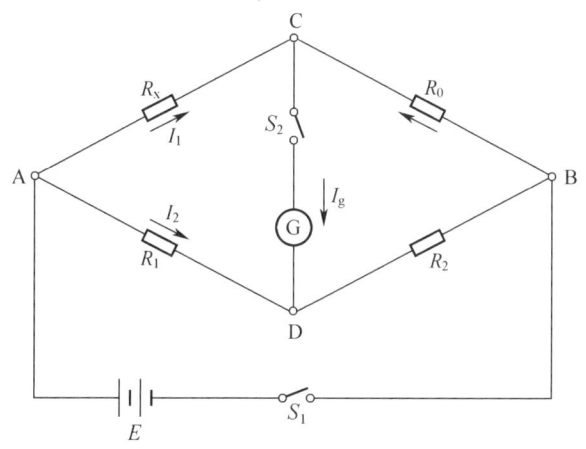

图 4-2　惠斯通电桥测电阻电路图

惠斯通电桥测电阻实际上是把待测电阻与已知的标准电阻进行比较，所以应使 C、D 两点电位相等，则检流计无电流通过，此时称电流达到平衡。显然电桥平衡时应有 $U_C=U_D$，此时通过 R_x 和 R_0 上的电流均为 I_1，通过 R_1 和 R_2 上的电流均为 I_2，因此

$$I_1 R_x = I_2 R_1$$

$$I_1 R_0 = I_2 R_2$$

则有：

$$\frac{R_x}{R_0} = \frac{R_1}{R_2} \tag{4-1}$$

$$R_x = \frac{R_1}{R_2} R_0 \tag{4-2}$$

由式（4-2）可知，若 R_1、R_2 及 R_0 已知，则待测电阻 R_x 可求出。通常称 R_1、R_2 为比率臂，R_0 为比较臂，R_x 为未知臂。

【问题讨论一】

实际测量时，如何操作才能求得 R_x？R_x 的精确程度取决于哪些因素？

电桥能否达到平衡是影响待测电阻测量准确度的一个重要因素，为了评估因此而带来的误差，需引入电桥灵敏度的概念。

电桥灵敏度定义为

$$S = \frac{\Delta n}{\Delta R / R_0} \tag{4-3}$$

式（4-3）中的 ΔR_0 为 R_0 的改变量；Δn 为由于 R_0 的改变，检流计指针偏离平衡位置的格数。

电桥灵敏度对任一桥臂都相同，所以

$$S = \frac{\Delta n}{\Delta R_0 / R_0} = \frac{\Delta n_x}{\Delta R_x / R_x} = \frac{\Delta n_1}{\Delta R_1 / R_1} = \frac{\Delta n_2}{\Delta R_2 / R_2} \tag{4-4}$$

【问题讨论二】

电桥灵敏度的高低与电桥平衡状态的判断有什么关系？

电桥的灵敏度与检流计的灵敏度、电源电压及各桥臂阻值有关。在其他条件相同时，可以证明，当 $R_1/R_2=1$ 时，电桥灵敏度最高。由电桥灵敏度的定义可得待测电阻的误差为

$$\Delta R_x = \frac{\Delta n_0}{S} R_x \tag{4-5}$$

式（4-5）中 Δn_0 在指针式检流计中取 0.1 分格，在数字式检流计中直接读取值。

四、实验内容及步骤

用惠斯通电桥测电阻。按图 4-1 连接线路，测量一只标称阻值为实验样品中的电阻。

1. 比率臂的比率数值应尽量接近 1（为什么？）。
2. 电桥灵敏度应随电桥平衡状态的调节逐步增大。
3. 应将 R_x 与 R_0 交换位置，测出两次值后的平均值（为什么？）。
4. 求出电桥灵敏度及待测电阻的不确定度。
5. 要求按 1:1、1:10、10:1 三种不同比率测量，并求出不确定度。

五、实验数据处理

实验数据及处理如表 4-1 所示。

表 4-1　记录实验数据并进行数据处理

待测电阻色环				
待测电阻标称值				
平衡时比较臂 R_0				
倍率 $\dfrac{R_1}{R_2}$				
测量值 $\dfrac{R_1}{R_2}R_0$				
平衡后改变 ΔR_S				
改变 ΔR_S 后对应 Δn				
电桥灵敏度 S				
不确定度 $\Delta R_x = \left(\alpha\% + \dfrac{0.1}{S}\right)\dfrac{R_1}{R_2}R_S$				
待测电阻 $R_x = \dfrac{R_1}{R_2}R_S \pm \Delta R_x$				

六、思考题

（1）惠斯通电桥的平衡条件是什么？
（2）用惠斯通电桥测量电阻时，检流计的指针总是向一边偏转的原因是什么？

实验 11　非线性元件伏安特性测量

一、实验目的

（1）掌握用电位作分压器和限流器的使用方法。
（2）学习测量非线性元件的伏安特性，了解用伏安法测量时，两种电表的连接方法和接入误差。
（3）了解二极管的单向导电性和稳压二极管的稳压特性。
（4）了解发光二极管的光电特性。

二、实验仪器

（1）数字稳压电源：5V；20V。
（2）数字电压表：2V；20V；3 位半数字显示。
（3）数字电流表：0～199.99mA，4 位半数字显示。
（4）实验装置：电阻、二极管、稳压二极管、红发光管、蓝发光管。
（5）滑线变阻器。

三、实验原理

1. 测量元件的伏安特性

给一个电学元件通电,用电压表出元件两端的电压 U,用电流表测出通过元件的电流 I,作出 U-I 关系曲线(通常以电压为横坐标,电流为纵坐标),该曲线称为伏安特性曲线。这种研究元件特性的方法叫做伏安法,电阻 $R=U/I$。由电压、电流表的示值 U 和 I 可以计算得到待测元件 R_x 的阻值。如果伏安曲线为直线,表示元件阻值为一个常数,不随电压电流变化的元件叫做线性元件,如碳膜(或金属膜)电阻等;如果伏安曲线不是直线,元件阻值随电压(电流)变化,这样的元件叫做非线性元件,如我们熟悉的二极管、白炽灯等。

伏安法的主要用途是研究非线性元件特性,一些传感器的伏安特性随某一个物理量的变化呈非线性变化,如温敏二极管等。因此在分析传感器特性时,通常需要测量其伏安特性。

2. 电表连接方法和接入误差

测量伏安特性时,电表连接方法有两种:电流表外接和电流表内接,如图 4-3 所示。由于电表内阻的影响,这两种接法都会导致一定的系统误差。

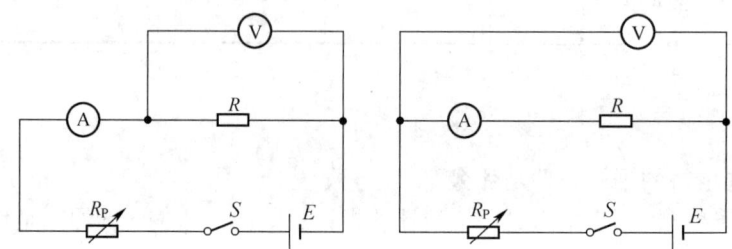

图 4-3 电流表外接和电流表内接电路

当电流表内接时,系统误差为

$$\frac{\Delta R_x}{R_x} = \frac{R_A}{R_x} \tag{4-6}$$

当电流表外接时,系统误差为

$$\frac{\Delta R_x}{R_x} = -\frac{R_x}{R_x + R_V} \tag{4-7}$$

使用电流表内接时,由于电流表内部阻不为零,会使 R_x 实测值偏大;使用电流表外接时,由于电流表内阻不是无限大,会使 R_x 实测值偏小。

通常根据待测元件阻值及电表内部值选择合适的电表连接方法,以减小接入误差的影响,在测量电压表内阻远大于 R_x 的小电阻时,常用电流表外接;在测量且电流表内阻远小于 R_x 的大电阻时,常用电流表内接。如果已知电压表、电流表的内阻分别为 R_V 和 R_A,利用下列公式可以对测量结果的系统误差进行修正,计算出电阻 R_x 的准确值。

当电流表内接时:

$$R_x = \frac{U}{I} - R_A \tag{4-8}$$

当电流表外接时:

$$\frac{1}{R_x} = \frac{I}{U} - \frac{1}{R_V} \tag{4-9}$$

现在数字式电表的使用日益普及，其内阻可达 10MΩ 以上。测量伏安特性一般采用电流表外接方法。

3. 半导体二极管

半导体二极管是一种常用的非线性元件，由 P 型、N 型半导体材料制成 PN 结，经欧姆接触引出电极封装而成，两个电极分别为正极、负极，二极管的电流 I 和电压 U 满足下式：

$$I = I_s(e^{qU/kT} - 1) \tag{4-10}$$

在常温条件下，且 $U > 0.1\text{V}$ 时，式（4-10）可近似为

$$I = I_s e^{qU/kT} \tag{4-11}$$

式中 $q = 1.602 \times 10^{-19}$C，为电子电量；$k = 1.381 \times 10^{-23}$J/K，为玻尔兹曼常数；$T$ 为绝对温度；I_s 为反向饱和电。

二极管的主要特点是单向导电性，其伏安特性曲线如图 4-4 所示。由图可知，在正向电流和反向电压较小时，电流都较小。当正向电压加大到某一数值 U_D 时，正向电流明显增大，随着电压的加大，电流急剧增大，伏安曲线趋近为一条直线；将此段直线反向延长与横轴相交，交点 U_D 称为正向导通阈值电压。对于硅二极管，$U_P \approx 0.7\text{V}$；对于锗二极管，$U_D \approx 0.2\text{V}$。

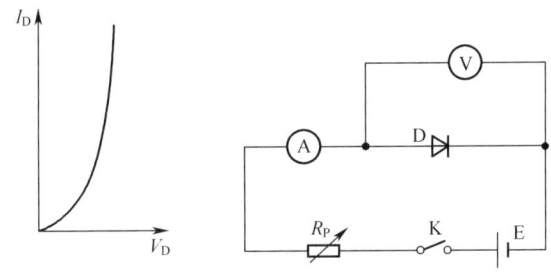

图 4-4 二极管的伏安特性曲线

如果稳压电源极性反向连接，按上述方法测量，也可得到 I_D-U_D 的多组数据，这些数据表征二极管的反向特性。在反向电压较大时，电流趋近极限值 I_s；在反向电压超过某一数值 U_S 时，电流急剧增大，这种情况称为击穿，U_B 称为反向击穿电压。

二极管的主要参数有正向导通阈值电压 U_D、最大整流电流 I_f（即二极管正常工作时允许通过的最大正向平均电流）、最大反向电压 U_{Br}（一般取反向击穿电压 U_B 的一半）。当漏电忽略时，反向电流 I_r 是反向饱和电流 I_s 的额定值。

由于二极管具有单向导电性，在电子电路中得到了广泛的应用，常用于整流、检波、限幅、元件保护以及在数字电路中作为开关元件等。

4. 稳压二极管

稳压二极管是一种特殊的半导体二极管，稳压二极管的正向伏安特性曲线与普通二极管伏安特性曲线的类似。只是达到反向击穿电压之后，在稳压值附近一个很宽的电流范围内（如图 4-4 所示），伏安特性曲线十分陡直，在这个区域内改变外加电压，仅引起通过稳压二极管的电流变化，而稳压管两端的电压将维持恒定，一般取电流

$$I_z = (I_{z\min} - I_{z\max})/2$$

所对应的电压值 U_z 作为稳压二极管的稳压值。

稳压二极管工作在反向击穿区，与一般二极管不同，稳压管的反向击穿是可逆的，即去掉反向电压，稳压管又恢复正常。当然，如果反向电流超过允许范围，稳压管同样会因热击穿而损坏。

稳压二极管的主要参数有稳定电压 U_z、最小稳定电流 I_{zmix} 和最大稳压电流 I_{zmax} 等。稳压管经常用在稳压、恒流等电路中。

5. 与上述测二极管的步骤类似，测量发光二极管（红、蓝）正向伏安特性。

四、实验内容及步骤

将滑线变阻接成分压电路，用伏安法测量实验样品的伏安特性。

注意：二极管的正向电阻不是定值，而是随电流变化的；正常工作电流一般为 10mA，实验测试线路如图 4-5 所示。

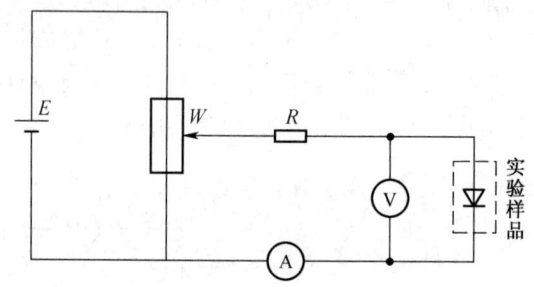

图 4-5　伏安法测量实验原理图

图 4-5 中，E 为稳压电源，根据实验内容及步骤可接入+5V 或+20V；W 为滑线变阻器 500Ω/0.5A；A 为数字电流表；V 为数字电压表；实验样品为线性电阻或非线性二极管、稳压管、发光二极管等。

1. 测量电阻的伏安特性。

2. 测量二极管 1N4004 的正向伏安特性。为了保护二极管，在使用二极管时通常要串联一个固定样电阻 R_0，先取 $R_0=20Ω$，测量二极管两端的电压和电流。本实验使用整流二极管，电流可适当增大到 200mA，因此电流测量范围可取 0.05 mA～150mA。电源电压 E 先取为 5V，实验中根据实验要求可适当增大电源电压。

3. 测量稳压二极管的伏安特性。实验样品：1N4735-3V3 型稳压二极管的稳压值约 3.3V，先取 $E=5V$；电流测量范围为 0.05mA～50mA。

4. 测量二极管 1N4004 的反向特性。

5. 测量发光红色二极管、蓝色二极管的正向伏安特性。

五、实验数据处理

1. 线性电阻的伏安特性，实验样品：1kΩ。

改变滑线变阻器位置，即改变元件两端电压，读取通过元件的电流。

表 4-2　记录实验数据 1

U/V	0	0.50	1.00	1.50	2.00	2.50	3.00
I/mA							

2．二极管的正向伏安特性，实验样品：1N4004。

改变滑线变阻器位置，即改变元件两端电压，读取通过元件的电流。

表 4-3　记录实验数据 2

U/V	0	0.10	0.20	0.30	0.40	0.50	0.60	0.70
I/mA								

3．稳压二极管的反向伏安特性，实验样品：1N4735-3V3。

改变滑线变阻器位置，即改变通过元件的电流，读取元件两端电压，说明稳压管的稳压特性。

表 4-4　记录实验数据 3

I/mA	0	1.00	5.00	10.00	15.00	20.00	25.00	30.00
U/V								

4．测量二极管的反向特性，实验样品：1N4004。

表 4-5　记录实验数据 4

U/V	0	2.50	5.00	7.50	10.00	12.50	15.00	17.50
I/mA								

5．测量发光二极管的伏安特性，实验样品：红色发光管。

表 4-6　记录实验数据 5

I/mA	0	0.50	1.00	1.50	2.50	3.00	3.50	4.00
U/V								

6．测量发光二极管的伏安特性，实验样品：蓝色发光管。

表 4-7　记录实验数据 6

I/mA	0	0.50	1.00	1.50	2.50	3.00	3.50	4.00
U/V								

7．根据上述数据作伏安特性曲线，说明非线性元件特性。

六、测量元件特性时的注意事项

（1）了解元件的有关参数、性能及特点，实验中应保证元件安全使用、正常工作，加在元件上的电压及通过的电流都应小于其额定数值。

（2）选择变阻电路时，应考虑到调节方便，能满足测量范围的要求，实验中经常采用分压电路，如细调程度不够，可以用两个变阻器组成二极分压（或制流）电路。

（3）确定测量范围时，既要保证元件的安全，又要覆盖其正常工作范围，以反映元件特性。应根据测量范围选定电源电压。

（4）合理选取测量点，可以减少测量值的相对误差。测量非线性元件时，选择变化较大的物理量作为自变量较为方便，可以等间隔取测量点；在测量值变化较大时，可适当增加测量点。

（5）在正式测量之前，应先对被测元件进行粗测，以大致了解被测元件的特性、物理规律及变化范围，然后再逐点测量。

实验12 磁阻效应现象

磁阻器件由于其灵敏度高、抗干扰能力强等优点，在工业、交通、仪器仪表、医疗器械、探矿等领域应用十分广泛，如数字式罗盘、交通车辆检测、导航系统、伪钞检验、位置测量等探测器。磁阻器件品种较多，可分为正常磁电阻、各向异性磁电阻、特大磁电阻、巨磁电阻和隧道磁电阻等，其中正常磁电阻的应用十分普遍。锑化铟（InSb）传感器是一种价格低廉、灵敏度高的正常磁电阻，有着十分重要的应用价值。它可用于制造在磁场微小变化时测量多种物理量的传感器。本实验装置结构简单，实验内容和步骤丰富，使用两种材料的传感器：砷化镓（GaAs）作为测磁探头测量电磁铁气隙中的磁感应强度，研究锑化铟（InSb）在一定磁感应强度下的电阻，融合霍尔效应和磁阻效应两种物理现象，具有科学研究的前瞻性，特别适合大学物理实验。

一、实验目的

（1）测量电磁铁的磁感应强度与励磁电流的关系和电磁铁磁场分布。
（2）测量锑化铟传感器的电阻与磁感应强度的关系。
（3）作出锑化铟传感器的电阻变化与磁感应强度的关系曲线。
（4）对此关系曲线的非线性区域和线性区域分别进行拟合。

二、实验仪器

1. 技术指标

（1）恒流源1：输出电流 0~1A，连续可调，分辨率 1mA，三位半数字电流表显示。
（2）内置 InSb 电阻用恒流源 0~4mA。
（3）电压表：量程±1999.9mV，四位半数字电压表显示，分辨率 0.1mV。
（4）数字式毫特仪：量程 0±1999.9mT，分辨率 0.1mT，准确度优于 1%FS；四位半数字显示。

2. 实验仪器组成

实验采用 MR-2 型磁阻效应实验仪（图4-6），包括直流双路恒流电源、0~2V 直流数字电压表、电磁铁、数字式毫特仪（GaAs 作探测器）、锑化铟（InSb）磁阻传感器等。仪器连接如图 4-7 所示。

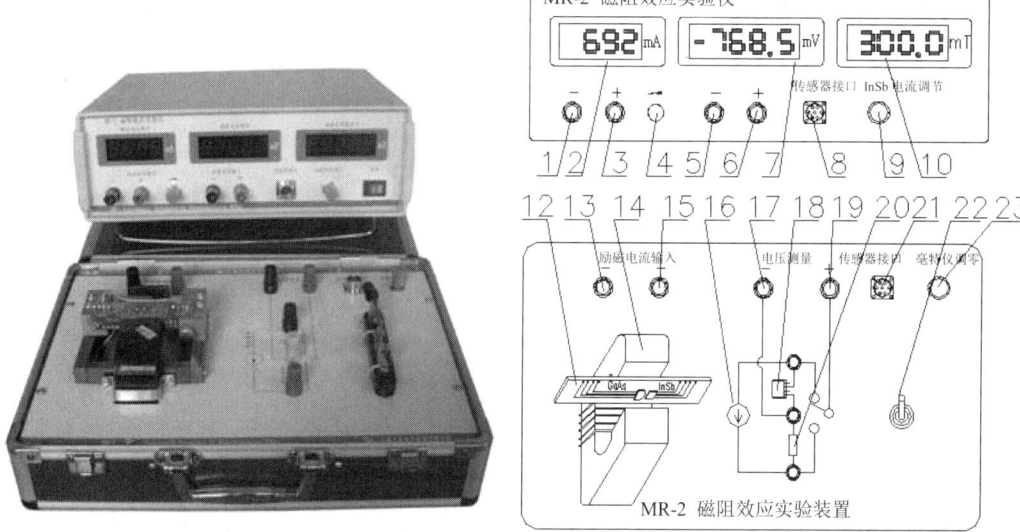

1—恒流源（励磁）输出接线柱（－）；2—输出恒流指示磁感应强度显示窗口；3—恒流源（励磁）输出接线柱（＋）；4—输出电流调节电位器（多圈）仪器调零旋钮；5—电压测量输入接线柱（－）；6—电压测量输入接线柱（＋）；7—测量电压显示；8—传感器接口；9—InSb 锑化铟恒流源电流调节；10—毫特仪测量磁感应强度显示窗；12—传感器安装印板；13—电磁铁线圈接线柱（－）数（实验样品）输出接线柱；14—电磁铁，线圈 2000 匝，气隙 4 毫米；15—电磁铁线圈接线柱（＋）；16—InSb 锑化铟恒流源；17—电压测量接线柱（－）；18—InSb 锑化铟磁阻装于印板电磁铁气隙中；19—电压测量接线柱（＋）；20—外接电阻，已接 300Ω 电阻，也可用电阻箱，但阻值须大于 200Ω；21—探头连接航空插座；22—单刀双掷闸刀；23—毫特仪（高斯计）调零电位器

图 4-6　MR-2 磁阻效应实验仪及实验装置示意图

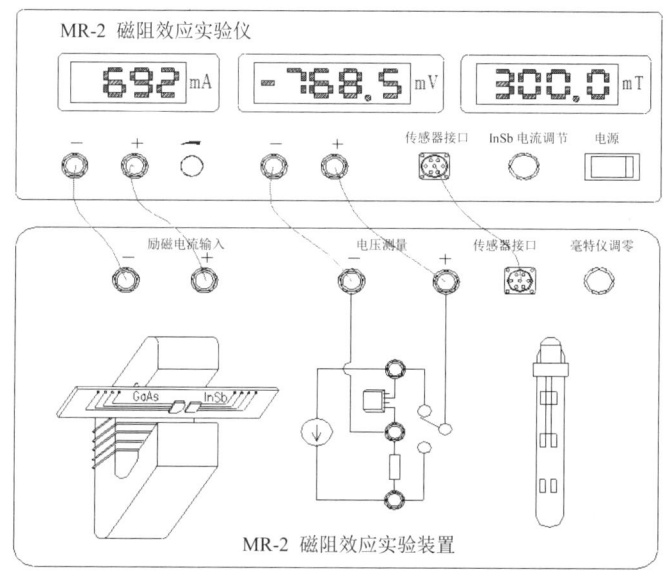

图 4-7　实验仪器连接图

三、实验原理

一定条件下，导电材料的电阻值 R 随磁感应强度 B 的变化规律称为磁阻效应。如图 4-8 所示，当半导体处于磁场中时，导体或半导体的载流子将受洛仑兹力的作用而发生偏转，在两端产生积聚电荷并产生霍耳电场。

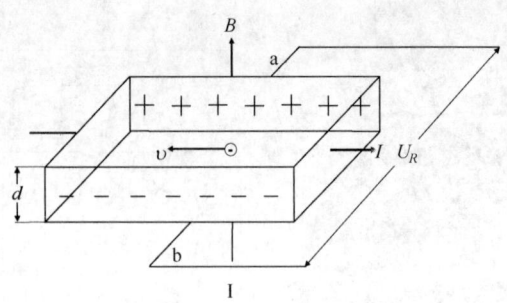

图 4-8 磁阻效应

如果霍耳电场作用和某一速度载流子的洛仑兹力作用刚好抵消，那么不等于该速度的载流子将发生偏转，因而沿外加电场方向运动的载流子数量将减少，电阻增大，表现出横向磁阻效应。若将图 4-8 中的 a 端和 b 端短路，则磁阻效应更明显。通常以电阻率的相对改变量来表示磁阻的大小，即用 $\Delta\rho/\rho(0)$ 表示。其中 $\rho(0)$ 为零磁场时的电阻率，设磁电阻在磁感应强度为 B 的磁场中电阻率为 $\rho(B)$，则 $\Delta\rho=\rho(B)-\rho(0)$。由于磁阻传感器电阻的相对变化率 $\Delta R/R(0)$ 正比于 $\Delta\rho/\rho(0)$，这里 $\Delta R=R(B)-R(0)$，因此也可以用磁阻传感器电阻的相对改变量 $\Delta R/R(0)$ 来表示磁阻效应的大小。

图 4-7 所示实验装置用于测量磁电阻的电阻值 R 与磁感应强度 B 之间的关系。实验证明，当金属或半导体处于较弱磁场中时，一般磁阻传感器电阻相对变化率 $\Delta R/R(0)$ 正比于 B^2 的平方，而在强磁场中 $\Delta R/R(0)$ 与磁感应强度 B 呈线性关系。磁阻传感器的上述特性在物理学和电子学方面有着重要应用。

如果半导体材料磁阻传感器处于角频率为 ω 的弱正弦波交流磁场中，由于磁电阻相对变化量 $\Delta R/R(0)$ 正比于 B^2，则磁阻传感器的电阻值 R 将随角频率 2ω 作周期性变化。即在弱正弦波交流磁场中，磁阻传感器具有交流电倍频性能。若外界交流磁场的磁感应强度 B 为

$$B = B_0 \cos\omega t \tag{4-12}$$

式（4-12）中，B_0 为磁感应强度的振幅，ω 为角频率，t 为时间。设在弱磁场中

$$\Delta R/R(0)=KB^2 \tag{4-13}$$

式（4-13）中，K 为常量。由式（4-12）和式（4-13）可得

$$\begin{aligned} R(B) &= R(0) + \Delta R \\ &= R(0) + R(0)\times[\Delta R/R(0)] \\ &= R(0) + R(0)KB_0^2 \cos^2\omega t \\ &= R(0) + \frac{1}{2}R(0)KB_0^2 + \frac{1}{2}R(0)KB_0^2 \cos^2\omega t \end{aligned} \tag{4-14}$$

式（4-14）中，$R(0)+\frac{1}{2}R(0)KB_0^2$ 为不随时间变化的电阻值，而 $\frac{1}{2}R(0)KB_0^2\cos^2\omega t$ 为以角频率 2ω 作余弦变化的电阻值。因此，磁阻传感器的电阻值在弱正弦波交流磁场中，将产生倍频交流电阻阻值变化。

四、实验内容及步骤

1. 测量电磁铁励磁电流 I_M 与电磁铁气隙中磁感应强度 B 的关系（测量电磁铁磁化曲线）。

对准航空插头座缺口方向，用双头航空插头线连接实验装置和实验仪传感器接口，传感器固定印板转出电磁铁气隙（以减小电磁铁矽钢片残磁影响），预热 10 分钟后调零毫特仪，使其显示 0.0mT。

连接电磁铁电流输入线，置传感器印板于电磁铁气隙中，将电磁铁通入电流，记录励磁电流和电磁感应强度，绘制电磁铁磁化曲线，调励磁电流为 0,100,200,…,800mA。数据记录表如表 4-8 所示。

表 4-8 数据记录表

I_M/mA	0	100	200	300	400	500	600	700	800
B/mT									

其中励磁电流 $I_M=0$ 时，$B\neq 0$，表明电磁铁有剩磁存在。

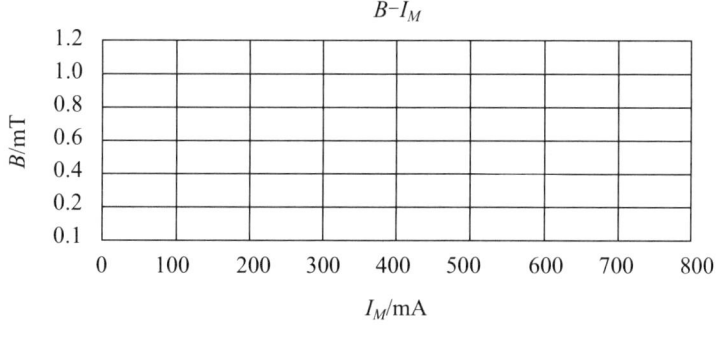

图 4-9 B-I_M 关系图

2. 测量磁感应强度和磁电阻大小的关系。

（1）按图 4-8 将锑化铟（InSb）磁阻传感器与外接电阻（接线柱上已装电阻，也可外接电阻箱）串联，并与可调直流电源相接，数字电压表的一端连接磁阻传感器和电阻（或电阻箱）公共接点，作为测量参考点，单刀双向开关可分别与串接电阻、磁电阻 InSb 切换，用于测量它们的端电压。

（2）由测量磁阻传感器的电流及其两端的电压，求磁阻传感器的电阻 R；调节通过电磁铁的电流，改变电磁铁气隙中的磁场，由毫特仪读出相应的 B，求出 $\Delta R/R(0)$ 与 B 的关系。

作 $\Delta R/R(0)$ 与 B 的关系曲线，并进行曲线拟合。

一般来说，可保持锑化铟磁阻传感器电流或电压不变，测量锑化铟磁阻传感器的电阻与磁感应强度的关系（实验时注意 GaAs 和 InSb 传感器工作电流应小于 3mA）。本实验保持实验样品电流恒定，测量其端电压计算其电阻值。

经测量接线柱上外接取样电阻 R=298.9Ω，其标注值为 300Ω，令电压 U=298.9mV，则电流 $I_{取}=\dfrac{U}{R}=\dfrac{298.9}{298.9}$=1.00mA。

实验步骤如下：

按图 4-8 连接好导线。单刀开关向上接通测量外接电阻电压，如电流 $I_{取}$ 所述，调节 InSb 电流调节旋钮，使电压测量值为 U=300.0mV，则 InSb 磁电阻和外接电阻通入的电流为 1.00mA。单刀开关向下接通测量 InSb 磁电阻两端的电压时，因电流方向显示的电压为负值，记录数值时无须记录。

实验样品固定印板置于电磁铁气隙中，电磁铁励磁电流调零时开始实验测量，此时的磁场很小，忽略不计，此时测得的电阻值为实验样品的 $R(0)$。实验中可通过观测外接电阻两端电压是否变化来表明 InSb 电流的稳定情况。

表 4-9　数据记录表

电磁铁	InSb	B~$\Delta R/R(0)$对应关系		
I_M/mA	U_R/mV	B/mT	R/Ω	$\Delta R/R(0)$
0				
22				
45				
68				
92				
114				
138				
161				
230				
347				
462				
577				
694				
813				
933				

如图 4-10 所示为 $\Delta R/R$ 与 B 的关系曲线图。

（3）当 B<0.06T 时。

令 $\Delta R/R(0)=kB^n$，则 $\ln(\Delta R/R(0))=n\ln B+\ln k$

经直线拟合得 n=1.97，可知在 B<0.06T 时，磁阻变化率 $\Delta R/R(0)$ 与磁感应强度 B 成二次函数关系。拟合得到 $\Delta R/R(0)=29.2B^2$。

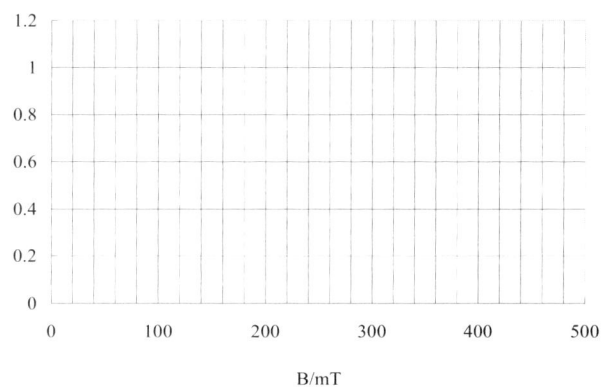

图 4-10 $\Delta R/R$ 与 B 的关系曲线图

(4) 当 $B>0.12$T 时。

令 $\Delta R/R(0)=k_1 B^{n_1}$，则 $\ln(\Delta R/R(0))=n_1\ln B+\ln k_1$

经直线拟合得 $n_1=0.8$，可知在 $B>0.12$ 时，磁阻变化率 $\Delta R/R(0)$ 与磁感应强度 B 成一次函数关系。拟合得到 $\Delta R/R(0)=1.72B+0.14$，相关系数 $r=0.9996$。

五、注意事项

锑化铟磁阻传感器作为半导体材料，温度系数较大，即对温度变化很敏感，所以实验时下列因素会影响实验数据：①实验室环境温度；②电磁铁的温升；③锑化铟的工作电流。

故经测量，在不同的室温条件下其常态电阻差异性很大。为了减少电磁铁的温升，测量实验数据时应快一些，不应使电磁铁长时间处于大电流工作状态。通过实验样品的电流取小一些，可有效减小温升，从而使电阻值稳定。

实验时可以改变励磁电流的方向，说明磁阻传感器的电阻变化与磁场强度的大小有关，而与磁场方向无关，这也是倍频效应的原理。

六、思考题

(1) 什么是磁阻效应？霍耳传感器为什么有磁阻效应？

(2) 锑化铟磁阻传感器在弱磁场中电阻值与磁感应强度的关系和在强磁场中时有何不同？这两种特性有什么应用？

实验 13　动态磁滞回线

磁性材料在工程、电力、信息、交通等领域有着广泛的应用，测定磁滞回线是电磁学中的一个重要内容，是研究和应用磁性材料最有效的方法之一。DM-1 动态磁滞回线实验仪应用现代工业变频技术，不仅可以改变磁化电流的大小，还可以将磁化电流的频率在

20Hz～400Hz 范围内加以改变,深入研究磁滞回线与磁化电流频率的关系,因此本实验仪能测试和显示同一材料在不同频率下的磁化曲线,实验时也不需要用调压器,因此实验安全,调换实验样品方便,实验现象直观,动手操作内容多,是新一代测磁滞回线实验仪,特别适合高校物理实验。

一、实验目的

（1）根据磁滞回线确定磁性材料的饱和磁感应强度 B_s、剩磁 B_r 和矫顽力 H_c 数值。
（2）改变交流电的频率,研究和比较动态磁滞回线形状的变化。
（3）根据磁滞回线确定磁性材料一定频率下的饱和磁感应强度 B_s、剩磁 B_r 和矫顽力 H_c 数值。
（4）学会在示波器上标定 H 和 B 的方法。
（5）测试实验样品的磁化曲线。
（6）改变实验样品,比较磁滞回线形状的变化。（选购件）

二、实验仪器

DM-1 动态磁滞回线实验仪（图 4-11）、示波器、导线若干。

三、实验原理

利用示波器测动态磁滞回线的原理图如图 4-12 所示。

将实验样品制成闭合的环形,其上均匀地绕以磁化线圈 N_1 及副线圈 N_2。交流电压 u_1 加在磁化线圈上,线路中串联一取样电阻 R_1。将 R_1 两端的电压 u_1 加到示波器的 X 输入端;副线圈 N_2 与电阻 R_2 和电容 C 串联成一回路。电容 C 两端的电压 u_c 加到示波器的 Y 输入端。

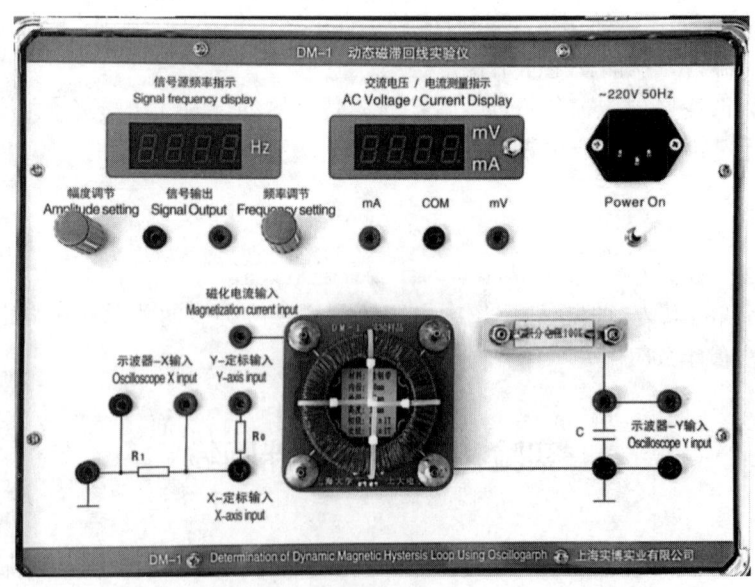

图 4-11　DM-1 动态磁滞回线实验仪及面板示意图

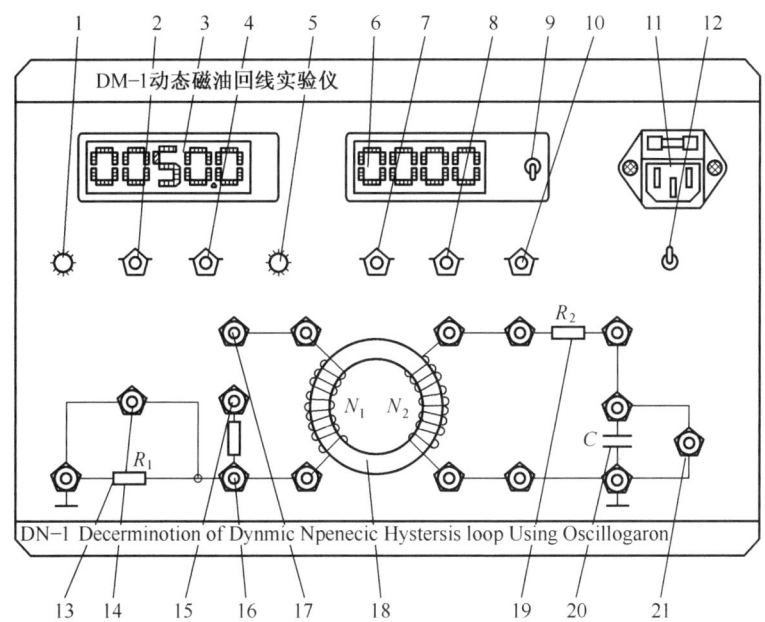

1—信号源输出幅度调节旋钮；2—信号源输出-接线柱；3—输出信号（交流）频率指示；4—信号源输出+接线柱；5—信号源频率调节指示；6—交流电压/电流指示；7—交流电流测量或定标输入接线柱；8—交流电压/电流测量或定标公共（地）接线柱；9—电压/电流测量和测量单位转换开关；10—交流电压测量或定标输入接线柱；11—电源 220V 输入插座；12—电源开关；13—H-电流采样电阻（外接）；14—示波器 X 输入 Q9 插座；15—Y-电压定标输入接线柱；16—X-电流定标输入接线柱；17—磁化电流输入接线柱；18—实验样品架；19—积分电阻（外接）；20—积分电容（外接）；21—示波器 Y 输入 Q9 插座

图 4-11 DM-1 动态磁滞回线实验仪及面板示意图（续图）

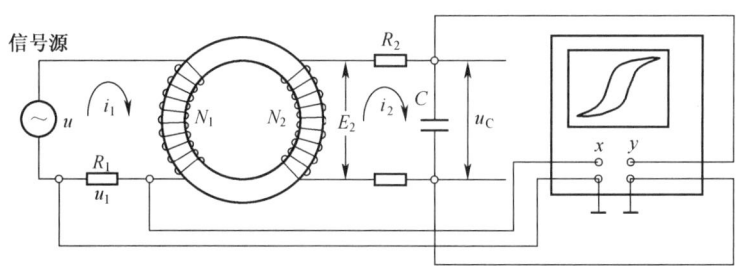

图 4-12 原理图

1. 示波器的 X 输入与磁场强度成正比

设环状样品的平均周长为 L，磁化线圈的匝数为 N_1，磁化电流为 i_1（交流电流的瞬时值），根据安培环路定律有 $HL=N_1i_1$，即 $i_1=HL/N_1$。而 $u_1=R_1i_1$，所以可得

$$u_1 = \frac{R_1 L}{N_1} H \tag{4-15}$$

式中，R_1、L 和 N_1 皆为常数，可见 u_1 与 H 成正比。它表明示波器荧光屏上电子束水平偏转的大小与样品中的磁场强度成正比。

2. 示波器的 Y 输入在一定条件下与磁感应强度成正比

设样品的截面积为 S，根据电磁感应定律，在匝数 N_2 的副线圈中，感应电动势应为

$$E_2 = -N_2 S \frac{dB}{dt} \tag{4-16}$$

若副边回路中的电流为 i_2，且电容 C 上的电量为 q，则应有

$$E_2 = R_2 i_2 + \frac{q}{c} \tag{4-17}$$

在式（4-17）中已考虑到副线圈匝数 N_2 较小，因而自感电动势可忽略不计。在选定电路参数时，电阻 $R_2 \gg 1/2\pi f C$，使电容 C 上电压降比电阻上的电压降 $R_2 i_2$ 小到可以忽略不计。于是可以近似地改写成 $E_2 = R_2 i_2$。

将关系式 $i_2 = \frac{dq}{dt} = C \frac{du_c}{dt}$ 代入可得

$$E_2 = R_2 C + \frac{du_c}{dt} \tag{4-18}$$

将式（4-16）与式（4-18）进行比较，不考虑其负号（在交流电中负号相当于相位差为 $\pm\pi$）时应有

$$N_2 S \frac{dB}{dt} = R_2 C + \frac{du_c}{dt}$$

将等式两边对时间积分时，由于 B 和 u_c 都是交变的，积分常数为 0，整理后得

$$u_c = \frac{N_2 S}{R_2 S} B \tag{4-19}$$

式（4-19）中 N_2、S、R_2 和 C 皆为常数，可见 u_c 与 B 成正比。也就是说，示波器荧光屏上电子束竖直方向偏转的大小与磁感应强度成正比。

至此可以看出，在磁化电流变化的一个周期内，示波器的光点将描绘出一条完整的磁滞回线。以后每个周期都重复此过程，结果在示波器的荧光屏上看到一稳定的磁滞回线图形。

3. X 轴的定标

在实验中，测出光点沿 X 轴的偏转大小与电压 u_1 的关系，进而即可确定 H。为此采用如图 4-13 所示的线路，其中交流电流表 A 用于测量 I_X。调节 I_X 使荧光屏上呈现长度 X 的水平线，设 X 轴的灵敏度为 S_X，则 $S_X = I_X/X$，I_X 对应于 u_1 的有效值，而示波器光迹长度为 u_1 的峰－峰值，即 u_1 有效值的 $2\sqrt{2}$ 倍。

所以
$$H = \frac{2\sqrt{2} N_1 \cdot I_X}{L}$$

即
$$H = \frac{2\sqrt{2} N_1 \cdot S_X \cdot X}{L} \tag{4-20}$$

式（4-20）中，L 为实验铁芯样品的平均磁路长度，N_1 为磁化线圈匝数。I_X 为对应长度 X 时，数字电流表的读数。因此实验中读出 X 轴的坐标值后，可得 H。

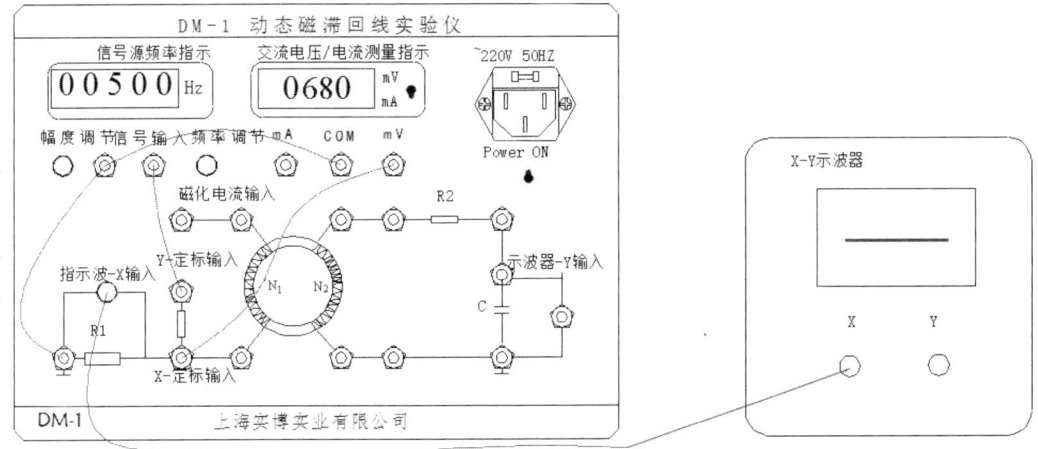

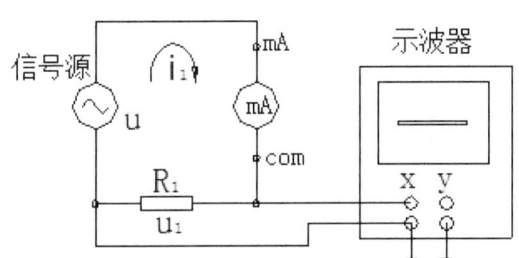

图 4-13 X 轴的定标线路图及电路图

由于被测样品是铁磁性材料，它的 B 与 H 的关系是非线性的，电路中的电流的波形会发生畸变，成为非正弦形，结果电流表的读数也不再是正弦交流电的有效值。因此在定标中，去掉被测样品，用数字电流表连接。

4. Y 轴的定标

在实验中，测出光点沿 Y 轴的偏转大小与电压 u_1 的关系，进而即可确定 U_Y。为此采用如图 4-14 所示的线路，其中交流电压表 mV 用于测量 U_Y。调节信号源输出，使荧光屏上呈现长度 Y 的垂直线，设 Y 轴的灵敏度为 S_Y，则 $S_Y=U_Y/Y$，U_Y 对应于 u_1 的有效值，而示波器光迹长度为 u_1 的峰—峰值，即 u_1 有效值的 $2\sqrt{2}$ 倍。

所以
$$B = \frac{2\sqrt{2}R_2C \cdot U_Y}{N_2 S}$$

即
$$B = \frac{2\sqrt{2}R_2C \cdot S_Y \cdot Y}{N_2 S} \tag{4-21}$$

式（4-21）中，R_2 为积分电阻，C 为积分电容，N_2 为副线圈的匝数，S 为实验样品的截面积。因此实验中读出 Y 轴的坐标值后，可得 B。

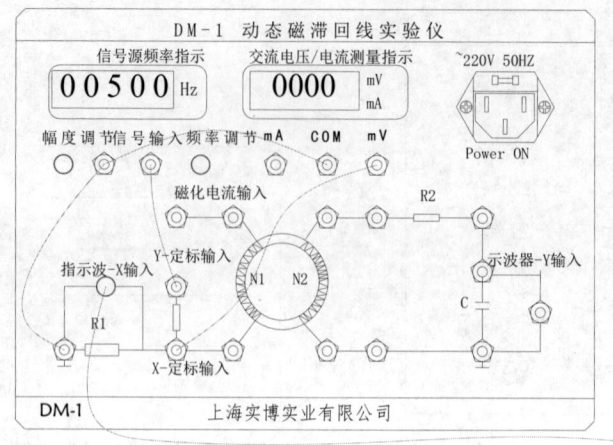
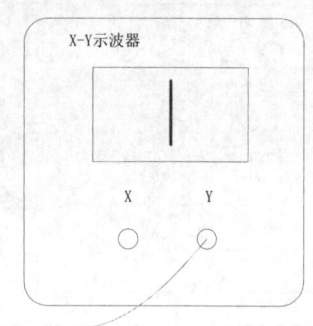

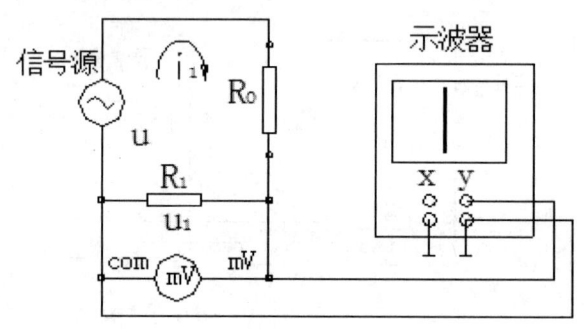

图 4-14　Y 轴的定标线路图及电路图

实验线路中，因积分电压较低，故定标时接入 R_0 分压（衰减）电阻，去掉被测样品，用数字电压表测量 R_1 两端的电压。

四、实验内容及步骤

注意：实验前先将信号源输出幅度调节旋钮逆时针到底（多圈电位器），使输出信号最小。

1. 显示和观察两种实验样品在 25Hz、50Hz、100Hz、200Hz 交流信号下的磁滞回线图形。

（1）按图 4-15 所示线路接线。

1）逆时针调节"幅度调节"旋钮到底，使信号输出最小。

2）调示波器显示工作方式为 X-Y，即图示仪方式。

3）示波器 X 输入为 AC 方式，测量采样电阻 R_1 的电压。

4）示波器 Y 输入为 DC 方式，测量积分电容的电压。

5）插上环状硅钢带（样品材料：硅钢带）实验样品于实验仪样品架。

6）接通示波器和 DM-1 动态磁滞回线实验仪电源，适当调节示波器辉度，以免荧光屏中心受损。

7）预热 10 分钟。

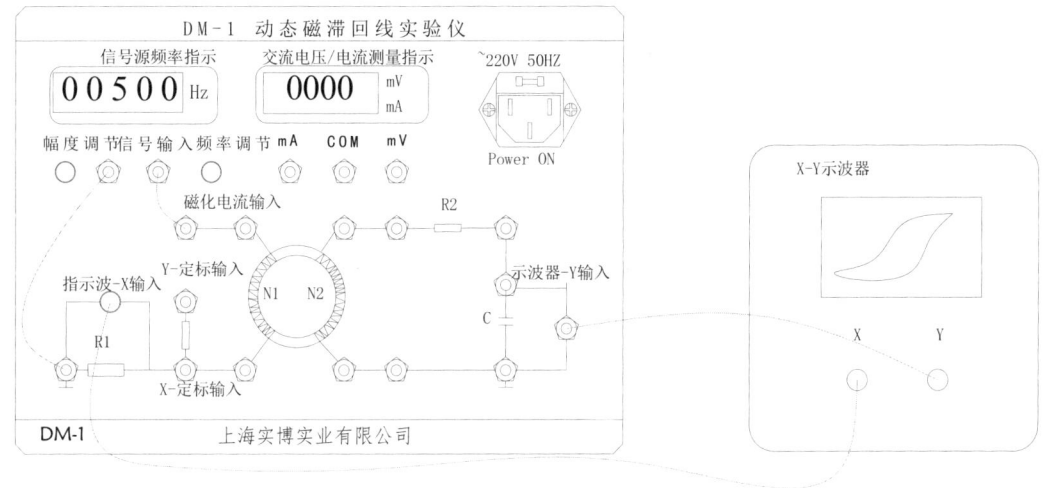

图 4-15　磁滞回线测量线路图

（2）示波器光点调至显示屏中心，调节实验仪"频率调节"旋钮，频率显示窗显示 0025.0Hz。

1）单调增加磁化电流，即缓慢顺时针调节"幅度调节"旋钮，使示波器显示的磁滞回线上 B 值增加缓慢，达到饱和。改变示波器上 X、Y 输入增益波段开关和增益电位器，示波器显示典型美观的磁滞回线图形。

2）单调减小磁化电流，即缓慢逆时针调节"幅度调节"旋钮，直到示波器最后显示为一点，位于显示屏的中心，即 X 和 Y 轴线的交点。如不在中间，可调节示波器的 X 和 Y 位移旋钮。

3）单调增加磁化电流，即缓慢顺时针调节"幅度调节"旋钮，使示波器显示的磁滞回线上 B 值增加缓慢，达到饱和。改变示波器上 X 和 Y 输入增益波段开关和增益电位器，示波器显示典型美观的磁滞回线图形。磁化电流在水平方向上的读数为(-50.0,+50.0)，单位为格。

4）逆时针调节"幅度调节"旋钮到底，使信号输出最小。调节实验仪"频率调节"旋钮，频率显示窗分别显示 0050.0Hz、100.0Hz、200.0Hz，比较磁滞回线形状的变化，表明磁滞回线形状与信号频率有关。

5）换环状铁氧体（样品材料：铁氧体）实验样品，观察磁滞回线形状的变化。比较磁滞回线形状与材料和交流信号频率有关。

2．测磁化曲线和动态磁滞回线，实验样品为环状硅钢带（样品材料：硅钢带）。

（1）插实验样品于实验仪样品架，逆时针调节"幅度调节"旋钮到底，使信号输出最小。将示波器光点调至显示屏中心，调节实验仪"频率调节"旋钮，频率显示窗显示 0050.0Hz。

（2）退磁。

1）单调增加磁化电流，即缓慢顺时针调节"幅度调节"旋钮，使示波器显示的磁滞回线上 B 值增加缓慢，达到饱和。改变示波器上 X、Y 输入增益波段开关和增益电位器，示波器显示典型美观的磁滞回线图形。磁化电流在水平方向上的读数为接近(-50.0,+50.0)，单位为格，此后保持示波器上 X、Y 输入增益波段开关和增益电位器的位置固定不变，以便进行 H 和 B 的标定。

2）单调减小磁化电流，即缓慢逆时针调节"幅度调节"旋钮，直到示波器最后显示为一点，位于显示屏的中心，即 X 和 Y 轴线的交点。如不在中间，可调节示波器的 X 和 Y 位移旋钮。实验中可用示波器 X、Y 输入的接地开关检查示波器的中心是否对准屏幕 X、Y 坐标的交点。

（3）磁化曲线（即测量大小不同的各个磁滞回线的顶点的连线）。

单调增加磁化电流，即缓慢顺时针调节"幅度调节"旋钮，磁化电流在 X 方向读数为 0、2.0、4.0、6.0、8.0、10.0、20.0、30.0、40.0、50.0，单位为格，记录磁滞回线顶点在 Y 方向上的读数如表 4-10 所示，单位为格。磁化电流在 X 方向上的读数接近(-50.0,+50.0)格时，示波器显示典型美观的磁滞回线图形。此后，保持示波器上 X、Y 输入增益波段开关和增益电位器的位置固定不变，以便进行 H、B 的标定。

表 4-10 磁滞回线顶点在 Y 方向上的读数

序号	1	2	3	4	5	6	7	8	9	10
X/格	0	2.0	4.0	6.0	8.0	10.0	20.0	30.0	40.0	50.0
Y/格										

（4）动态磁滞回线。

在磁化电流在 X 方向上的读数接近（-50.0），（+50.0）时，记录示波器显示的磁滞回线在 X 坐标为顶点.40.30.20.10.0.－10.－20.－30.－40.顶点时，相对应的 Y 坐标，在 Y 坐标为 40.30.20.10.0.－10.－20.－30.－40 时相对应的 X 坐标，如表 4-11 所示。

表 4-11 X、Y 方向上的读数

X/格	Y/格	X/格	Y/格
顶点		-顶点	
40.0		-40.0	
30.0		-30.0	
20.0		-20.0	
10.0		-10.0	
	30.0		-30.0
0		0	
	20.0		-20.0
-10.0			-10.0
	10.0	10.0	
	0		0
	-10.0		10.0
	-20.0		20.0
-20.0		20.0	
	-30.0		30

续表

X/格	Y/格	X/格	Y/格
-30.0		30.0	
-40.0		40.0	
-顶点		顶点	

显然，Y 最大值对应饱和磁感应强度 B_s；X=0 时，Y 读数对应剩磁 B_r；Y=0 时，X 读数对应矫顽力 H_c。

3. 定标 H 和 B

保持示波器上 X、Y 输入增益波段开关和增益电位器的位置固定不变，进行 H、B 的标定。

（1）H 的标定。

按图 4-15 连线后，信号源输出经三位半数字电流/电压表的电流输入端，经 COM 端接采样电阻 R_1 的右端即示波器的 X 输入端，数字电流/电压表旁的旋钮开关拨向 mA 挡，调节"幅度调节"旋钮，在示波器屏上显示一水平直线，直线长度坐标为(-10.0,+10.0)、(-20.0,+20.0)、(-30.0,+30.0)、(-40.0,+40.0)、(-50.0,+50.0)时，分别记录数字电流表上的读数，如表 4-12 所示。

表 4-12 数字电流表上的读数 1

X/格	0	20.0	40.0	60.0	80.0	100.0
I_X/mA						

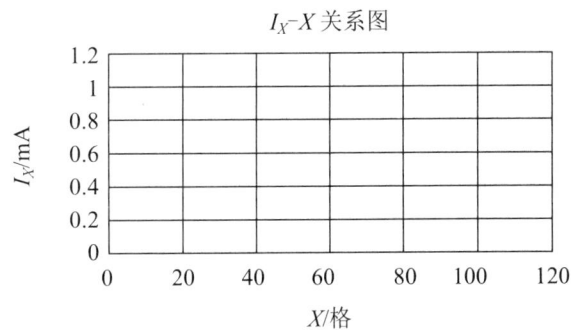

I_X-X 关系图

用最小二乘法拟合，得示波器 X 轴的灵敏度 S_X=1.75mA/格，相关系数 r=0.9999。

（2）B 的标定。

按图 4-15 连线后，信号源输出经分压电阻 R_0（R_0=470Ω）接采样电阻 R_1 的右端，数字电流/电压表旁的旋钮开关拨向 mV 挡，三位半数字电流/电压表的电压输入端和 COM 端与采样电阻 R_1 呈并联状态，接采样电阻 R_1 示波器接线柱连接示波器 Y 轴输入，调节"幅度调节"旋钮，在示波器屏上显示一垂直直线，直线长度坐标为(-10.0,+10.0)、(-20.0,+20.0)、(-30.0,+30.0)、(-40.0,+40.0)，分别记录数字电流表上的读数，如表 4-13 所示。

表 4-13　数字电流表上的读数 2

Y/格	0	20.0	40.0	60.0	80.0
U_Y/mV					

用最小二乘法拟合，得示波器 Y 轴的灵敏度 S_Y=0.430mV/格，相关系数 r=0.9999。

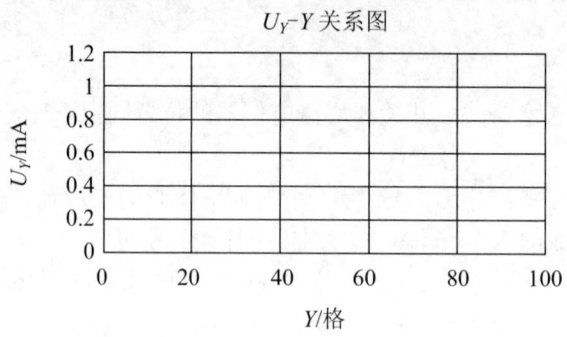

4．作磁化曲线。

上述标定 H 和 B 中，数字电流表和数字电压表均为有效值读数，示波器光迹显示为峰—峰值，故实验中 $I = 2\sqrt{2} \cdot I_X$，$U = 2\sqrt{2} \cdot U_Y$

$$H = \frac{N_1 I}{L} = \frac{2\sqrt{2} N_1}{L} \cdot S_X \cdot X$$

$$B = \frac{R_2 CU}{N_2 S} = \frac{2\sqrt{2} R_2 C}{N_2 S} \cdot S_Y \cdot Y$$

上述公式中，硅钢带铁芯实验样品和实验装置参数如下：L=0.141m，S=9.1×10^{-5}m^2，N_1=86T，N_2=86T，R_1=10Ω，R_2=100kΩ，C=1.0×10^{-6}F。其中，L 为铁芯实验样品平均磁路长度，单位为 m；S 为铁芯实验样品截面积，单位为 m^2；N_1 为磁化线圈匝数，单位为 T（圈）；N_2 为副线圈匝数，单位为 T（圈）；R_1 为磁化电流采样电阻，单位为 Ω；R_2 为积分电阻，单位为 Ω；C 为积分电容，单位为 F。S_X 为示波器 X 轴灵敏度，单位 mA/格；S_Y 为示波器 Y 轴灵敏度，单位 mV/格。所以，磁化曲线数据整理如表 4-14 所示。

表 4-14　磁化曲线数据

序号	1	2	3	4	5	6	7	8	9	10
X/格	0	2.0	4.0	6.0	8.0	10.0	20.0	30.0	40.0	50.0
H/（A/m）	0									
Y/格	0	2.8	8.4	18.0	22.0	24.8	32.0	34.8	36.8	38.4
B/mT	0									

由表 4-14 作磁化曲线 B-H，磁滞回线数据整理如表 4-15 所示。

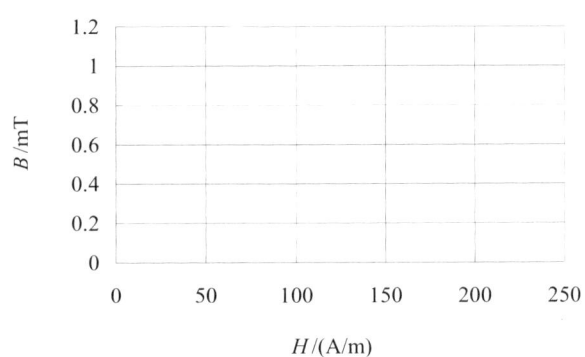

B-H 磁化曲线

表 4-15 磁滞否回线数据

X/格	H/(A/m)	Y/格	B/mT	X/格	H/(A/m)	Y/格	B/mT
顶点				顶点			
40.0				-40.0			
30.0				-30.0			
20.0				-20.0			
10.0				-10.0			
		30.0				-30.0	
0				0			
		20.0				-20.0	
-10.0				10.0			
		10.0				-10.0	
		0				0	
		-10.0				10.0	
		-20.0				20.0	
-20.0				20.0			
		-30.0				30	
-30.0				30.0			
-40.0				40.0			
-顶点				顶点			

由表 4-15 作磁滞回线图 B-H。

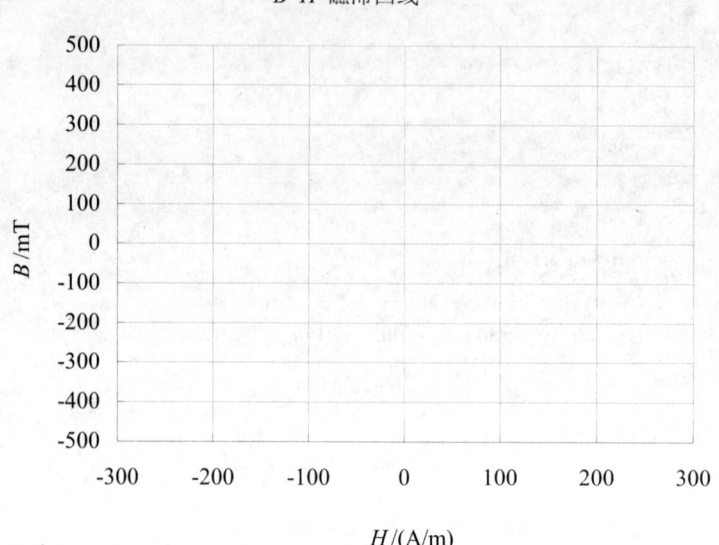

显然：

B 最大值对应饱和磁感应强度 $-B_s=-442.4\text{mT}$，$B_s=442.4\text{mT}$。

$H=0$ 时，B 读数对应剩磁 $-B_r=-29.2\text{mT}$，$B_r=29.2\text{mT}$。

$B=0$ 时，H 读数对应矫顽力 $-H_c=-47.2\text{A/m}$，$H_c=47.2\text{A/m}$。

5．改变磁化电流的频率，进行上述实验。

实验 14　太阳能电池基本特性测定

一、实验目的

（1）无光照时，测量太阳能电池的伏安特性曲线。

（2）测量太阳能电池的短路电流 I_{SC}、开路电压 U_{OC}、最大输出功率 $P_{\max}$ 及填充因子 FF。

（3）测量太阳能电池的短路电流 I_{SC}、开路电压 U_{OC} 与相对光强 J/J_0 的关系，求出它们的近似函数关系。

二、实验仪器

光具座、滑块、白炽灯、太阳能电池、遮光罩、太阳能电池测试仪（图 4-16）、万用表、滑线变阻器。

三、实验原理

太阳能电池能够吸收光的能量，并将所吸收的光子的能量转化为电能。在没有光照时，可将太阳能电池视为一个二极管，其正向偏压 U 与通过的电流 I 的关系为：

$$I = I_0(e^{\frac{qU}{nKT}} - 1) \qquad (4\text{-}22)$$

其中 I_0 是二极管的反向饱和电流，n 是理想二极管参数，理论值为 1。K 是玻尔兹曼常量，q 为电子的电荷量，T 为热力学温度（可令 $\beta = \dfrac{q}{nKT}$）。

图 4-16　太阳能电池测量仪装置图

由半导体理论知，二极管主要是由如图 4-17 所示的能隙为 $E_C - E_V$ 半导体所构成。E_C 为半导体导电带，E_V 为半导体价电带。当入射光子能量大于能隙时，光子被半导体所吸收，并产生电子－空穴对。电子－空穴受到二极管内电场的影响而产生光生电动势，这一现象称为**光伏效应**。

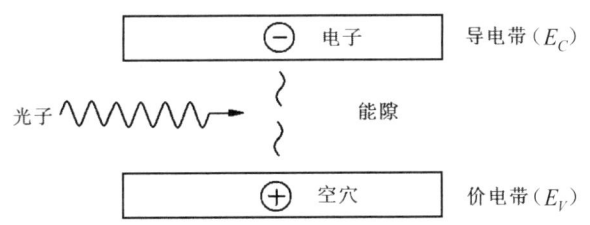

图 4-17　光电流示意图

太阳能电池的基本技术参数除短路电流 I_{SC} 和开路电压 U_{OC} 外，还有最大输出功率 $P_{\max}$ 和填充因子 FF。最大输出功率 $P_{\max}$ 也就是 IU 的最大值。填充因子 FF 定义为：

$$FF = \frac{P_{\max}}{I_{SC} U_{OC}} \qquad (4\text{-}23)$$

FF 是代表太阳能电池性能优劣的一个重要参数。FF 值越大，说明太阳能电池对光的利用率越高。FF 取决于入射光强、材料禁带宽度、理想系数、串联电阻和并联电阻等。

四、实验内容及步骤

1. 在没有光源（全黑）的条件下，测量太阳能电池正向偏压时的 $I-U$ 特性（直流偏压 $0\sim3.0\text{V}$）。

（1）设计测量电路图，按图 4-18 连接。

（2）利用测得的正向偏压时 $I-U$ 关系数据，画出 $I-U$ 曲线，并求出常数 $\beta = \dfrac{q}{nKT}$ 和 I_0 的值。

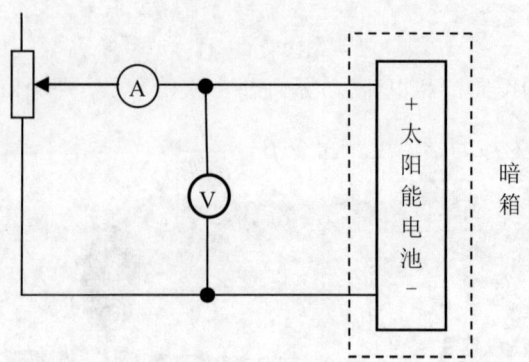

图 4-18　全暗条件测量电路

2．在不加偏压时，用白色光照射，测量太阳能电池一些特性。注意，此时光源到太阳能电池距离保持为 20cm。

（1）设计测量电路图，按图 4-19 连接。

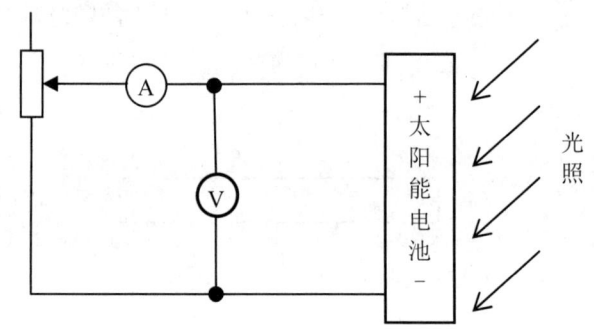

图 4-19　不加偏压白光照射测量电路

（2）测量电池在不同负载电阻下，I 对 U 变化关系，画出 I-U 曲线图。

（3）求短路电流 I_{SC} 和开路电压 U_{OC}。

（4）求太阳能电池的最大输出功率及最大输出功率时负载电阻。

（5）计算填充因子 $FF = \dfrac{P_{\max}}{I_{SC} U_{OC}}$。

3．测量太阳能电池的光电效应与电光性质。

在暗箱中（用遮光罩挡光），取离白光源 20cm 水平距离光强作为标准光照强度 J_0；改变太阳能电池到光源的距离，利用照度与 r^2（太阳能电池与光源的距离）成反比关系，测量太阳能电池接收到相对光强度 J/J_0 不同值时，相应的 I_{SC} 和 U_{OC} 的值。

（1）设计测量电路图，并连接。

（2）测量太阳能电池接受到相对光强度 J/J_0 不同值时，相应的 I_{SC} 和 U_{OC} 的值。

（3）描绘 I_{SC} 和与相对光强 J/J_0 之间的关系曲线，求 I_{SC} 和与相对光强 J/J_0 之间的近似关系函数。

（4）描绘 U_{OC} 和与相对光强 J/J_0 之间的关系曲线，求 U_{OC} 和与相对光强 J/J_0 之间的近似关系函数。

五、数据记录及处理

1. 全暗情况下，测量太阳能电池正向偏压时的 $I-U$ 特性，按表 4-16 记录数据，并画出 $I-U$ 曲线。

表 4-16　全暗情况下的数据

U/V														
I/μA	5	10	15	20	25	30	35	40	45	50	55	60	65	70

2. 在不加偏压时，在使用遮光罩条件下，保持白光源到太阳能电池距离 20cm，测量太阳能电池的输出电流对太阳能电池的输出电压的关系。测量电池在不同负载电阻下，I 对 U 的变化关系，按表 4-17 记录数据，画出 $I-U$ 曲线图。

表 4-17　短路电流 $I_{SC}=$　　　（mA），开路电压 $U_{OC}=$　　　（V）

U/V													
I/mA													

求太阳能电池的最大输出功率 P_{max}，计算填充因子 $FF=P_{max}/I_{SC}U_{OC}$

3．测量太阳能电池 I_{SC} 和 U_{OC} 与光源距离 R 的关系。按表 4-18 记录数据，并画出 $I_{SC}-R$ 曲线图和 $U_{OC}-R$ 曲线图。

表 4-18　数据记录

R/cm	20	19	18	17	16	15	14
U_{OC}/V							
I_{SC}/mA							

六、注意事项

（1）连接电路时，保持太阳能电池无光照条件。
（2）避免太阳光照射太阳能电池。
（3）连接电路时，保持电源开关断开。

七、思考题

（1）设计电路，利用两节干电池、一个电压表、一个电阻箱来测量太阳能电池在全黑条件下的伏安特性曲线。
（2）两个太阳能电池串联，测量它们的伏安特性曲线和填充因子。
（3）两个太阳能电池并联，测量它们的伏安特性曲线和填充因子。

实验 15　光电效应测量普朗克常数

一、实验目的

（1）了解光的量子性、光电效应的规律，加深对光的量子性的理解。
（2）验证爱因斯坦方程，并测定普朗克常数 h。
（3）学习作图法处理数据。

二、实验仪器

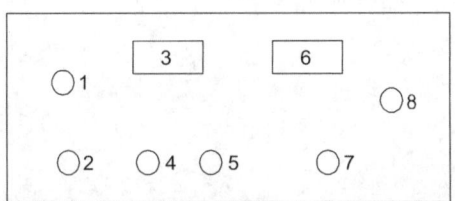

1－电压选择开关；2－电源开关；3－电压显示窗；4－电压调节粗调；5－电压调节微调；
6－电流显示窗；7－电流调零；8－电流量程选择开关

图 4-20　普朗克常数测试仪前面板图

1—电源插座；2—电压输出"+"；3—电压输出"-"；4—微电流输入端

图 4-21 普朗克常数测试仪后面板图

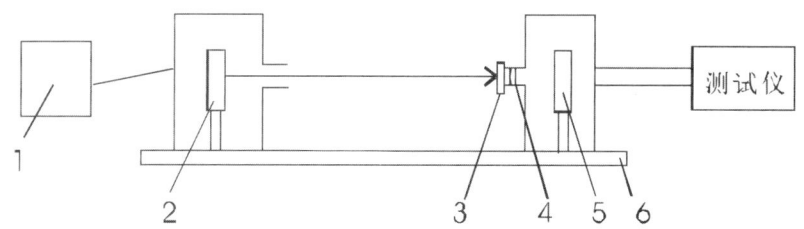

1—汞灯电源；2—汞灯；3—滤光片；4—光阑；5—光电管；6—基准平台

图 4-22 仪器整体结构图

（1）光源。

用高压汞灯作光源，配以专用镇流器，光谱范围为 320.3nm～872.0nm，可用谱线为 365.0nm、404.7nm、435.8nm、546.1nm、577.0nm，共 5 条强线谱线。

（2）滤光片。

滤光片的主要指标是半宽度和透过率。透过某种谱线的滤光片不允许其附近的谱线透过（我们精心设计制作了一组高性能的滤光片，保证在测量某一谱线时无其他谱线干扰，避免谱线相互干扰带来的测量误差）。高压汞灯发出的可见光中，强度较大的谱线有 5 条，仪器配以相应的 5 种滤光片。

（3）光电管暗盒。

采用测 h 专用光电管，由于采用了特殊结构，使光不能直接照射到阳极，由阴极反射照到阳极的光也很少，加上采用新型的阴、阳极材料及制造工艺，使得阳极反向电流大大降低，暗电流也很低（$\leq 2 \times 10^{-12}$A）。

（4）微电流测量仪。

在微电流测量中采用了高精度集成电路构成电流放大器，对测量回路而言，放大器近似于理想电流表，对测量回路无影响，使测量仪具有高灵敏度（电流测量范围 $10^{-8} \sim 10^{-13}$A）高稳定性（零漂小于满刻度的 0.2%），从而使测量精度、准确度大大提高。测量结果由三位半 LED 显示。

（5）光电管工作电源。

普朗克常数测试仪提供了两组光电管工作电源（-2～+2V，-2～+30V），连续可调，精度为 0.1%，最小分辨率 0.01V，电压值由三位半 LED 显卡。

三、实验原理

光电效应实验原理图如图 4-23 所示，其中 S 为真空光电管，K 为阴极，A 为阳极。当无光照射阴极时，由于阳极与阴极是断路，所以检流计 G 中无电流流过，当用一波长比较短的单色光照射到阴极 K 上时，形成光电流，光电流随加速电位差 U 变化的伏安特性曲线如图 4-24 所示。

1. 光电流与入射光强度的关系

光电流随加速电位差 U 的增加而增加，加速电位差增加到一定量值后，光电流达到饱和值 I_H，饱和电流与光强成正比，而与入射光的频率无关。当 $U=U_A-U_K$ 变成负值时，光电流迅速减小。实验指出，有一个遏止电位差 U_a 存在，当电位差达到这个值时，光电流为零。

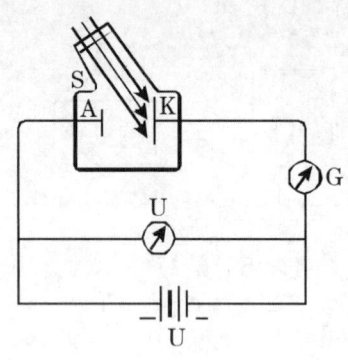
图 4-23　光电效应实验原理图

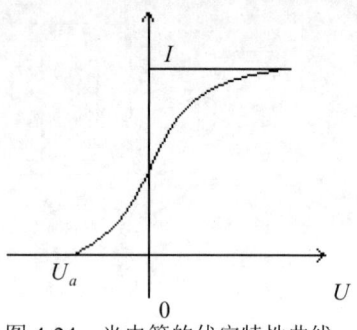
图 4-24　光电管的伏安特性曲线

2. 光电子的初动能与入射光频率之间的关系

光电子从阴极逸出时，具有初动能，在减速电压下，光电子逆着电场力方向由 K 极向 A 极运动，当 $U=U_a$ 时，光电子不再能达到 A 极，光电流为零，所以电子的初动能等于它克服电场力所做的功，即

$$\frac{1}{2}mv^2 = eU_a \tag{4-24}$$

根据爱因斯坦关于光的本性的假设，光是一粒一粒运动着的粒子流，这些光粒子称为光子，每一光子的能量为 $E=hv$，其中 h 为普朗克常量，v 为光波的频率，所以不同频率的光波对应光子的能量不同。光电子吸收了光子的能量 hv 之后，一部分消耗于克服电子的逸出功 A，另一部分转换为电子动能，由能量守恒定律可知

$$hv = \frac{1}{2}mv^2 + A \tag{4-25}$$

式（4-24）称为爱因斯坦光电效应方程。

由此可见，光电子的初动能与入射光频率 v 呈线性关系，而与入射光的强度无关。

3. 光电效应有光电阈存在

实验指出，当光的频率 $v<v_0$ 时，不论用多强的光照射到物质都不会产生光电效应，根据式（4-25），$v_0 = A/h$，v_0 称为红限。

爱因斯坦光电效应方程同时提供了测普朗克常数的一种方法：由式（4-24）和式（4-25）可得 $hv = e|U_0| + A$，当用不同频率 $(v_1, v_2, v_3, \ldots, v_n)$ 的单色光分别作光源时，就有：

$$hv_1 = e|U_1| + A$$
$$hv_2 = e|U_2| + A$$
$$\vdots$$
$$hv_n = e|U_n| + A$$

任意联立其中两个方程就可得到

$$h = \frac{e(U_i - U_j)}{v_i - v_j} \tag{4-26}$$

由此若测定了两个不同频率的单色光所对应的遏止电位差即可算出普朗克常数 h，也可由 $v-U$ 直线的斜率求出 h。

因此，用光电效应法测量普朗克常数的关键在于获得单色光、测量光电管的伏安特性曲线和确定遏止电位差值。

实验中，单色光可由汞灯光源经过滤光片选择谱线产生，汞灯是一种气体放电光源，点燃稳定后，在可见光区域内有几条波长相差较远的强谱线，如表 4-19 所示，与滤光片联合作用后可产生需要的单色光。

表 4-19　可见光区汞灯强谱线

波长/nm	频率/10^{14}Hz	颜色
579.0	5.179	黄
577.0	5.196	黄
546.1	5.490	绿
435.8	6.879	蓝
404.7	7.408	紫
365.0	8.214	近紫外

为了获得准确的遏止电位差值，本实验用的光电管应该具备下列条件：
（1）对所有可见光谱都比较灵敏。
（2）阳极包围阴极，这样当阳极为负电位时，大部分光电子仍能射到阳极。
（3）阳极没有光电效应，不会产生反向电流。
（4）暗电流很小。

但是实际使用的真空型光电管并不完全满足以上条件，由于存在阳极光电效应所引起的反向电流和暗电流（即无光照射时的电流），所以测得的电流值实际上包括上述两种电流和由阴极光电效应所产生的正向电流三个部分，所以伏安曲线并不与 U 轴相切。由于暗电流是由阴极的热电子发射及光电管管壳漏电等原因产生，与阴极正向光电流相比，其值很小，且基本上随电位差 U 呈线性变化，因此可忽略其对遏止电位差的影响。阳极反向光电流虽然在实验中较显著，但它服从一定规律。据此，确定遏止电位差值可采用以下两种方法：

（1）交点法。

光电管阳极用逸出功较大的材料制作，制作过程中尽量防止阴极材料蒸发，实验前对光电管阳极通电，减少其上溅射的阴极材料，实验中避免入射光直接照射到阳极上，这样可使其反向电流大大减少，其伏安特性曲线与 4-24 分接近，因此曲线与 U 轴交点的电位差值近似等于遏止电位差 U_a，此即交点法。

（2）拐点法。

光电管阳极反向光电流虽然较大，但在结构设计上，若使反向光电流能较快地饱和，则伏安特性曲线在反向电流进入饱和段后有明显的拐点，如图 4-25 所示，此拐点的电位差即为遏止电位差。

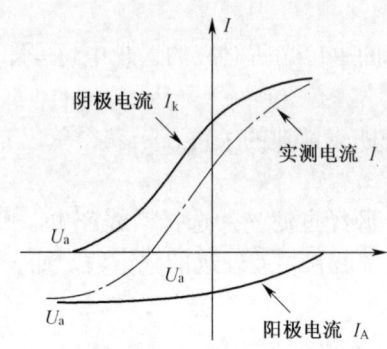

图 4-25　存在反向电流的光电管伏安特性曲线

四、实验内容及步骤

1．测试前准备。

（1）将测试仪及汞灯电源接通，预热 20 分钟。

（2）把汞灯及光电管暗箱遮光盖盖上，将汞灯暗箱光输出口对准光电管暗箱光输入口，调整光电管与汞灯距离为约 40cm 并保持不变。

（3）用专用连接线将光电管暗箱电压输入端与测试仪电压输出端（后面板上）连接起来（红—红，蓝—蓝）。将"电流量程"选择开关置于所选挡位，仪器在充分预热后进行测试前调零，旋转"调零"旋钮，使电流指示为 000.0。

（4）用高频匹配电缆将光电管暗箱电流输出端 K 与测试仪微电流输入端（后面板上）连接起来。

2．测光电管的伏安特性曲线。

（1）将电压选择按键置于-2V～+30V；根据光电流的大小，将"电流量程"选择开关置于 10^{-10}A 或 10^{-11}A 挡；将直径 2mm 的光阑及 435.8nm 的滤色片装在光电管暗箱光输入口上。

（2）低到高调节电压，记录电流从零到非零点所对应的电压值作为第一组数据，以后电压每变化一定值，记录一组数据到表 4-20 中。

注意：由于光电流会随光源、环境光以及时间的变化而变化，测量光电流时，选定 U_{AK} 后，应取光电流读数的平均值。

（3）在 U_{AK} 为 30V 时，根据光电流的大小，将"电流量程"选择开关置于 10^{-10}A 或 10^{-9}A 挡，记录光阑分别为 2mm、4mm、8mm 时对应的电流值于表 4-21 中。

（4）换上直径 4mm 的光阑及 546.1nm 的滤色片，重复步骤（1）和（2）。

（5）用表 4-20 中的数据在坐标纸上作对应于以上两种波长及光强的伏安特性曲线。由于照到光电管上的光强与光阑面积成正比，所以用表 4-21 中的数据验证光电管的饱和光电流与入射光强成正比。

表 4-20　I-U_{AK} 关系

435.8nm	U_{AK} (V)								
光阑 2mm	I (×10⁻¹¹A)								
546.1nm	U_{AK} (V)								
光阑 4mm	I (×10⁻¹¹A)								

表 4-21　I_M-P 关系　　U_{AK} = 30 V

435.8nm	光阑孔 ϕ	22	44	88					
	I (×10⁻¹⁰A)								
546.1nm	光阑孔 ϕ	22	24	88					
	I (×10⁻¹⁰A)								

3．测普朗克常数 h。

理论上，测出各频率的光照射下阴极电流为零时对应的 U_{AK}，其绝对值即该频率的截止电压，然而实际上由于光电管的阳极反向电流、暗电流、本底电流及极间接触电位差的影响，实测电流并非阴极电流，实测电流为零时对应的 U_{AK} 也并非截止电压。

光电管制作过程中阳极往往被污染，沾上少许阴极材料，入射光照射阳极或从阴极反射到阳极之后都会造成阳极光电子发射。U_{AK} 为负值时，阳极发射的电子向阴极迁移构成了阳极反向电流。

暗电流和本底电流是热激发产生的光电流与杂散光照射光电管产生的光电流，可以在光电管制作或测量过程中采取适当措施以减少或消除它们的影响。

极间接触电位差与入射光频率无关，只影响 U_0 的准确性，不影响 U_0−ν 直线斜率，对测定 h 无影响。

此外，由于截止电压是光电流为零时对应的电压，若电流放大器灵敏度不够或稳定性不好，都会给测量带来较大误差。本实验仪器的电流放大器灵敏度高、稳定性好。

本实验仪器采用了新型结构的光电管。由于其特殊结构使光不能直接照射到阳极，由阴极反射照到阳极的光也很少，加上采用新型的阴、阳极材料及制造工艺，使得阳极反向电流大大降低，暗电流也很少。

基于本仪器的以上特点，在测量各谱线的截止电压 U_0 时，可不用难于操作的"拐点法"，而用"零电流法"或"补偿法"。

零电流法是直接将各谱线照射下测得的电流为零时对应的电压 U_{AK} 的绝对值作为截止电压 U_0。此法的前提是阳极反向电流、暗电流和本底电流都很小，用零电流法测得的截止电压与真实值相差很小。且各谱线的截止电压都相差 U，对 U_0−ν 曲线的斜率无较大影响，因此对 h 的测量不会产生大的影响。

补偿法是调节电压 U_{AK} 使电流为零后，保持 U_{AK} 不变，遮挡汞灯光源，此时测得的电流 I_1 为电压接近截止电压时的暗电流和本底电流。重新让汞灯照射光电管，调节电压 U_{AK} 使电流值至 I_1，将此时对应的电压 U_{AK} 的绝对值作为截止电压 U_0。此法可补偿暗电流和本底电流对测量结果的影响。

4. 测量步骤

（1）将选择按键置于-2V～+2V 挡；将"电流量程"选择开关置于 10^{-12}A 挡，将测试仪电流输入电缆断开，调零后重新接上；将直径 4mm 的光阑及 365.0nm 的滤色片装在光电管暗箱光输入口上。

（2）从低到高调节电压，用"零电流法"或"补偿法"测量该波长对应的 U_0，并将数据记于表 4-22 中。

（3）依次换上 404.7nm、435.8nm、546.1nm、577.0nm 的滤色片，重复以上测量步骤。

表 4-22　$U_0-\nu$ 关系　光阑孔 Φ=4mm

波长 λ (nm)	365.0	404.7	435.8	546.1	577.0
频率 ν ($\times 10^{14}$Hz)	8.216	7.410	6.882	5.492	5.196
截止电压 U_0 (V)					

五、实验数据处理

可以用以下三种方法之一处理表 4-22 中的实验数据，得出 $U_0-\nu$ 直线的斜率 k。

（1）根据线性回归理论，$U_0-\nu$ 直线的斜率 k 的最佳拟合值为：

$$k = \frac{\overline{\nu} \cdot \overline{U_0} - \overline{\nu \cdot U_0}}{\overline{\nu}^2 - \overline{\nu^2}}$$

其中：$\overline{\nu} = \frac{1}{n}\sum_{i=1}^{n}\nu_i$ 表示频率 ν 的平均值；$\overline{\nu^2} = \frac{1}{n}\sum_{i=1}^{n}\nu_i^2$ 表示频率 ν 的平方的平均值；$\overline{U_0} = \frac{1}{n}\sum_{i=1}^{n}U_{0i}$ 表示截止电压 U_0 的平均值；$\overline{\nu \cdot U_0} = \frac{1}{n}\sum_{i=1}^{n}\nu_i \cdot U_{0i}$ 表示频率 ν 与截止电压 U_0 的乘积的平均值。

（2）根据 $k = \frac{\Delta U_0}{\Delta \nu} = \frac{U_{0i} - U_{0j}}{\nu_i - \nu_j}$，可用逐差法从表 4-22 的后四组数据中求出两个 k，将其平均值作为所求 k 的数值。

（3）可用表 4-22 数据在坐标纸上作 $U_0-\nu$ 直线，由图求出直线斜率 k。

求出直线斜率 k 后，可用 $h=ek$ 求出普朗克常数，并与 h 的公认值 h_0 比较，求出相对误差 $\delta = \frac{h-h_0}{h_0}$，式中 e=1.602×10^{-19}C，h_0=6.626×10^{-34} J·s。

六、注意事项

（1）汞灯关闭后，不要立即开启电源，必须待灯丝冷却后再开启，否则会影响汞灯寿命。

（2）光电管应保持清洁，避免用手摸，而且应放置在遮光罩内，不用时禁止用光照射。

（3）滤光片要保持清洁，禁止用手摸光学面。

（4）在不使用光电管时，要断掉施加在光电管阳极与阴极间的电压，保护光电管，防止意外的光线照射。

实验 16 霍尔效应

一、实验目的

（1）了解霍尔效应的基本原理，掌握用霍尔效应测量磁场的方法。
（2）学习用对称测量法消除霍尔元件的副效应。

二、实验仪器

SH500A 霍尔效应实验装置如图 4-26 所示。

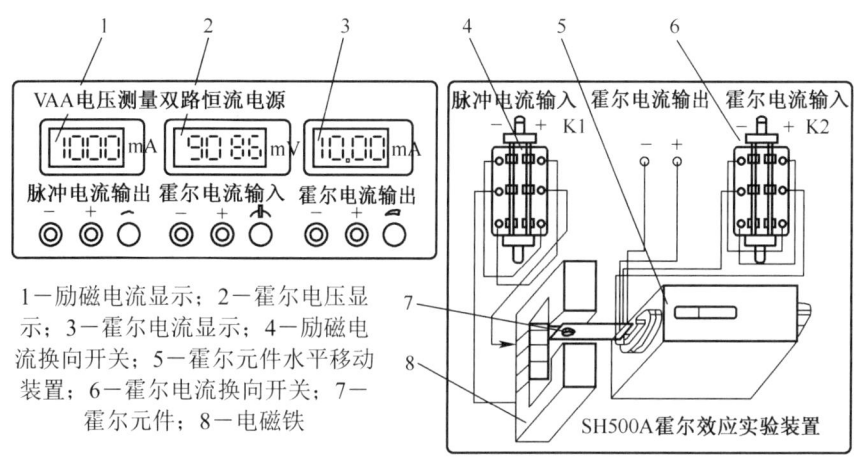

1—励磁电流显示；2—霍尔电压显示；3—霍尔电流显示；4—励磁电流换向开关；5—霍尔元件水平移动装置；6—霍尔电流换向开关；7—霍尔元件；8—电磁铁

图 4-26 SH500A 霍尔效应实验装置

仪器配备进口霍尔元件为砷化镓（GaAs），N 型半导体材料，额定工作电流为 2.5mA，塑料封装，外形如塑封三极管，使用方便、不易损坏。电磁铁气隙 4mm，最大磁感应强度接近 500mT。

本实验可使实验者了解霍尔效应的原理、学会用霍尔效应测量磁场，仪器设有过热、过压、过流保护，实验中不会损坏电流源和霍尔元件，特别适合学生自己动手、研究和分析实验现象。

三、实验原理

1. 霍尔效应

把通有电流的导体置于磁场 B 中，磁场 B 垂直于电流 I_H 方向，如图 4-27 所示，则在导体中垂直于 B 和 I_H 的方向上出现一个横向电位差 U_H，这个现象称为霍尔效应。

霍尔电势差是这样产生的：当电流 I_H 通过霍尔元件（假设为 P 型）时，空穴有一定的漂移速度 v，垂直磁场对运动电荷产生一个洛仑兹力

$$F_e = q(v \times B) \tag{4-27}$$

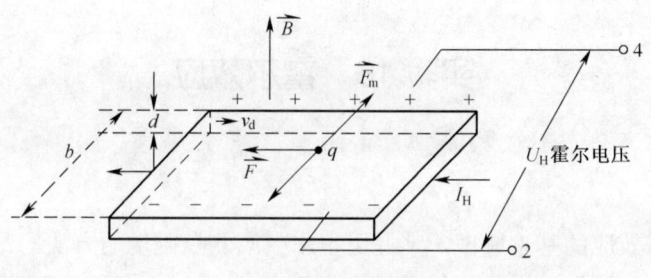

图 4-27 霍尔效应示意图

式中 q 为电子电荷，洛仑兹力使电荷产生横向的偏转，由于样品有边界，所以偏转的载流子在边界积累起来，产生一个横向电场 E，直到电场对载流子的作用力 $F_m=qE$ 与磁场作用的洛仑兹力相抵消为止，即

$$q(v \times B) = qE \tag{4-28}$$

这时电荷在样品中流动时不再偏转，霍尔电势差就是由这个电场建立起来的。

如果是 N 型样品，则横向电场与前者相反，所以 N 型样品和 P 型样品的霍尔电势差有不同的符号，据此可以判断霍尔元件的导电类型。

设 P 型样品的载流子浓度为 P，宽度为 ω，厚度为 d，通过样品电流 $I_H=Pqv\omega d$，则空穴的速度 $v=I_H/Pq\omega d$ 代入式（4-28）有

$$E = |v \times B| = \frac{I_H B}{pq\omega d} \tag{4-29}$$

上式两边各乘以 ω，得到

$$U_H = E\omega = \frac{I_H B}{pqd} = R_H \frac{I_H B}{d} \tag{4-30}$$

其中 $R_H = \dfrac{1}{pq}$ 称为霍尔系数，在应用中一般写成

$$U_H = K_H I_H B \tag{4-31}$$

比例系数 $K_H = R_H/d = 1/pqd$，称为霍尔元件的灵敏度，单位为 mV/（mA·T）。一般要求 K_H 越大越好。K_H 与载流子浓度 P 成反比，半导体内载流子浓度远比金属载流子浓度小，所以都用半导体材料作为霍尔元件，K_H 与材料片厚 d 成反比，因此霍尔元件都做得很薄，一般只有 0.2mm 厚。

由式（4-31）可以看出，知道了霍尔片的灵敏度 K_H，只要分别测出霍尔电流 I_H 及霍尔电势差 U_H 就可以算出磁场 B 的大小，这就是霍尔效应测磁场的原理。

2. 用霍尔效应法测量电磁铁的磁场

测量磁场的方法很多，如磁通法、核磁共振法及霍尔效应法。其中霍尔效应法用半导体材料构成霍尔片作为传感元件，把磁信号转换成电信号，测出磁场中各点的磁感应强度，能测量交、直流磁场是其最大的优点。以此原理制成的特斯拉计能简便、直观、快速地测量磁场。

电路如图 4-28 所示，VAA 电压测量双路恒流电源提供实验装置电源和显示霍尔电压的数值。左面的恒流源提供电磁铁提供励磁电流 I_M，右面的恒流源提供霍尔工作电流 I_H，中间的电压表显示霍尔电压的大小。

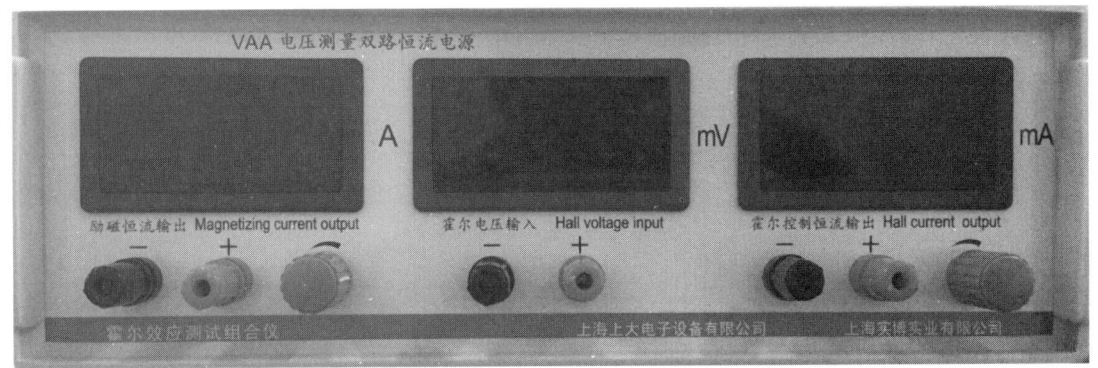

图 4-28 VAA 电压测量双路恒流电源

半导体材料有 N 型（电子型）和 P 型（空穴型）两种，前者载流子为电子，带负电；后者载流子为空穴，相当于带正电的粒子，由图 4-27 可以看出，若载流子为电子，则 4 点电位高于 2 点电位；若载流子为空穴，则 4 点电位低于 2 点的电位。如果知道载流子类型，则可以根据 U_H 的正负定出待测磁场的方向。

由于霍尔效应建立电场所需时间很短（约 10-12～10-14s），因此通过霍尔元件的电流用直流或交流都可以，若霍尔电流 I_H 为交流 $I_H = I_H \sin\omega t$，则

$$U_H = K_H I_H B = K_H B I_0 \sin\omega t \tag{4-32}$$

所得的霍尔电压也是交变的，在使用交流电情况下式（4-31）仍可使用，只是式中的 I_H 和 U_H 应理解为有效值。

3. 消除霍尔元件副效应的影响

在实际测量过程中，还会伴随一些热磁副效应，它使所测得的电压不只是 U_H，还会附加另外一些电压，给测量带来误差。

这些热磁效应中有埃廷斯豪森效应，是由于霍尔片两端有温度差，从而产生温差电动势 U_E，它与霍尔电流 I_H、磁场 B 方向有关；能斯特效应，是由于当热流通过霍尔片时，在其两侧会有电动势 U_N 产生，只与磁场 B 和热流有关；里吉－勒迪克效应，是当热流通过霍尔片时，两侧产生温度差，从而又产生温差电动势 U_R，同样与磁场 B 和热流有关。

除了这些热磁副效应外，还有不等位电势差 U_0，它是由于两侧的电极不在同一等势面上引起的，当霍尔电流通过电流端时，即使不加磁场也会有电势差 U_0 产生，其方向随电流 I_H 的方向改变而改变。

因此，为了消除副效应的影响，在操作时，我们要分别改变 I_H 的方向和 B 的方向，记下四组电势差数据（S_1、S_2 换向开关向上为正）：

当 I_H 正向、B 正向时：$U_1 = U_H + U_0 + U_E + U_N + U_R$
当 I_H 负向、B 正向时：$U_2 = -U_H - U_0 - U_E + U_N + U_R$
当 I_H 负向、B 负向时：$U_3 = U_H - U_0 + U_E - U_N - U_R$
当 I_H 正向、B 负向时：$U_4 = -U_H + U_0 - U_E - U_N - U_R$

计算 $U_1 - U_2 + U_3 - U_4$ 并取平均值，得

$$\frac{1}{4}(U_1 - U_2 + U_3 - U_4) = U_H + U_E \tag{4-33}$$

由于 U_E 和 U_H 始终方向相同，所以换向法不能消除它，但 $U_E \ll U_H$，故可以忽略不计，于是

$$U_H = \frac{1}{4}(U_1 - U_2 + U_3 - U_4) \tag{4-34}$$

温度差的建立需要较长时间，因此，如果采用交流电使温度差来不及建立，就可以减小测量误差。

四、实验内容及步骤

实验接线如图 4-29 所示。

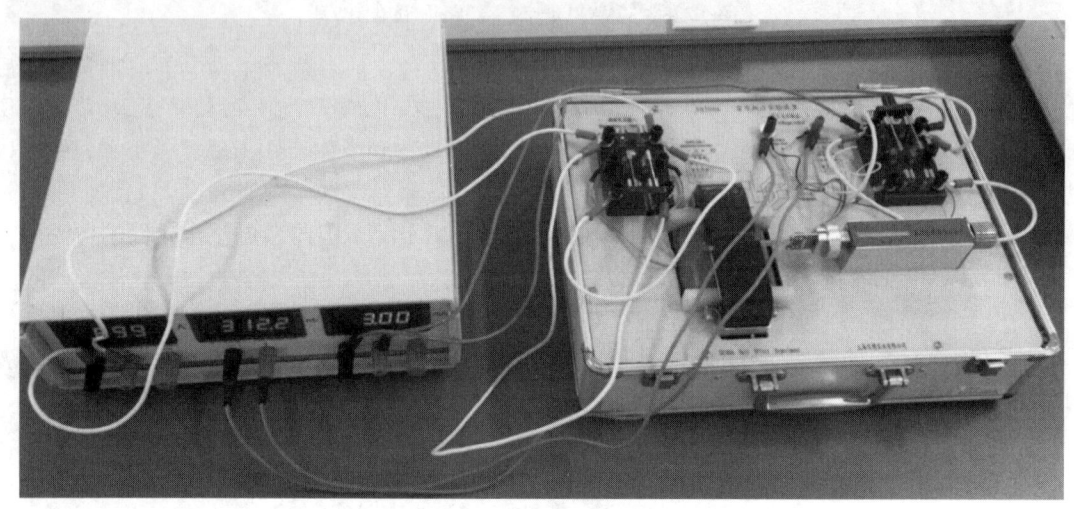

图 4-29　霍尔效应接线图

（1）测量霍尔电流 I_H 与霍尔电压 U_H 的关系。

调节励磁恒流输出，使 I_M=400mA；调节霍尔恒流输出，改变霍尔电流 I_H 大小，当 I_H=0.50mA 时，切换开关 S_1 和 S_2，改变励磁电流和霍尔电流的方向，并将相应霍尔电压记录到表 4-23 中。

（2）绘制电磁铁的励磁电流 I_M 与电磁铁的磁感应强度 B 的关系曲线。

已知霍尔元件灵敏度 K_H（K_H 可由实验台上读出），测量霍尔电流 I_H 和霍尔电压 U_H，根据式（4-31）即可算出磁场 B 的大小。根据表 4-23 的测量数据计算相应的磁场 B，并绘制电磁铁的励磁电流 I_M 与电磁铁的磁感应强度 B 的关系曲线。

（3）测量电磁铁的磁化曲线。

调节霍尔恒流输出，使 I_H=3.00mA；调节励磁恒流输出，改变励磁电流 I_M 大小，当 I_M=50mA 时，切换开关 S_1 和 S_2，改变励磁电流和霍尔电流的方向，并将相应霍尔电压记录到表 4-24 中。

五、实验数据处理

1. 测量霍尔电流 I_H 与霍尔电压 U_H 的关系。

（1）绘制霍尔电流 I_H 与霍尔电压 U_H 的关系曲线。

（2）绘制电磁铁的励磁电流 I_M 与电磁铁的磁感应强度 B 的关系曲线。

表 4-23　霍尔电流 I_H 与霍尔电压 U_H 的关系（I_M=400mA）

I_H（mA）（霍尔电流）	U_1（mV）$B(+),I_H(+)$	U_2（mV）$B(-),I_H(+)$	U_1（mV）$B(+),I_H(-)$	U_4（mV）$B(-),I_H(-)$	$U_H=(U_2+U_3-U_1-U_4)/4$（mV）	$B=U_H/(K_H \times I_H)$
0.50						
1.00						
1.50						
2.00						
2.50						
3.00						

2．测量励磁电流 I_M 与 V_H 的关系（测量磁化曲线）。

表 4-24　励磁电流 I_M 与 V_H 的关系（I_H=3.00mA）

I_M（mA）（励磁电流）	U_1（mV）$B(+),I_H(+)$	U_2（mV）$B(-),I_H(+)$	U_3（mV）$B(+),I_H(-)$	U_4（mV）$B(-),I_H(-)$	$U_H=(U_2+U_3-U_1-U_4)/4$（mV）
50					
100					
200					
300					
400					
500					
600					
700					
800					
900					

绘制励磁电流 I_M 与 V_H 的关系曲线。

六、注意事项

（1）霍尔片又薄又脆，切勿受意外机械损伤，不宜用手抚弄。
（2）实验仪器中已加入霍尔元件保护电路，但也不宜长时间将霍尔电流和励磁电流接错。
（3）电磁铁通电时间太长，线圈热量会影响测量结果。

七、思考题

（1）分析本实验的主要误差来源。
（2）在测量 $B-I_M$ 曲线时，I_M=0 时仍有较小的霍尔电压，这是为什么？
（3）以简图示意，用霍尔效应法判断霍尔片上的磁场方向。

实验 17　霍尔传感器特性效应——转速测量

一、实验目的

（1）了解开关式霍尔传感器测转速的应用。
（2）掌握霍尔传感器测转速的测量方法。

二、实验仪器

HA-1 霍尔传感器及其应用实验仪（如图 4-30 所示）、转速测量部件、数字万用表。

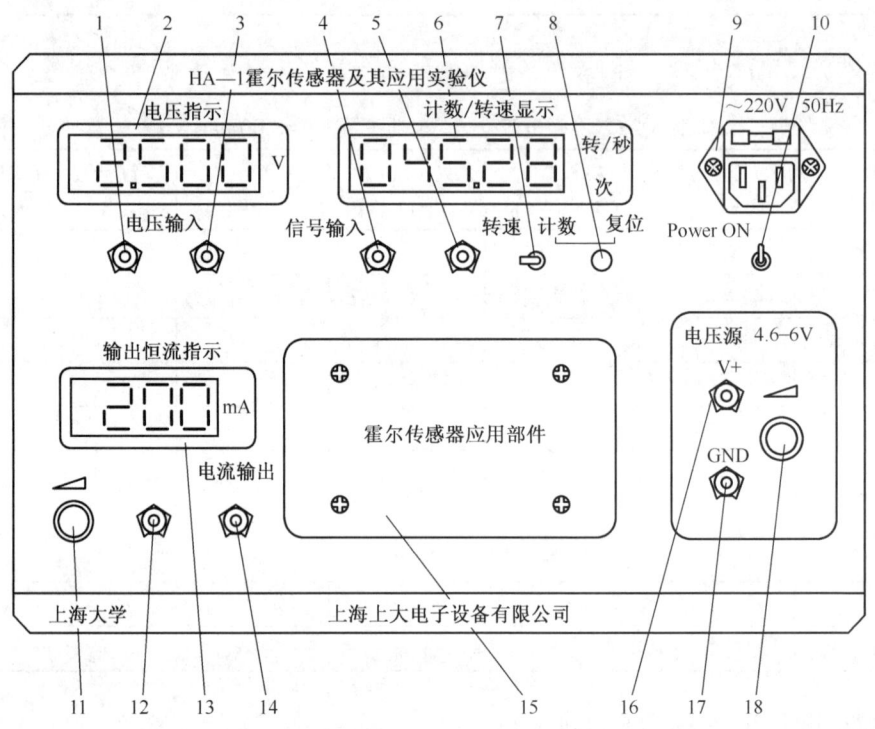

1—电压输入"-"接线柱；2—四位半电压指示；3—电压输入"+"接线柱；4—信号输入"-"接线柱；5—信号输入"+"接线柱；6—计数/转速显示；7—转速/计数选择开关；8—复位按钮；9—电源输入插座（内装有保险丝）；10—电源开关；11—输出电流调节旋钮；12—电流输出"-"接线柱；13—输出电流显示；14—电流输出"+"接线柱；15—霍尔传感器部件放置区；16—电压源"+"接线柱；17—电压源"-"接线柱；18—输出电压调节旋钮

图 4-30　HA-1 霍尔传感器及其应用实验仪

【霍尔传感器应用部件】

（1）产品计数部件：铁磁类工件通过霍尔传感器时，传感器产生低电平作为计数脉冲输入相应的计数类仪器中，实现产品的计数。

（2）转速测量部件：旋转一圈，霍尔开关传感器产生一个低电平作为计数脉冲，通过计时仪记录时间，计算转速。

（3）转角测量部件：采用齿隙磁通变化，将角度转换成脉冲数，实现角度的测量。

（4）大电流测量：用多匝线圈模拟单根大电流导线通过圆环，大电流周围产生磁场，通过测量磁场强度换算成相应的电流。一经定标圆环的电流/磁场强度关系，即可测量通过圆环导线的电流大小。

（5）霍尔传感器测量圆柱形磁钢在其轴线上的磁感应强度分布，作 $B-X$ 图。

（6）测量开关式霍尔传感器开关特性与磁感应强度的关系。

三、实验原理

霍尔效应是电磁学中的一个重要实验，其应用日益广泛。根据霍尔效应原理制成的霍尔传感器具有传感精度高、线性度好、温漂小、输入与输出高度隔离等优点，在自动检测、自动控制和信息技术等方面得到广泛应用。触发元件为永磁材料，无需电源，其动作可以是磁性体的移动、强度变化或铁磁物体的位置变化。霍尔传感器具有抗拒环境污染能力，适于要求严格的工作条件，能发挥高灵敏度、可靠性及可重复性的性能。在不清洁及完全黑暗的环境中准确地运行。霍尔传感器不仅可以测量直流或交流电路产生的磁场，还可以简单和可靠地将非电量检测转化成电信号，用于位置、位移、计数、转速测量和工业控制。

根据霍尔效应表达式 $U_H=K_H IB$，当 $K_H I$ 不变时，在转速圆盘上装上 N 只磁性体，并在磁钢侧方安装一霍尔元件。圆盘每转一周，表面的磁场 B 从无到有就变化 N 次，霍尔电势也相应变化 N 次。此电势通过放大、整形和计数电路就可以测量被测旋转体的转速。

本实验用的转速测量部件：旋转一圈霍尔开关传感器，产生一个低电平作为计数脉冲（如图 4-31 所示），通过计时仪记录时间，计算转速。

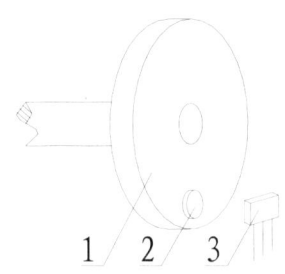

1—马达转盘；2—磁钢；3—开关霍尔传感器

图 4-31 霍尔转速传感器示意图

四、实验内容及步骤

1．调节电源输出电压，设定计数/测速仪工作方式。

（1）将电源输出接 4 位半电压表，调节电源输出为 5.000V。

（2）扳转换开关，将计数/测速仪工作状态调为测速。

2．断开电源，连接转速测量部件实例板和霍尔传感器及其应用实验仪。

（1）转速测量实例板的红接线柱接电源 V+接线柱。

（2）转速测量实例板的黑接线柱接电源 GND 接线柱。

(3) 转速测量实例板的黄接线柱接计数/测速仪的信号输入的红接线柱。
(4) 电源 GND 接线柱接计数/测速仪的信号输入的黑接线柱。

3. 复位计数/测速仪。
4. 调节转速测量实例板上的电位器，改变马达转速并显示，将数据记录在表 4-25 中。

五、实验数据处理

表 4-25　电机转速测量记录表

电压（V）	1.0	1.5	2.0	2.5	3.0	3.5	4.0	4.5	5.0
转速 n/r/s									

画出电机的 $V-n$（电机电枢电压与电机转速的关系）特性曲线。

六、注意事项

若实验不成功，可作如下检查：
(1) 连线后发光管亮，检查电源接线，红线接+5V，黑线接 GND。
(2) 马达转盘上的磁钢经过霍尔传感器时，发光管亮。若不亮，应减小马达转盘与霍尔传感器的间距，注意磁钢与传感器的相对位置。
(3) 若马达不转，检查电源接线正确与否，测量马达接线柱上电压大于 1.25V。马达起始电压太低，可先右旋电位器，使其转动后再减速；或用手旋转使其转动，一般可转动。

七、思考题

(1) 利用霍尔元件测转速时，在测量上是否有所限制？
(2) 本实验装置用了 1 只磁钢，能否用 2 只磁钢？

实验 18　霍尔传感器特性效应——转角测量

一、实验目的

(1) 了解开关式霍尔传感器测转角的应用。
(2) 掌握霍尔传感器测转角的测量方法。

二、实验仪器

HA-1 霍尔传感器及其应用实验仪（如图 4-32 所示）、转角测量部件。
【霍尔传感器应用部件】
(1) 产品计数部件：铁磁类工件通过霍尔传感器时，传感器产生低电平作为计数脉冲输入相应的计数类仪器中，实现产品的计数。
(2) 转速测量部件：旋转一圈霍尔开关传感器，产生一个低电平作为计数脉冲，通过计时仪记录时间，计算转速。

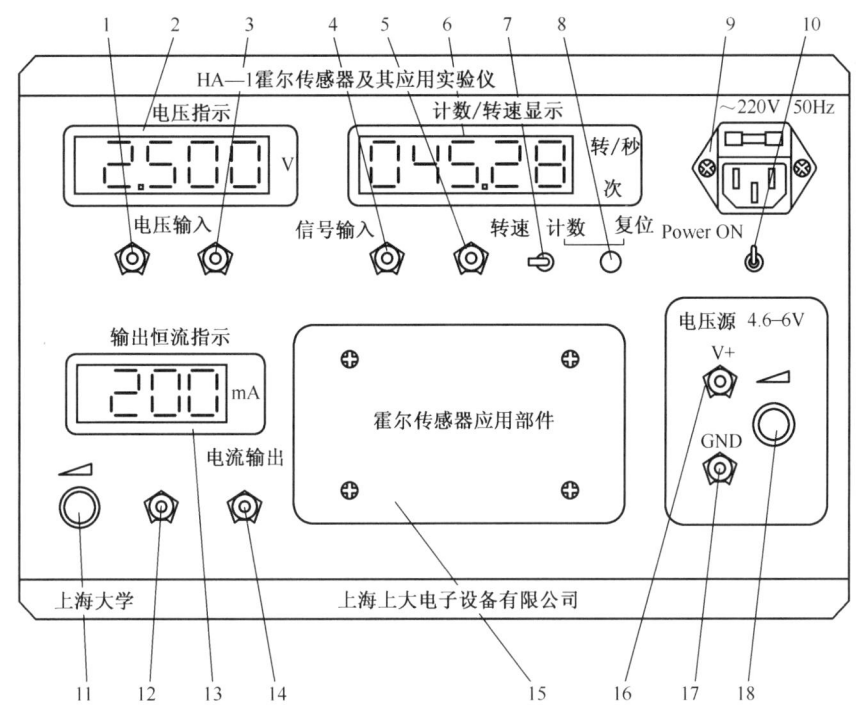

1—电压输入"−"接线柱；2—四位半电压指示；3—电压输入"+"接线柱；4—信号输入"−"接线柱；5—信号输入"+"接线柱；6—计数/转速显示；7—转速/计数选择开关；8—复位按钮；9—电源输入插座（内装有保险丝）；10—电源开关；11—输出电流调节旋钮；12—电流输出"−"接线柱；13—输出电流显示；14—电流输出"+"接线柱；15—霍尔传感器部件放置区；16—电压源"+"接线柱；17—电压源"−"接线柱；18—输出电压调节旋钮

图 4-32 HA-1 霍尔传感器及其应用实验仪

（3）转角测量部件：采用齿隙磁通变化，将角度转换成脉冲数，实现角度的测量。

（4）大电流测量：用多匝线圈模拟单根大电流导线通过圆环，大电流周围产生磁场，通过测量磁场强度换算成相应的电流。一经定标圆环的电流/磁场强度关系，即可测量通过圆环导线的电流大小。

（5）霍尔传感器测量圆柱形磁钢在其轴线上的磁感应强度分布，作 $B-X$ 图。

（6）测量开关式霍尔传感器开关特性与磁感应强度的关系。

三、实验原理

霍尔效应是电磁学中的一个重要实验，其应用日益广泛。根据霍尔效应原理制成的霍尔传感器具有传感精度高、线性度好、温漂小、输入与输出高度隔离等优点，在自动检测、自动控制和信息技术等方面得到广泛应用。触发元件为永磁材料，无需电源，其动作可以是磁性体的移动、强度变化或铁磁物体的位置变化。霍尔传感器具有抗拒环境污染能力，适于要求严格的工作条件，能发挥高灵敏度、可靠性及可重复性的性能。在不清洁及完全黑暗的环境中准确地运行。霍尔传感器不仅可以测量直流或交流电路产生的磁场，还可以简单和可靠地将非电量检测转化成电信号，用于位置、位移、计数、转速测量和工业控制。

霍尔传感器用于角度测量的原理如图 4-33 所示。传感器的位置固定，转动角度盘，每当一个角度盘齿转过霍尔传感器时，引起磁场的变化，传感器便输出一个脉冲，计算脉冲的个数，即可确定旋转物体转过的角度。通过上述角度的转动，产生高低电平，由脉冲数确定相应的转动角度，实现转角的控制。转过角度盘上的一个齿，相应的计数/测速仪显示+1的数值。该数值可换算成相应的角度。

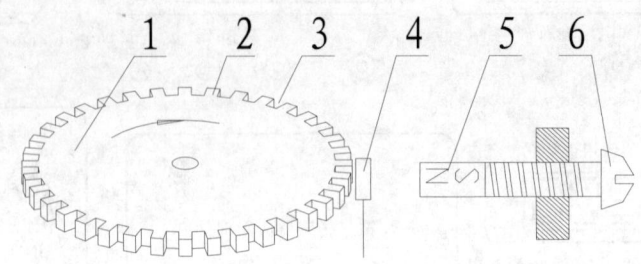

1—角度盘；2—角度盘齿；3—角度盘空隙；4—线性霍尔传感器；5—磁钢；6—调节螺丝

图4-33　霍尔转角传感器示意图

四、实验内容及步骤

1．调节电源输出电压，设定计数/测速仪工作方式。
（1）将电源输出接4位半电压表，调节电源输出为5.000V。
（2）扳转换开关，将计数/测速仪工作状态调为计数。
2．断开电源，连接霍尔应用转角测量实例板和霍尔传感器应用实验仪。
（1）计数实例板的红接线柱接电源V+接线柱。
（2）计数实例板的黑接线柱接GND接线柱。
（3）计数实例板的黄接线柱接计数/测速仪的信号输入的红接线柱。
（4）电源GND接线柱接计数/测速仪的信号输入的黑接线柱。
3．复位计数/测速仪。
4．转动角度盘，角度盘中齿相对传感器时，发光管闪亮；空隙相对传感器时，发光管熄灭。通过上述角度的转动，产生低电平，由脉冲数确定相应的转动角度，实现转角的控制，并将数据记录在表4-26中。转过角度盘上的一个齿，相应的计数/测速仪显示+1的数值。该数值可换算成相应的角度。

五、实验数据处理

表4-26　转角测量记录表

角度盘转过的圈数 N	1	2	3	4
计数次数 N' 圈				
转角 θ 与计数次数 n 的关系	$\theta=(360°N/N')*n=$			

六、注意事项

1．磁钢与霍尔传感器的距离调节。

(1) 顺时针旋转螺丝减小磁钢与霍尔传感器的距离。
(2) 逆时针旋转螺丝增大磁钢与霍尔传感器的距离。
2. 实验中若无法实现可作如下检查。

	现象	检查	处理方法
1	角度盘中空隙相对传感器时发光管亮	实例板接线 磁钢与霍尔传感器的距离	红接线柱接 V+接线柱，黑接线柱接 GND 接线柱，地线连接与否 增大磁钢与霍尔传感器的距离
2	角度盘中齿相对传感器时发光管不亮	磁钢与霍尔传感器的距离 磁钢极性 IC358 的 2 脚电压 1.8V	减小磁钢与霍尔传感器的距离 磁钢调换方向 调节电位器 W1 换 IC－LM358

七、思考题

利用霍尔元件测转角时，在测量上是否有所限制？

实验 19　霍尔传感器特性效应——大电流测量

一、实验目的

(1) 了解霍尔传感器测大电流的应用。
(2) 掌握霍尔传感器测大电流的测量方法。

二、实验仪器

HA-1 霍尔传感器及其应用实验仪（如图 4-34 所示）、大电流测量部件。
【霍尔传感器应用部件】
(1) 产品计数部件：铁磁类工件通过霍尔传感器时，传感器产生低电平作为计数脉冲输入相应的计数类仪器中，实现产品的计数。
(2) 转速测量部件：旋转一圈霍尔开关传感器，产生一个低电平作为计数脉冲，通过计时仪记录时间，计算转速。
(3) 转角测量部件：采用齿隙磁通变化，将角度转换成脉冲数，实现角度的测量。
(4) 大电流测量：用多匝线圈模拟单根大电流导线通过圆环，大电流周围产生磁场，通过测量磁场强度换算成相应的电流。一经定标圆环的电流/磁场强度关系，即可测量通过圆环导线的电流大小。
(5) 霍尔传感器测量圆柱形磁钢在其轴线上磁感应强度分布，作 $B-X$ 图。
(6) 测量开关式霍尔传感器开关特性与磁感应强度的关系。

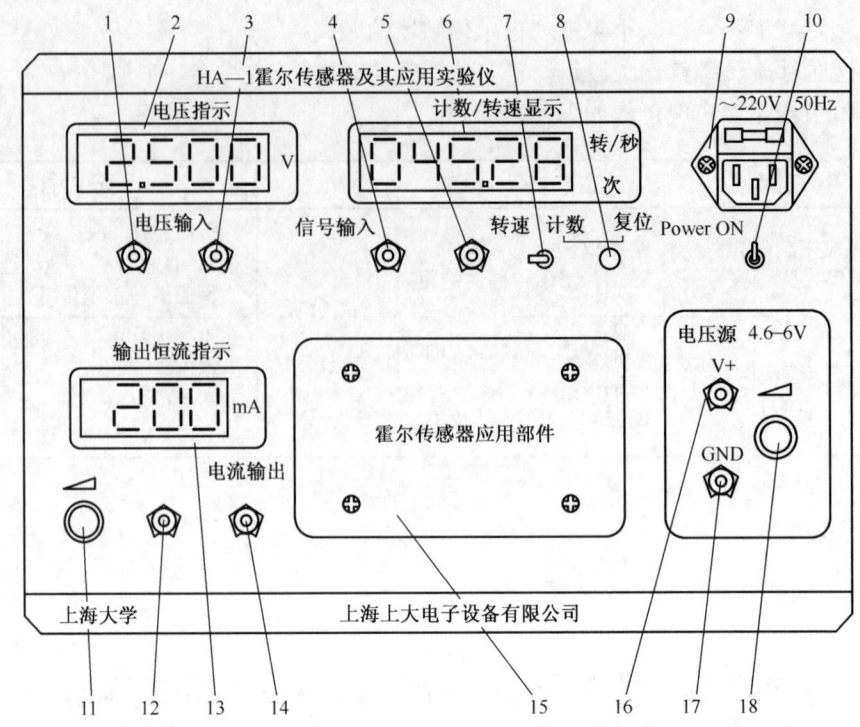

1—电压输入"—"接线柱；2—四位半电压指示；3—电压输入"+"接线柱；4—信号输入"—"接线柱；5—信号输入"+"接线柱；6—计数/转速显示；7—转速/计数选择开关；8—复位按钮；9—电源输入插座（内装有保险丝）；10—电源开关；11—输出电流调节旋钮；12—电流输出"—"接线柱；13—输出电流显示；14—电流输出"+"接线柱；15—霍尔传感器部件放置区；16—电压源"+"接线柱；17—电压源"—"接线柱；18—输出电压调节旋钮

图4-34　HA-1霍尔传感器及其应用实验仪

三、实验原理

霍尔效应是电磁学中的一个重要实验，其应用日益广泛。根据霍尔效应原理制成的霍尔传感器具有传感精度高、线性度好、温漂小、输入与输出高度隔离等优点，在自动检测、自动控制和信息技术等方面得到广泛应用。触发元件为永磁材料，无需电源，其动作可以是磁性体的移动、强度变化或铁磁物体的位置变化。霍尔传感器具有抗拒环境污染能力，适于要求严格的工作条件，能发挥高灵敏度、可靠性及可重复性的性能。在不清洁及完全黑暗的环境中准确地运行。霍尔传感器不仅可以测量直流或交流电路产生的磁场，还可以简单和可靠地将非电量检测转化成电信号，用于位置、位移、计数、转速测量和工业控制。

霍尔电压随磁场强度的变化而变化，磁场越强，电压越高；磁场越弱，电压越低。霍尔电压值很小，通常只有几毫伏，但经集成电路中的放大器放大，就能使该电压放大到足以输出较强的信号。

霍尔电流传感器包括磁环、霍尔元件、霍尔元件电路等，如图4-35所示。用多匝线圈模拟单根大电流导线通过圆环，大电流周围产生磁场，通过测量磁场强度换算成相应的电流。一经定标圆环的电流/磁场强度关系，即可测量通过圆环导线的电流大小。

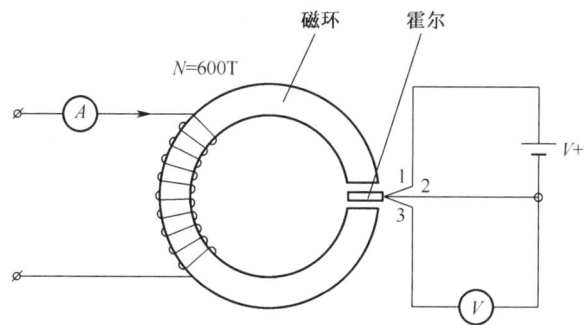

图 4-35 霍尔大电流传感器示意图

四、实验内容及步骤

（1）断开电源，连接霍尔大电流应用实例板和霍尔传感器应用实验仪。
（2）实例板右边的红接线柱接电源 V+ 接线柱。
（3）实例板右边的黑接线柱接 GND 接线柱。
（4）实例板右边的黄接线柱接 4 位半数字电压表输入红接线柱。
（5）电源 GND 接线柱接 4 位半数字电压表输入黑接线柱。
（6）实例板左边的红接线柱接实验仪左边的恒流输出红接线柱。
（7）实例板左边的黑接线柱接实验仪左边的恒流输出黑接线柱。
（8）开通实验仪电源，调节恒流输出为 0，调节电源输出电压，使数字电压表显示 2.500V。
（9）调节恒流输出为 0，50mA，100mA，150mA，200mA，250mA，并将数据记录在表 4-27 中，作 $V_{H1}-I_总$ 图。
（10）改变电流输入方向，调节恒流输出为 0，50mA，100mA，150mA，200mA，250mA，并将数据记录在表 4-27 中，作 $V_{H2}-I_M$ 图。

五、实验数据处理

表 4-27 大电流测量记录表（$V_{H1}=V_1-2.500$ $V_{H2}=V_2-2.500$ $I_总=N×I_M=600×I_M$）

I_M/ mA	0	50	100	150	200	250	200	150	100	50	0
$I_总$/A	0	30	60	90	120	150	120	90	60	30	0
V_1/V	2.500										
V_H/V	0										
I_M/ mA	0	-50	-100	-150	-200	-250	-200	-150	-100	-50	0
$I_总$/A	0	-30	-60	-90	-120	-150	-120	-90	-60	-30	0
V_2/V	2.496										
V_{H2}/V											

（1）作 $V_{H1}-I_总$ 图。
（2）作 $V_{H2}-I_M$ 图。
（3）比较两曲线不同方向磁化，从而组成磁滞回线。

六、注意事项

调节恒流输出时，要严格执行单调递增或单调递减。

七、思考题

简述霍尔传感器测大电流的方法。

实验 20 霍尔传感器特性效应——产品计数

一、实验目的

（1）了解开关式霍尔传感器怎样应用于产品计数。
（2）掌握霍尔传感器用于计数的测量方法。

二、实验仪器

HA-1 霍尔传感器及其应用实验仪（如图 4-36 所示）、产品计数部件。

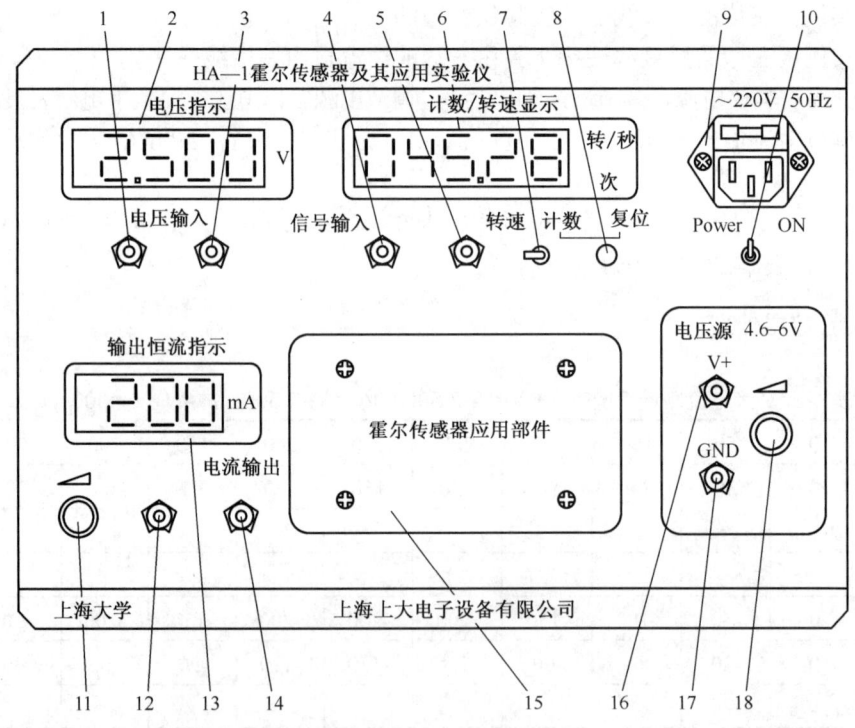

1—电压输入"—"接线柱；2—四位半电压指示；3—电压输入"＋"接线柱；4—信号输入"—"接线柱；5—信号输入"＋"接线柱；6—计数/转速显示；7—转速/计数选择开关；8—复位按钮；9—电源输入插座（内装有保险丝）；10—电源开关；11—输出电流调节旋钮；12—电流输出"—"接线柱；13—输出电流显示；14—电流输出"＋"接线柱；15—霍尔传感器部件放置区；16—电压源"＋"接线柱；17—电压源"—"接线柱；18—输出电压调节旋钮

图 4-36 HA-1 霍尔传感器及其应用实验仪

【霍尔传感器应用部件】

（1）产品计数部件：铁磁类工件通过霍尔传感器时，传感器产生低电平作为计数脉冲输入相应的计数类仪器中，实现产品的计数。

（2）转速测量部件：旋转一圈霍尔开关，传感器产生一个低电平作为计数脉冲，通过计时仪记录时间，计算转速。

（3）转角测量部件：采用齿隙磁通变化，将角度转换成脉冲数，实现角度的测量。

（4）大电流测量：用多匝线圈模拟单根大电流导线通过圆环，大电流周围产生磁场，通过测量磁场强度换算成相应的电流。一经定标圆环的电流/磁场强度关系，即可测量通过圆环导线的电流大小。

（5）霍尔传感器测量圆柱形磁钢在其轴线上磁感应强度分布，作 $B-X$ 图。

（6）测量开关式霍尔传感器开关特性与磁感应强度的关系。

三、实验原理

霍尔效应是电磁学中的一个重要实验，其应用日益广泛。根据霍尔效应原理制成的霍尔传感器具有传感精度高、线性度好、温漂小、输入与输出高度隔离等优点，在自动检测、自动控制和信息技术等方面得到广泛应用。触发元件为永磁材料，无需电源，其动作可以是磁性体的移动、强度变化或铁磁物体的位置变化。霍尔传感器具有抗拒环境污染能力，适于要求严格的工作条件，能发挥高灵敏度、可靠性及可重复性的性能。在不清洁及完全黑暗的环境中准确地运行。霍尔传感器不仅可以测量直流或交流电路产生的磁场，还可以简单和可靠地将非电量检测转化成电信号，用于位置、位移、计数、转速测量和工业控制。

如图 4-37 所示，当钢球滚过霍尔传感器位置时，霍尔传感器输出一个脉冲电压，该脉冲电压经运算放大器放大后，驱动发光二极管，实现开关动作。即当钢球滚过霍尔传感器位置时，发光二极管亮一次，完成一次计数。

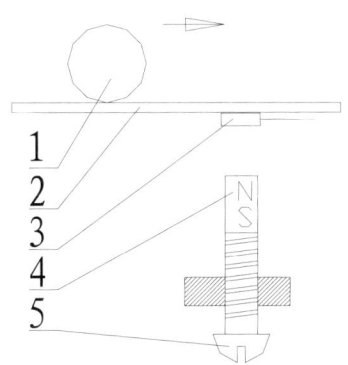

1—钢球；2—铝质导轨；3—线性霍尔传感器；4—磁钢；5—调节螺丝

图 4-37　霍尔传感器用于产品计数示意图

四、实验内容及步骤

本实验采用集成线性霍尔传感器和运算放大器组成比较器，实现开关动作，实验步骤如下：

1. 调节电源输出电压，设定计数/测速仪工作方式。

(1) 将电源输出接 4 位半电压表，调节电源输出为 5.000V。

(2) 扳转换开关，将计数/测速仪工作状态调为计数。

2. 断开电源，连接霍尔产品计数应用实例板和霍尔传感器应用实验仪。

(1) 计数实例板的红接线柱接电源 V+接线柱。

(2) 计数实例板的黑接线柱接 GND 接线柱。

(3) 计数实例板的黄接线柱接计数/测速仪的信号输入的红接线柱。

(4) 电源 GND 接线柱接计数/测速仪的信号输入的黑接线柱。

3. 复位计数/测速仪。

4. 使钢球沿铝质轨道滚动，可以看到实例板上的发光管闪亮一次，相应的计数/测速仪显示数+1 后的数值，将实验数据记录在表 4-28 中。

五、实验数据处理

表 4-28 产品计数记录表

钢球与霍尔传感器相对位置（cm）	2	1	0.5	0	0.5	1	2
发光二极管（亮、灭）							
计数器计数（保持不变，+1）							

六、注意事项

1. 磁钢与霍尔传感器的距离调节。

(1) 顺时针旋转螺丝减小磁钢与霍尔传感器的距离。

(2) 逆时针旋转螺丝增大磁钢与霍尔传感器的距离。

2. 若实验不成功，可作如下检查。

	现象	检查	处理方法
1	接线后发光管一直亮	实例板电源接线 磁钢与霍尔传感器的距离	红接线柱接 V+接线柱，黑接线柱接 GND 接线柱，地线连接与否 增大磁钢与霍尔传感器的距离
2	钢球滚过，发光管不闪亮一次	磁钢与霍尔传感器的距离 磁钢极性 传感器安装正反 IC358 的 2 脚电压 1.8V 传感器 3 脚电压。无钢球时 2.5V 左右，钢球在传感器上方小于 1.8V IC-LM358 的 1 脚电压无钢球时大于 3.0V，钢球在传感器上方时小于 1.2V 确认所用的球是钢质的。确认钢球滚动轨迹的下方装有霍尔传感器	减小磁钢与霍尔传感器的距离 磁钢调换方向 调换 调节电位器 W1 换传感器 换 IC-LM358

七、思考题

简述霍尔传感器如何实现产品计数。

实验 21　霍尔传感器特性效应——测量圆形柱钢在轴线上的分布

一、实验目的

（1）了解霍尔传感器测圆形柱钢在轴线上分布。
（2）掌握霍尔传感器测圆形柱钢在轴线上分布的测量方法。

二、实验仪器

HA-1 霍尔传感器及其应用实验仪（如图 4-38 所示）、霍尔传感器测圆形柱钢在轴线上分布实例板。

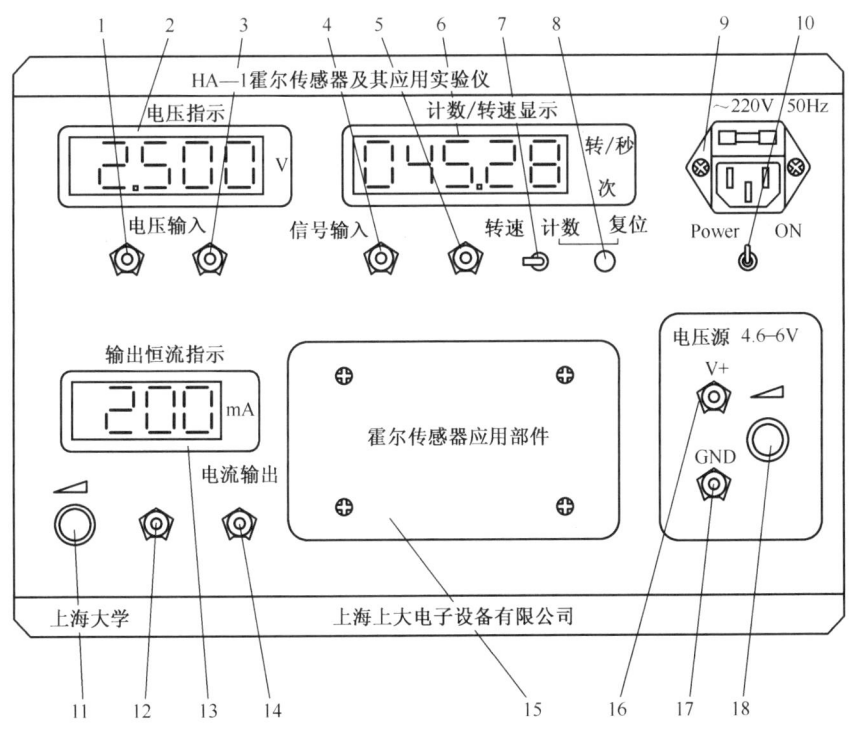

1—电压输入"—"接线柱；2—四位半电压指示；3—电压输入"+"接线柱；4—信号输入"—"接线柱；5—信号输入"+"接线柱；6—计数/转速显示；7—转速/计数选择开关；8—复位按钮；9—电源输入插座（内装有保险丝）；10—电源开关；11—输出电流调节旋钮；12—电流输出"—"接线柱；13—输出电流显示；14—电流输出"+"接线柱；15—霍尔传感器部件放置区；16—电压源"+"接线柱；17—电压源"—"接线柱；18—输出电压调节旋钮

图 4-38　HA-1 霍尔传感器及其应用实验仪

【霍尔传感器应用部件】

（1）产品计数部件：铁磁类工件通过霍尔传感器时，传感器产生低电平作为计数脉冲输入相应的计数类仪器中，实现产品的计数。

（2）转速测量部件：旋转一圈霍尔开关传感器，产生一个低电平作为计数脉冲，通过计时仪记录时间，计算转速。

（3）转角测量部件：采用齿隙磁通变化，将角度转换成脉冲数，实现角度的测量。

（4）大电流测量：用多匝线圈模拟单根大电流导线通过圆环，大电流周围产生磁场，通过测量磁场强度换算成相应的电流。一经定标圆环的电流/磁场强度关系，即可测量通过圆环导线的电流大小。

（5）霍尔传感器测量圆柱形磁钢在其轴线上磁感应强度分布，作 $B-X$ 图。

（6）测量开关式霍尔传感器开关特性与磁感应强度的关系。

三、实验原理

霍尔效应是电磁学中的一个重要实验，其应用日益广泛。根据霍尔效应原理制成的霍尔传感器具有传感精度高、线性度好、温漂小、输入与输出高度隔离等优点，在自动检测、自动控制和信息技术等方面得到广泛应用。触发元件为永磁材料，无需电源，其动作可以是磁性体的移动、强度变化或铁磁物体的位置变化。霍尔传感器具有抗拒环境污染能力，适于要求严格的工作条件，能发挥高灵敏度、可靠性及可重复性的性能。在不清洁及完全黑暗的环境中准确地运行。霍尔传感器不仅可以测量直流或交流电路产生的磁场，还可以简单和可靠地将非电量检测转化成电信号，用于位置、位移、计数、转速测量和工业控制。

如图 4-39 所示，改变磁钢与霍尔传感器的距离，即改变通过霍尔传感器的磁感应强度 B，根据 $U_H=K_HIB$，则霍尔电压也随之改变。

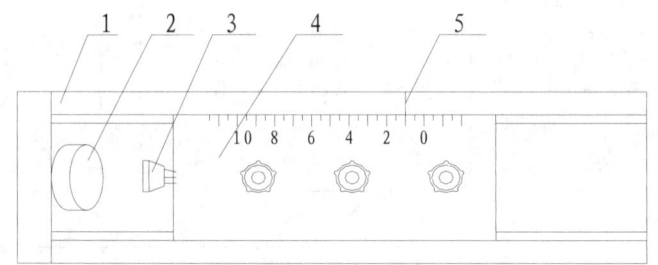

1—测量架；2—圆磁钢；3—霍尔传感器；4—实验板；5—读数基线

图 4-39 测量圆形柱钢在轴线上分布示意图

四、实验内容及步骤

1. 断开电源，连接线性霍尔实验板（实验板上无发光二极管）和霍尔传感器应用实验仪。
2. 实验板上红接线柱接电源 V+接线柱。
3. 实验板上黑接线柱接 GND 接线柱。
4. 实验板上黄接线柱接 4 位半数字电压表输入红接线柱。
5. 电源 GND 接线柱接 4 位半数字电压表输入黑接线柱。

6. 开通实验仪电源，放实验板于测量架外，即霍尔传感器远离圆磁钢，调节电源输出电压，使数字电压表显示 2.500V。

7. 放实验板于测量架上导轨内，霍尔传感器相对圆磁钢，圆磁钢粘于测量架上的螺钉。左右移动实验板，记录磁钢和霍尔传感器的位置及霍尔输出电压，如表4-29所示，即在 X=0mm、1mm、2mm、3mm、4mm、5mm、6mm、7mm、8mm、9mm、10mm、12mm、14mm、16mm、18mm、20mm、25mm、30mm、35mm、40mm、45mm、50mm 时，$V_H=V_1-2.500$，作 V_H-I_M 图。说明该图的意义。实验中霍尔传感器的灵敏度 K=15mV/mT，再作 $B-X$ 图。

五、实验数据处理

表 4-29 磁钢和霍尔传感器的位置与霍尔输出电压记录表

($V_H=V_1-2.500$ $B=U_H/k$ K=15mV/mT)

X/mm	0	1	2	3	4	5	6	7	8
V_1/V									
V_H/V									
B/mT									
X/mm	9	10	12	14	16	18	20	25	30
V_1/V									
V_H/V									
B/mT									

作 $B-X$ 图。

六、注意事项

实验仪器中已经加了霍尔元件保护电路，但也不宜将霍尔电流和励磁电流长时间接错。

七、思考题

说明该 $B-X$ 图的意义。

实验 22　霍尔传感器特性效应——测量霍尔传感器开关特性参数

一、实验目的

（1）了解开关式霍尔传感器，测量开关式霍尔传感器开关特性参数。
（2）掌握开关式霍尔传感器开关特性参数的测量方法。

二、实验仪器

HA-1 霍尔传感器及其应用实验仪（如图 4-40 所示）、开关霍尔实验板。

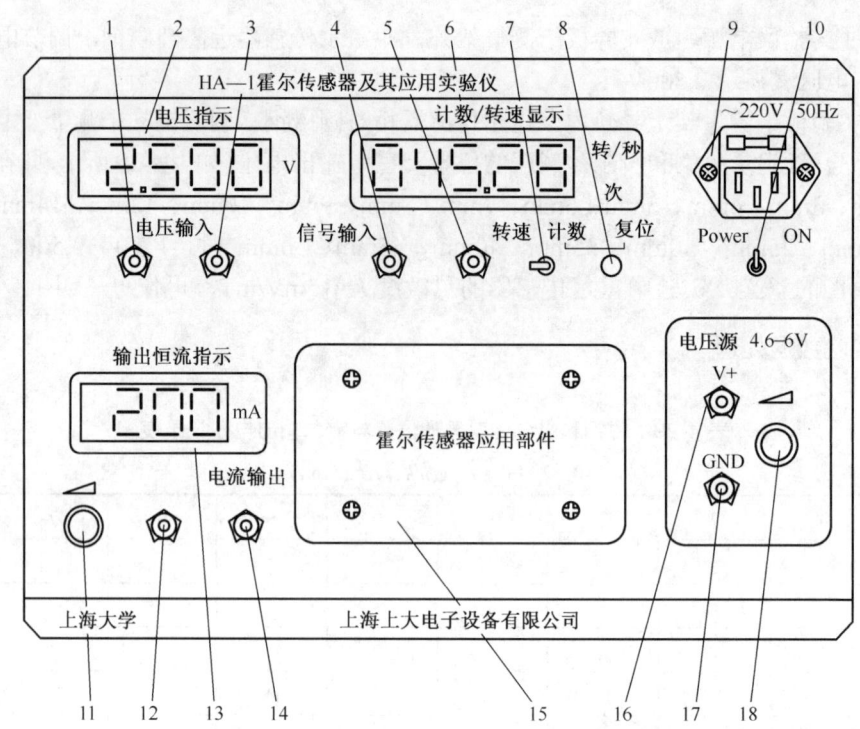

1—电压输入"—"接线柱；2—四位半电压指示；3—电压输入"+"接线柱；4—信号输入"—"接线柱；5—信号输入"+"接线柱；6—计数/转速显示；7—转速/计数选择开关；8—复位按钮；9—电源输入插座（内装有保险丝）；10—电源开关；11—输出电流调节旋钮；12—电流输出"—"接线柱；13—输出电流显示；14—电流输出"+"接线柱；15—霍尔传感器部件放置区；16—电压源"+"接线柱；17—电压源"—"接线柱；18—输出电压调节旋钮

图 4-40　HA-1 霍尔传感器及其应用实验仪

【霍尔传感器应用部件】

（1）产品计数部件：铁磁类工件通过霍尔传感器时，传感器产生低电平作为计数脉冲输入相应的计数类仪器中，实现产品的计数。

（2）转速测量部件：旋转一圈霍尔开关传感器，产生一个低电平作为计数脉冲，通过计时仪记录时间，计算转速。

（3）转角测量部件：采用齿隙磁通变化，将角度转换成脉冲数，实现角度的测量。

（4）大电流测量：用多匝线圈模拟单根大电流导线通过圆环，大电流周围产生磁场，通过测量磁场强度换算成相应的电流。一经定标圆环的电流/磁场强度关系，即可测量通过圆环导线的电流大小。

（5）霍尔传感器测量圆柱形磁钢在其轴线上磁感应强度分布，作 $B-X$ 图。

（6）测量开关式霍尔传感器开关特性与磁感应强度的关系。

三、实验原理

霍尔效应是电磁学中的一个重要实验，其应用日益广泛。根据霍尔效应原理制成的霍尔传感器具有传感精度高、线性度好、温漂小、输入与输出高度隔离等优点，在自动检测、自动控制和信息技术等方面得到广泛应用。触发元件为永磁材料，无需电源，其动作可以是磁性体的移动、强度变化或铁磁物体的位置变化。霍尔传感器具有抗拒环境污染能力，适于要求严格的工作条件，能发挥高灵敏度、可靠性及可重复性的性能。在不清洁及完全黑暗的环境中准确地运行。霍尔传感器不仅可以测量直流或交流电路产生的磁场，还可以简单和可靠地将非电量检测转化成电信号，用于位置、位移、计数、转速测量和工业控制。

如图 4-41 所示，改变磁钢与霍尔传感器的距离，即改变通过霍尔传感器的磁感应强度 B，根据 $U_H=K_H IB$，则霍尔电压也随之改变。实验中当磁钢与霍尔传感器的距离 X 为某值时，发光二极管亮，说明开关导通，输出低电平。实验中当磁钢与霍尔传感器的距离 X 为某值时，发光二极管熄灭，说明霍尔开关截止，输出高电平。

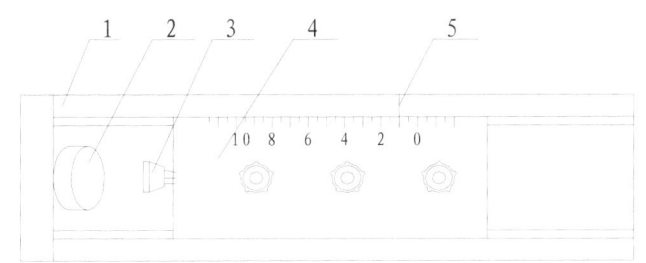

1—测量架；2—圆磁钢；3—霍尔传感器；4—实验板；5—读数基线

图 4-41 开关霍尔传感器开关特性与磁感应强度示意图

四、实验内容及步骤

（1）断开电源，连接开关霍尔实验板（实验板上装有发光二极管）和霍尔传感器应用实验仪。

（2）实验板上红接线柱接电源 V+接线柱。

（3）实验板上黑接线柱接 GND 接线柱。

（4）实验板上黄接线柱接 4 位半数字电压表输入红接线柱。

（5）电源 GND 接线柱接 4 位半数字电压表输入黑接线柱。

（6）开通实验仪电源，放实验板于测量架上导轨内，霍尔传感器相对圆磁钢，圆磁钢粘于测量架上的螺钉，由右向左缓慢移动实验板，记录磁钢和霍尔传感器的位置与霍尔输出电压关系，即在 X=20mm、18mm、16mm、14mm、12mm、10mm、9mm、8mm、7mm、6mm、5mm、4mm、3mm、2mm、1mm、0mm 时的霍尔输出电压 V_H，作 V_H-X 图。实验中 X 为某值时，发光二极管亮，说明开关导通，输出低电平。实验中，若发光管始终不亮，将相对霍尔传感器面的磁钢与粘住螺丝钉面交换，因霍尔传感器感应面（上有文字的面）为磁场的 S 极。只有 S 极的磁场达到一定强度，方可有效工作。

（7）缓慢向右移动实验板，记录 X=0mm、1mm、2mm、3mm、4mm、5mm、6mm、7mm、8mm、9mm、10mm、12mm、14mm、16mm、18mm、20mm 时的霍尔输出电压 V_H，作 V_H-X 图。实验中 X 为某值时，发光二极管熄灭，说明霍尔开关截止，输出高电平。

五、实验数据处理

1. 右向左缓慢移动实验板，记录磁钢与霍尔传感器的位置与霍尔输出电压关系，如表 4-30 所示。

表 4-30　V+=5.000V

X/mm			20	18	16	14	12	10	9
B/mT									
V_1/mV									
X/mm	8	7	6	5	4	3	2	1	0
B/mT									
V_1/mV									

（1）由表 4-30 得，霍尔元件逐渐靠近圆形磁钢，在_____处输出由高电平转为低电平，同时实验板上发光二极管亮。

（2）作 V_H－X 图。

2. 由左向右缓慢移动实验板，记录磁钢和霍尔传感器的位置与霍尔输出电压关系，如表 4-31 所示。

表 4-31　V+=5.000V

X/mm	0	1	2	3	4	5	6	7	8
B/mT									
V_2/mV									
X/mm	9	10	12	14	16	18	20		
B/mT									
V_2/mV									

（1）由表 4-31 得，霍尔元件逐渐远离圆形磁钢，在_____处输出由低电平转为高电平，同时发光二极管熄灭。

（2）作 V_H－X 图。

（3）结合表 4-30 和表 4-31 作图表示开关霍尔工作方式，即 V－B 图。

六、注意事项

实验仪器中已经加了霍尔元件保护电路，但也不宜将霍尔电流和励磁电流长时间接错。

七、思考题

为什么霍尔开关特性具有强的抗干扰性？

实验 23　PN 结的物理特性及波尔兹曼常数测试

一、实验目的

（1）在室温时，测量 PN 结电流与电压的关系，证明此关系符合指数分布规律。

（2）在不同温度条件下，测量玻尔兹曼常数。

（3）学习用运算放大器组成电流—电压变换器测量弱电流。
（4）测量 PN 结电压与温度的关系，求出该 PN 结温度传感器的灵敏度。
（5）计算在 0K 温度时，半导体硅材料的近似禁带宽度。

二、实验仪器

PN 结的物理特性及玻尔兹曼常数测定仪如图 4-42 所示。

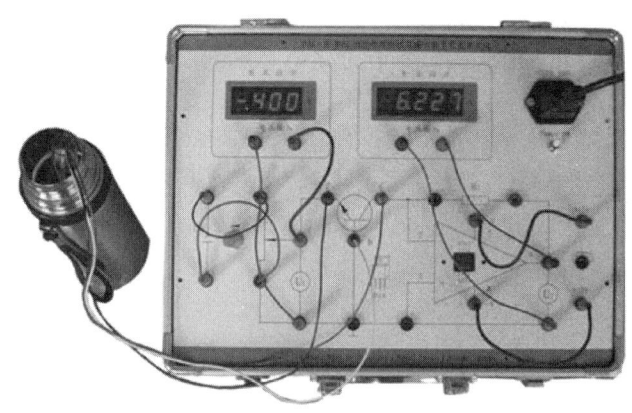

图 4-42　PN 结的物理特性及玻尔兹曼常数测定仪

1．PN 结的物理特性及玻尔兹曼常数测定仪技术指标。
（1）±15V 直流电源一组，即[+15V～0V（地）～-15V]；1.5V 直流电源一组。
（2）三位半数字电压表 0～2V 一只；四位半数字电压表 0～20V 一只。
（3）实验板：由运算放大器 OP07、印刷引线、接线柱、多圈电位器组成。
（4）实验样品：TIP31 型三极管。
（5）保温杯及玻璃试管。

2．PN 结的物理特性及玻尔兹曼常数测定仪用途。
（1）测量 PN 结扩散电流与结电压的关系，通过数据处理证明此关系遵循指数分布规律。
（2）较精确地测量玻尔兹曼常数（误差一般小于 2%）。
（3）学习用运算放大器组成电流—电压变换器测量 10^{-6}A～10^{-8}A 的弱电流。
（4）测量 PN 结结电压 U_{be} 与温度的关系，求出结电压随温度变化的灵敏度。
（5）近似求得 0K 时半导体（硅）材料的禁带宽度。

三、实验原理

1．PN 结伏安特性及玻尔兹曼常数测量。
由半导体物理学可知，PN 结的正向电流—电压关系满足：

$$I = I_0[e^{eU/kT} - 1] \tag{4-35}$$

式（4-35）中 I 是通过 PN 结的正向电流，I_0 是反向饱和电流，在温度恒定时为常数，T 是热力学温度，e 是电子的电荷量（e=1.6021892×10^{-19} 库仑），U 为 PN 结正向压降。由于常温（300K）时，kT/e≈0.026V，而 PN 结正向压降约为十分之几伏，则 $exp(eU/kT)$>>1，式（4-35）中括号内的"-1"项完全可以忽略，于是有：

$$I = I_0 e^{eU/kT} \tag{4-36}$$

即 PN 结正向电流随正向电压按指数规律变化。若测得 PN 结 $I-U$ 关系值，则可以利用式（4-35）求出 e/kT。在测得温度 T 后，就可以得到 e/k 常数，把电子电量作为已知值代入，即可求得玻尔兹曼常数 k（$k = 1.3806505 \times 10^{-23}$ J/K）。

在实际测量中，二极管的正向 $I-U$ 关系虽然能较好地满足指数关系，但求得的常数 k 往往偏小。这是因为通过二极管的不只是扩散电流，还有其他电流。一般它包括三个部分：①扩散电流，它严格遵循式（4-36）；②耗尽层符合电流，它正比于 $exp(eU/2kT)$；③表面电流，它是由 Si 和 SiO_2 界面中杂质引起的，其值正比于 $exp(eU/mkT)$，一般 $m>2$。因此，为了验证式（4-36）及求出的准确 e/k 常数，不宜采用硅二极管，而采用硅三极管接成共基极线路，因为此时集电极与基极短接，集电极电流中仅仅是扩散电流。复合电流主要在基极出现，测量集电极电流时，将不包括复合电流。本实验中选取性能良好的硅三极管（TIP31 型），实验中又处于较低的正向偏置，这样表面电流影响也完全可以忽略，所以此时集电极电流与结电压将满足式（4-36）。实验线路如图 4-43 所示。

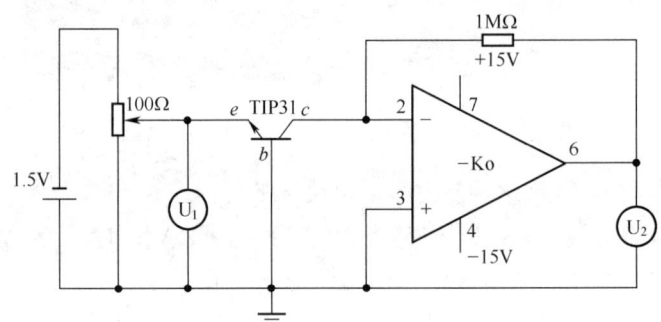

图 4-43　PN 结扩散电源与结电压关系测量线路图

2. 弱电流测量

过去实验中 10^{-6}A～10^{-11}A 量级弱电流采用光点反射式检流计测量，该仪器灵敏度较高，约 10^{-9}A/分度，但有许多不足之处。如十分怕震，挂丝易断；使用时稍有不慎，光标易偏出满度，瞬间过载引起引丝疲劳变形，导致不回零点及指示差变大，使用和维修极不方便。近年来，集成电路与数字化显示技术越来越普及。高输入阻抗运算放大器性能优良、价格低廉，用它组成电流—电压变换器测量弱电流信号，具有输入阻抗低、电流灵敏度高、温漂小、线性好、设计制作简单、结构牢靠等优点，因而被广泛应用于物理测量中。

OP07 是一个集成运算放大器，用它组成电流—电压变换器（弱电流放大器），如图 4-44 所示。其中虚线框内电阻 Z_r 为电流—电压变换器等效输入阻抗。由图 4-44 可知，运算放大器的输出电压 U_0 为：

$$U_0 = -K_0 U_i \tag{4-37}$$

其中 U_i 为输入电压，K_0 为运算放大器的开环电压增益，即电阻 $R_f \to \infty$ 时的电压增益，R_f 为反馈电阻。因为理想运算放大器的输入阻抗 $r_i \to \infty$，所以信号源输入电流只流经反馈网络构成的通路。因而有

$$I_S = \frac{(U_i - U_0)}{R_f} = \frac{U_i(1 + K_0)}{R_f} \tag{4-38}$$

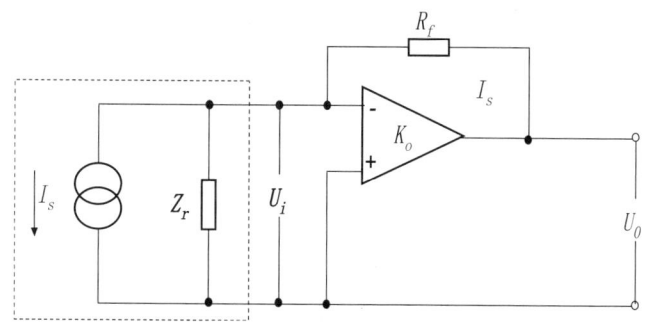

图 4-44 电流—电压变换器

由式（4-38）可得电流—电压变换器等效输入阻抗 Z_r 为
$$Z_r = U_i/I_s = R_f/(1+K_0) \approx R_f/K_0 \tag{4-39}$$

由式（4-37）和式（4-38）可得电流—电压变换器输入电流 I_s 输出电压 U_0 之间的关系式：
$$I_s = -\frac{U_0}{K_0}(1+K_0)/R_f = -U_0(1+1/K_0)/R_f = -U_0/R_f \tag{4-40}$$

由式（4-40）只要测得输出电压 U_0 和已知 R_f 值，即可求得 I_s 值。以高输入阻抗集成运算放大器 LF356 为例来讨论 Z_r 和 I_s 值的大小。对 LF356 运放的开环增益 $K_0=2\times10^5$，输入阻抗 $r_i \approx 10^{12}\Omega$。若取 R_f 为 1.00MΩ，则由式（4-39）可得：
$$Z_r = 1.00\times10^6\Omega/(1+2\times10^5) = 5\Omega$$

若选用四位半量程 200mV 数字电压表，它最后一位变化为 0.01mV，那么用上述电流—电压变换器能显示最小电流值为：
$$(I_s)_{min} = 0.01\times10^{-3}V/(1\times10^6\Omega) = 1\times10^{-11}A$$

由此说明，用集成运算放大器组成电流—电压变换器测量弱电流，具有输入阻抗小、灵敏度高的优点。

3．PN 结的结电压 U_{be} 与热力学温度 T 关系测量。

当 PN 结通过恒定小电流（通常电流 $I=1000\mu A$）时，由半导体理论可得 U_{be} 与 T 的近似关系：
$$U_{be} = ST + U_{go} \tag{4-41}$$

式中 $S\approx-2.3$mV/℃为 PN 结温度传感器灵敏度。由 U_{go} 可求出温度为 0K 时，半导体材料的近似禁带宽度 $E_{go}=qU_{go}$。（硅材料的 E_{go} 约为 1.20eV。）

四、实验内容及步骤

1．测定 $I_c - U_{be}$ 关系，并进行曲线拟合求经验公式，计算玻尔兹曼常数（$U_{be}=U_1$）。

（1）实验线路如图 4-45 所示。图中 U_1 为三位半数字电压表，U_2 为四位半数字电压表，TIP31 为带散热板的功率三极管，调节电压的分压器为多圈电位器。为保持 PN 结与周围环境一致，把 TIP31 型三极管浸没在盛有变压器油干井槽中。

（2）在室温情况下，测量三极管发射极与基极之间电压 U_1 和相应电压 U_2。在常温下，U_1 的值在 0.3V~0.42V 范围内每隔 0.01V 测一点数据，约测 10 多组数据，至 U_2 值达到饱和时（U_2 值变化较小或基本不变）结束测量，将数据记录在表 4-32 中。在记数据开始和记数据结束时都要记录环境温度，取温度平均值 $\bar{\theta}$。

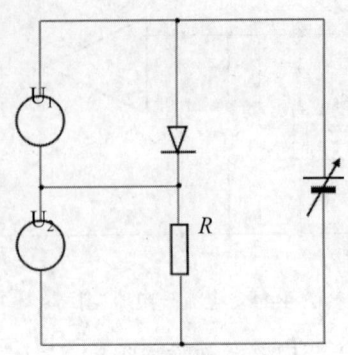

图 4-45　PN 结温度传感器灵敏度 S 实验电路

（3）改变保温杯内水温度，待 PN 结与水温度一致时，重复测量 U_1 和 U_2 的关系数据，并与室温测得的结果进行比较。

（4）曲线拟合求经验公式：运用最小二乘法，将实验数据分别代入线性回归、指数回归、乘幂回归这三种常用的基本函数（它们是物理学中最常用的基本函数），然后求出衡量各回归程序好坏的标准差 δ。对已测得的 U_1 和 U_2 各对数据，以 U_1 为自变量，U_2 作因变量，分别代入：①线性函数 $U_2=aU_1+b$；②乘幂函数 $U_2=aU_1^b$；③指数函数 $U_2=a\exp(bU_1)$。求出各函数相应的 a、b 值，得出三种函数式，究竟哪一种函数符合物理规律，必须用标准差来检验。方法是：把实验测得的各个自变量 U_1 分别代入三个基本函数，得到相应因变量的预期值 U_2^*，并由此求出各函数拟合的标准差：

$$\delta = \sqrt{\sum_{i=1}^{n}(U_i - U_i^*)^2 / n} \tag{4-42}$$

式中 n 为测量数据个数，U_i 为实验测得的因变量，U_i^* 为将自变量代入基本函数的因变量预期值，最后比较哪一种基本函数为标准差最小，说明该函数拟合得最好。

（5）计算 e/k 常数，将电子的电量 $e=1.6021892\times10^{-19}$C 和温度 $\bar{\theta}$ 代入 $b=q/kT$，求出玻尔兹曼常数，并与公认值进行比较。

2. 测定 $U_{be}-T$ 关系，求 PN 结温度传感器灵敏度 S，计算硅材料在温度为 0K 时的近似禁带宽度 E_{go} 值。

（1）实验线路如图 4-45 所示，其中 R 为电阻箱，作为限流电阻用，调节电源电压或电阻箱，使流过 PN 结的电流 $I=100\mu A$。

（2）从恒温杯高温开始，冷却至室温，每隔 5℃～10℃ 测定 U_{be} 值（即 U_1）与温度 θ（℃）关系，求得 $U_{be}-T$ 关系（至少测 6 点以上数据）。

（3）用最小二乘法对 $U_{be}-T$ 关系进行直线拟合，求出 PN 结测温灵敏度 S，并似求得温度为 0K 时硅材料的带宽度 E_{go}。

五、实验数据处理

1. 测定 I_c-U_{be} 关系，曲线拟合求经验公式，计算玻尔兹曼常数。

室温条件下：θ_1 = _____ ℃，θ_2 = _____ ℃，$\bar{\theta} = (\theta_1 + \theta_2)/2 =$ _____ ℃

表 4-32　$I_c - U_{be}$ 关系测定记录表

U_1/V							
U_2/V							
U_1/V							
U_2/V							

以 U_1 为自变量，U_2 为因变量，分别进行线性函数、乘幂函数和指数函数的拟合，结果填入表 4-33 中。

表 4-33　函数拟合表

n	U_1/V	U_2/V	线性回归 $U_2 = a U_1 + b$		乘幂回归 $U_2 = a U_1^b$		指数回归 $U_2 = \exp(b U_1)$	
			U_2^*/V	$(U_2 - U_2^*)^2$/V^2	U_2^*/V	$(U_2 - U_2^*)^2$/V^2	U_2^*/V	$(U_2 - U_2^*)^2$/V^2
1								
2								
3								
4								
5								
6								
7								
8								
9								
10								
11								
12								
13								
14								
δ								
r								
a、b								

（1）由表 4-33 判断哪种函数拟和最好？写出拟合函数具体表达式。

（2）计算玻尔兹曼常数 $k = q/bT =$ _____，并与公认值 $k = 1.3806505 \times 10^{-23}$ J/K 进行比较。

2．电流 $I = 100\mu A$ 时，$U_{be} - T$ 关系测定，将数据记录在表 4-34 中，求 PN 结温度传感器的灵敏度 S，计算温度为 0K 硅材料的近似禁带宽度 E_{go}。

（1）对 $U_{be} - T$ 数据进行直线拟合，求拟合函数和相关系数 r。

表 4-34　$U_{be}-T$ 关系测定记录表

θ/℃	T/K	U_{be}/V
8.0		
14.9		
17.7		
25.0		
29.0		
38.7		
49.0		
58.7		
60.0		
67.0		
74.9		
81.2		

（2）拟合直线的斜率，即传感器灵敏度 S=＿＿＿＿。

（3）截距 U_{go}=＿＿＿＿V（0K 温度）；相关系数 r=＿＿＿＿。

（4）求温度为 0K 时半导体材料的近似禁带宽度 $E_{go}=eU_{go}$，并与温度为 0K 时半导体材料的近似禁带宽度公认值 $E_{go}=1.205\,\text{eV}$ 进行比较，说明本实验测得的 U_{go} 是否合理性，并分析原因。

六、注意事项

（1）数据处理时，对于扩散电流太小（起始状态）及扩散电流接近或达到饱和时的数据，在处理时应删去，因为这些数据可能偏离。

（2）必须观测加热温度控制器上的实测温度示值，其在测量温度点上约 5 分钟，确保 PN 实验样品的内外温度与环境温度一致，即待 TIP31 型三极管温度处于恒定时（即处于热平衡时），才能记录 U_1 和 U_2 数据。

（3）用本装置做实验，TIP31 型三极管温度可采用的范围为室温～70℃。

（4）由于各公司的运算放大器性能有些差异，在换用 OP07 时有可能同台仪器达到饱和电压 U_2 值不相同。

（5）本仪器电源具有短路自动保护功能，运算放大器若 15V 接反或地线漏接，本仪器也有保护装置，一般情况集成电路不易损坏。

七、思考题

（1）为什么得到的数据一部分在线性区，一部分不在线性区？拟合时应如何注意取舍？

（2）减小反馈电阻的代价是什么？对实验结果有影响吗？

（3）本实验把三极管接成共基极电路，测量结扩散电流与电压之间的关系，求玻尔兹曼常数，主要是为了消除哪些误差？

第 5 章　光学实验

实验 24　迈克尔逊干涉仪测量光波波长

一、实验目的

（1）了解迈克尔逊干涉仪的结构及设计原理，掌握调节方法。
（2）掌握用逐差法处理实验数据。
（3）观察光的等倾干涉现象，并掌握利用迈克尔逊干涉仪测量氦－氖激光波长的方法。

二、实验仪器

迈克尔逊干涉仪、氦－氖激光器、升降台等。
以下介绍主要设备——迈克尔逊干涉仪。

1. 用途

该仪器主要用于高等院校物理实验中观察光的干涉现象（等厚条纹、等倾条纹、白光彩色条纹），测定单色光波长，测定光源和滤光片相干长度，用配法布里－珀罗系统观察多光束干涉现象。附加适当装置，还可以扩大实验范围（如测薄片厚度和折射率、空气折射率等）。因此，它是一种用途很广的验证有关基础理论的教学实验仪器。

2. 工作原理

如图 5-1 所示，从光源 S 发出的一束光，射向分光板 G_1，因分光板的后表面镀了半透膜，光束在半透膜上反射和透射分成两束互相垂直的光。这两束光分别射向相互垂直的参考镜 M_1 和移动镜 M_2，经 M_1、M_2 反射后，又汇于分光板 G_1，最后光线朝着 E 的方向射出。在 E 处，我们就能观察到清晰的干涉条纹。

图中 M_2' 是参考 M_2 为半透膜表面 G_1 所成的虚像。所以在光学上，这里的干涉就相当于 M_2' 和 M_2 之间的空气板的干涉。设置补偿板 G_2 是为了当使用白光光源时，补偿 G_1 的色散。

3. 主要技术参数和规格

（1）移动镜行程：　　WSM-100 型　　　　100mm
　　　　　　　　　　　WSM-200 型　　　　200mm
（2）微动手轮分度值：　　　　　　　　　0.0001mm
（3）波长测量精度：当条纹计数为 100 时，测定单色光波长的相对误差小于 2%。
（4）观察望远镜光学特性：
　　　　　　　　　　放大率　　3x
　　　　　　　　　　出瞳直径　5.3mm
　　　　　　　　　　视场角　　8°
（5）导轨直线性误差：

　　　　　　　　　　WSM-100 型 ±16″

WSM-200 型 ±24″

（6）分光板，补偿板平面度：

$\lambda/30$

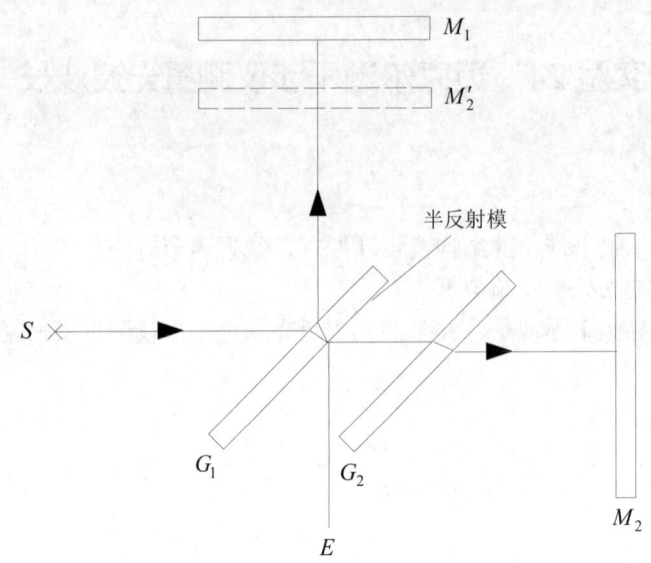

图 5-1 迈克尔逊干涉仪的工作原理

（7）移动镜参考镜平面度：

$\lambda/20$

（8）仪器外形尺寸（mm）：

WSM-100 型　长 430×宽 180×高 320

WSM-200 型　长 500×宽 210×高 360

（9）仪器净重：

WSM-100 型　11kg　　WSM-200 型　13.5kg

4. 仪器的结构与调整

仪器主体如图 5-2 所示，导轨 9 固定在一只稳定的底座上，由三只调平螺丝 13 支承调平后，可以拧紧锁紧圈 10 以保持座架稳定。丝杆 7 的螺距为 1mm，转动粗动手轮 1，经一对传动比大约为 2:1 的齿轮副带动丝杆旋转与丝杆啮合的可调螺母，通过防转挡块及顶块带动移动镜 5 在导轨面上滑动，实现粗动，移动距离的毫米数可在机体侧面的毫米刻尺上读得；通过读数窗口，在刻度盘 2 上读到 0.01mm，转动微动手轮 10，经 1:100 蜗轮副传动，可实现微动，微动手轮的最小读数值为 0.0001mm，移动镜 5 和固定镜 4 的倾角可分别用镜架背后的二颗调节手轮 6 来调节。因使用了精密二维调节架，可方便地达到轻柔调节的目的，能在对干涉条纹有影响的范围内进行较大行程的调节。在固定镜 4 附近有两个微调螺丝 3，垂直的螺丝使镜面干涉图像上下微动，水平螺丝则使干涉图像水平移动，丝杆顶进力可通过滚花螺帽 8 来调整，仪器各部活动环节要求转动轻便、弹性元件接触力适宜，为此，使用时各活动件须定期加薄油（如钟油）。使用完毕，需存放一段时期时，导轨丝杆面应上防锈油。由于结构上的原因，出厂时微动手轮正反空回允许在 0.03mm 范围内，这对测试是没有影响的。

5. 使用方法

需配适当的光源,如激光、钠灯、加滤色片的汞灯、白光等。实验前,应将实验仪器调整至水平。

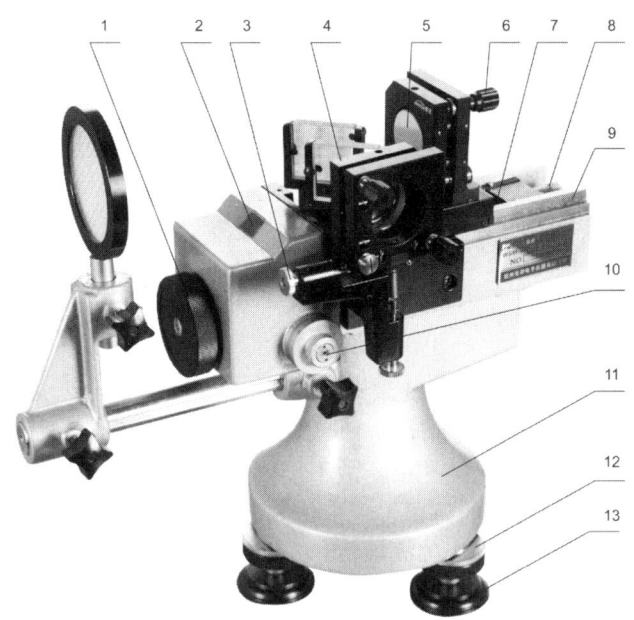

1—粗动手轮;2—刻度盘;3—微调螺丝;4—固定镜;5—移动镜;6—调节手轮;7—丝杆;
8—滚花螺母;9—导轨;10—微动手轮;11—底座;12—锁紧圈;13—调节螺钉

图 5-2 迈克尔逊干涉仪

三、实验原理

迈克尔逊干涉仪光路如图 5-3 所示。当 M_1 和 M_2 严格平行时,所得的干涉为等倾干涉。所有倾角为 i 的入射光束,由 M_1 和 M_2 反射光线的光程差 Δ 均为 $2d\cos i$,式中 i 为光线在 M_1 镜面的入射角,d 为空气薄膜的厚度,它们将处于同一级干涉条纹,并定位于无限远。这时,图中 E 处放置聚透镜,在其共焦平面上便可观察到一组明暗相间的同心圆纹。

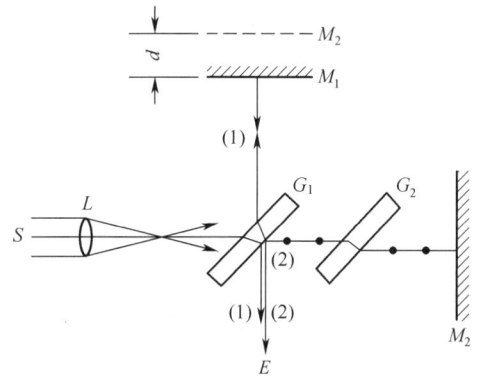

图 5-3 迈克尔逊干涉仪

干涉条纹的级次以中心为最高，在干涉纹中心，应为 $i=0$，由圆环中心出现亮点的条件是 $\Delta = 2d = k\lambda$，得圆心处干涉条纹的级次 $k = 2d/\lambda$。当 M_1 和 M_2 的间距 d 逐渐增大时，对于任一级干涉条纹，例如第 k 级，必定以减少其 $\cos i_k$ 的值来满足 $2d\cos i_k = k\lambda$，故该干涉条纹向 i_k 变大（$\cos i_k$ 变小）的方向移动，即向外扩展。这时，观察者将看到条纹好像从中心向外"涌出"；且每当间距 d 增加 $\lambda/2$ 时，就有一个条纹涌出；反之，当间距由大逐渐变小时，最靠近中心的条纹将一个个"陷入"中心，且每陷入一个条纹，间距的改变亦为 $\lambda/2$。

因此，只要数出涌出或陷入的条纹数，即可得到平面镜 M_1 以波长 λ 为单位而移动的距离。显然，若有 N 个条纹从中心涌出，则表明 M_1 相对于 M_2 移动了 $\Delta d = Nd/2$，已知 M_1 移动的距离和干涉条纹变动的数目，便可确定光波的波长。

四、实验内容及步骤

1. 观察非定域干涉条纹

（1）点光源：HNL-55700 多束光纤激光源。

（2）将一束光纤安装在分光板的前端，使射出的激光斑照射在分光板上，光轴基本与固定镜垂直。因从光纤射出的激光已经扩束，故不需要另加扩束镜。

转动粗动手轮，将移动镜 M_1 的位置置于机体侧面标尺所示约 52mm 处，此位置为固定镜 M_2 和移动镜 M_1 相对于分光板的大约等光程位置。从投影屏处观察（此时不放投影屏），可看到由 M_1 和 M_2 各自反射的两排光点像，仔细调整 M_1 和 M_2 后的两只调节螺钉，使两排光点像严格重合，这样 M_1 和 M_2 就基本垂直，即 M_1 和 M_2 就互相平行了。装上投影屏，即可在屏上观察到非定域干涉条纹，再轻轻调节 M_2 后的调节螺钉，使出现的圆条纹中心处于投影屏中心。

（3）转动粗动手轮和微动手轮，使 M_1 在导轨上移动，并观察干涉条纹的形状、疏密及中心"吞""吐"条纹随程差的改变而变化的情况。

2. 测量 He-Ne 激光的波长

利用非定域的干涉条纹测定波长。按上述方法调出干涉圆条纹，单向缓慢转动微调手轮移动 M_1，将干涉环中心调至最暗（或最亮），记下此时 M_1 的位置。继续转动微动手轮，当条纹"吞进"或"吐出"变化数为 m 时，再记下 M_1 的位置，设 M_1 位置的变化数为 ΔL，则根据双光束干涉原理，测得 He-Ne 激光的波长为：

$$\lambda = 2\Delta L / m$$

测量时，m 的总数要不少于 500 条，可每进 50 条时读取一次数据，连续取 10 个数据，应用逐差法加以处理。

五、实验数据处理

1. 设计数据记录表格。

表 5-1 数据记录表格

	读数位置/mm
起点	
第 10 环	

续表

	读数位置/mm
第 20 环	
第 30 环	
第 40 环	
第 50 环	
第 60 环	
第 70 环	
第 80 环	

表 5-2 数据记录表格

$\Delta d_1 = d_{250} - d_{50} =$	$\lambda_1=$
$\Delta d_2 = d_{300} - d_{100} =$	$\lambda_2=$
$\Delta d_3 = d_{350} - d_{150} =$	$\lambda_3=$
$\Delta d_4 = d_{400} - d_{200} =$	$\lambda_4=$

2. 应用逐差法求出动镜 M_1 位置 d 的变化值 Δd 的平均值及其不确定度。

3. 求出 He-Ne 激光的波长 λ 及其不确定度,写出结果表达式。

六、注意事项

1. 调节迈克尔逊干涉仪时切勿调节动镜 M_1 后面的螺丝。

2. 转动动镜 M_1 的微动首轮时一定要顺着一个方向转动。中途不能改变转动方向。并且要求保持连续性,细心操作。

七、思考题

1. 迈克尔逊干涉仪中的 P_1 和 P_2 各起什么作用?用钠光或激光作光源时,没有补偿板 P_2 能否产生干涉条纹?用白光作光源呢?

2. 在"等倾干涉"中,当薄膜厚度 h 增加时,应该看到条纹由中心"涌出"还是向中心"陷入"?条纹的宽窄及环的密集程度如何变化?

实验 25 迈克尔逊干涉仪测量空气折射率

一、实验目的

(1)进一步了解光的干涉现象及其形成条件。
(2)掌握光程的概念及其物理意义。
(3)了解光的干涉现象。
(4)掌握采用迈克尔逊干涉仪测量空气折射率的方法。

二、实验仪器

氦-氖激光器、迈克尔逊干涉仪、密封气管、数显压强计等。

1．迈克尔逊干涉仪性能指标。

输入电压：220V50Hz~

测量范围：750hPa～1700hPa（绝对大气压）

仪器精度：1‰

2．仪器结构。

仪器由气管 1、气室组件 2、测量仪 3、遥控器 4、气管 5、鼓气球 6 等组成，如图 5-4 所示。

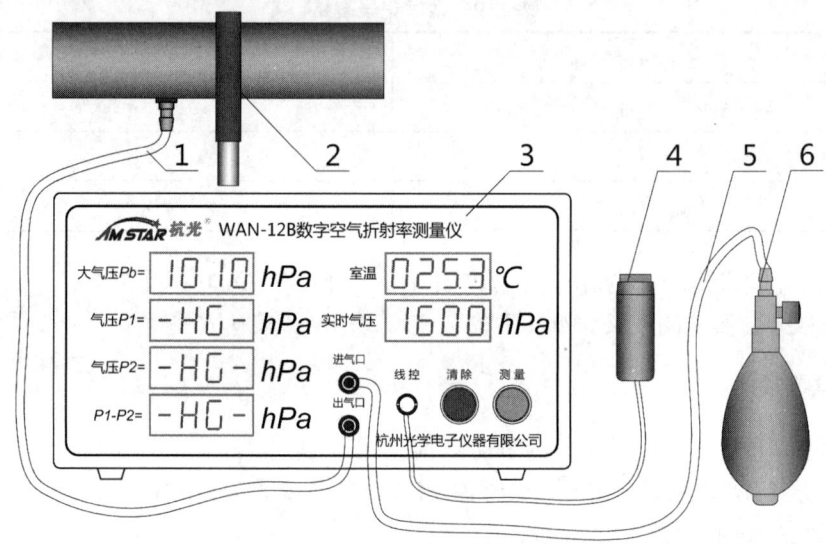

图 5-4　WAN-12B 数字空气折射率测量仪

三、实验原理

迈克尔逊干涉仪调整参见《迈克尔逊干涉仪测量光波波长实验》。

由图 5-5 可知，迈克尔逊干涉仪中，当光束垂直入射至 C、D 镜面时，两光束的光程差 δ 可以表示为

$$\delta = 2(n_1 L_1 - n_2 L_2) \tag{5-1}$$

式中 n_1 和 n_2 分别是路程 L_1 和 L_2 上介质的折射率。

设单色光在真空中的波长为 λ_0，当

$$\delta = K\lambda_0, \quad K = 0,1,2,\ldots \tag{5-2}$$

时产生相长干涉，相应地在接收屏中心总光强为极大。由式（5-1）可知，两束相干光的光程差不仅与几何路程有关，而且与路程上介质的折射率有关。当 L_1 支路上介质的折射率改变 Δn_1 时，因光程差的相应变化而引起的干涉条纹变化数为 ΔK，由式（5-1）和式（5-2）可知

$$\Delta n_1 = \frac{\Delta K \lambda_0}{2L_1} \tag{5-3}$$

由式（5-3）可知，如测出接收屏上某一处干涉条纹的变化数 ΔK，就能测出光路中折射率的微小变化。

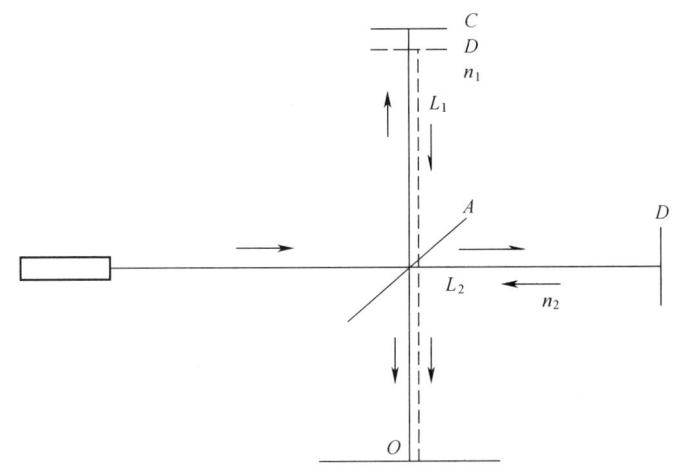

图 5-5　迈克逊干涉仪示意图

当管内压强由大气压强 P_b 变为 0 时，折射率由 n 变为 1。若屏上某一点（通常观察屏的中心）条纹变化数为 m，则由式（5-3）可知

$$n - 1 = \frac{m\lambda_0}{2L} \tag{5-4}$$

通常在温度处于 15℃～30℃ 范围时，空气折射率可用下式求得：

$$(n-1)_{t,p} = \frac{2.8793\,p}{1+0.003671\,t} \times 10^{-9} \tag{5-5}$$

式中温度 t 的单位为℃，压强 p 的单位为 Pa。因此，在一定温度下，$(n-1)_{t,p}$ 可以看成是压强 p 的线性函数。由式（5-4）可知，从压强 p 变为真空时的条纹变化数 m 与压强 p 的关系也是一个线性函数，因而应有

$$\frac{m}{p} = \frac{m_1}{p_1} = \frac{m_2}{p_2}$$

由此得

$$m = \frac{m_2 - m_1}{p_2 - p_1} p \tag{5-6}$$

代入式（5-4）得

$$n - 1 = \frac{\lambda_0}{2L} \frac{m_2 - m_1}{p_2 - p_1} p \tag{5-7}$$

可见，只要测出管内压强由 p_1 变到 p_2 时的条纹变化数 $m_2 - m_1$，即可由式（5-7）计算压强为 p 时的空气折射率 n，管内压强不必从 0 开始。

在迈克尔逊干涉仪的一支光路中加入一个与空气相连的密封管，其长度为 L，如图 5-6 所示，测量仪用来测管内气压，它的读数为管内压强高于室内大气压强的差值。在 O 处用毛玻璃作接收屏，在它上面可看到干涉条纹。

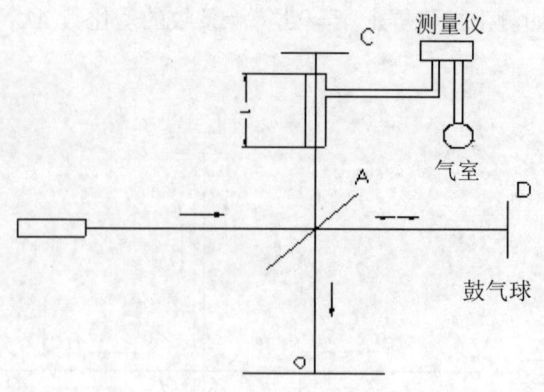

图 5-6 加入密封管

调好光路后,先将气室充气,使管内压强接近 1700hPa,按一次绿色测量按钮(或按一次遥控器按钮),使仪器记录下 p_1,取对应的 $m_1=0$。然后微调阀门,慢慢放气,此时在接收屏上会看到条纹移动,当移动 m 个条纹时,再按一次绿色测量按钮(或再按一次遥控器按钮),使仪器记录下 p_2,仪器自动计算出压差 p_1-p_2。将测得的三个数据记录在数据表内。然后,按一下红色清除按钮(或长按遥控器按钮至清除),再重复前面的步骤,求出移动 m 个条纹所对应的管内压强的变化值 p_1-p_2 的绝对平均值 p_p,并求出其标准偏差 S_P,代入式(5-7),算出空气折射率为

$$n=1+\frac{\lambda_0}{2L}\frac{m}{p_p}p_b \qquad (5\text{-}8)$$

式中 p_b 为实验时的大气压强。

四、实验内容及步骤

1. 用 He-Ne 激光器为光源,按平台式迈克尔逊干涉仪的使用说明调节光路,调出正圆干涉条纹,条纹中心处在光屏中心。把气室装入光路中,使其与光路平行,转动粗动手轮和微动手轮,移动 M_1,使干涉条纹数变少,条纹变粗。

2. 将气管 1 一端与气室组件相连,另一端与测量仪的出气口相连;气管 2 与测量仪的进气口相连。

3. 接通电源,打开电源开关,听到"嘀"声测量仪自检成功后,分别显示大气压 p_b、室温 t、实时气压,以及待测的 p_1、p_2、p_1-p_2 三组数据。

4. 关闭鼓气球上的阀门,鼓气室实时气压接近 1700hPa,按一次绿色测量按钮(或按一次遥控器按钮),使仪器记录下 p_1,打开阀门,慢慢放气,当移动 m 个条纹时,再按一次绿色测量按钮(或再按一次遥控器按钮),使仪器记录下 p_2,仪器自动计算出压差 p_1-p_2。将测得的三个数据记录在数据表内。然后,按一下红色清除按钮(或长按遥控器按钮至清除)清除数据。重复前面的步骤,一共取 6 组数据,求出移动 m 个条纹所对应的管内压强的变化值 p_1-p_2 的 6 次平均值 p_p,并求出其标准偏差 S_p。

五、实验数据处理

室温 $t=$ _____ ℃；大气压 $p_b=$ _____ hPa；气室长度 $L=$ _____ mm；单色光波长 $\lambda_0=633.0$ nm；累计圈数 $m=$ _____ 。

表 5-3　实验数据

i	1	2	3	4	5	6
p_1/hPa						
p_2/hPa						
(p_1-p_2)/hPa						
平均值 p_p/hPa						

$S_p=$ _____ hPa 。

代入公式 $n=1+\dfrac{\lambda_0}{2L}\dfrac{m}{p_p}p_b$，计算空气折射率。

六、注意事项

1．蜂鸣器长鸣时，观察数码管错误代码。常见错误代码及解决办法如表 5-4 所示。

表 5-4　常见错误代码及解决办法

错误代码	原因	解决办法
FULL	气压超量程	打开鼓气球阀门，慢慢放气至 1700hPa 以下
E1	大气压不正常，超压	在 1010hPa±100hPa 个大气压环境下使用本仪器
E2	大气压不正常，失压	
E3	传感 IC 错误	送厂检修
E4	室温大于 40℃	在室温 0℃～40℃环境下使用本仪器
E5	室温小于 0℃	

2．激光属强光，会灼伤眼睛，注意不要让激光直接照射眼睛。

七、思考题

1．能否测量其他气体物质的折射率？

2．在实验过程中，密闭气管充气后，放气的同时可看到观察屏上某一点处有条纹移过，这表明该点处的光强是怎样变化的？

实验 26　分光计测量棱镜材料的折射率

一、实验目的

（1）了解分光计的结构。
（2）掌握分光计的工作原理及调整方法。
（3）掌握用三棱镜测定玻璃折射率的方法。

二、实验仪器

分光计、平行平面镜、三棱镜、钠灯等。

1．分光计工作原理及调整方法。

JJY1′型分光计（图 5-6）是一种分光测角光学实验仪器，在利用光的反射、折射、衍射、干涉和偏振原理的各项实验中测量角度。利用光的反射原理测量棱镜的角度；利用光的折射原理测量棱镜的最小偏向角，计算棱镜玻璃的折射率和色散率；和光栅配合，做光的衍射实验，测量单色光波长；和偏振片、波片配合，做光的偏振实验等。主要技术性能及规格如表 5-7 所示。

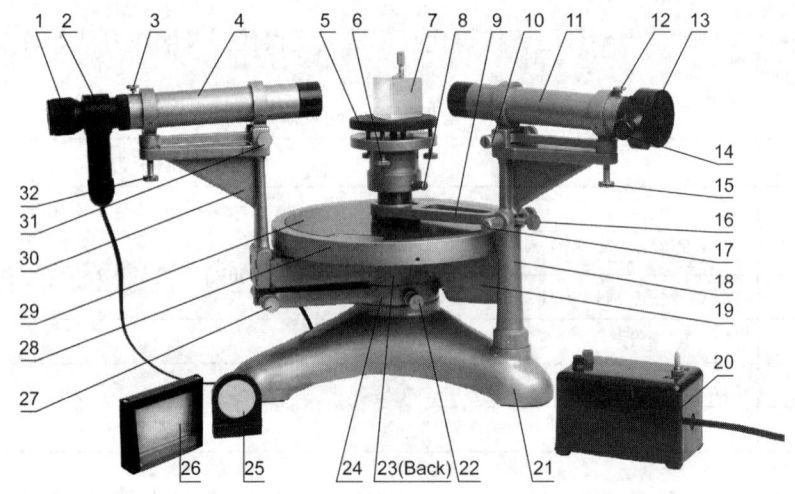

1—目镜视度调节手轮；2—阿贝式自准直目镜；3—目镜锁紧螺钉；4—望远镜部件；5—载物台；6—载物台调平螺钉（3 只）；7—三棱镜；8—载物台锁紧螺钉；9—制动架（二）；10—平行光管光轴水平调节螺钉；11—平行光管部件；12—狭缝装置锁紧螺钉；13—狭缝装置；14—狭缝宽度调节手轮；15—平行光管光轴高低调节螺钉；16—游标盘止动螺钉；17—游标盘微调螺钉；18—立柱；19—转座；20—6.3V 变压器；21—底座；22—望远镜止动螺钉；23—转座止动螺钉；24—制动架（一）；25—平行平板连座；26—光栅片连座；27—望远镜微调螺钉；28—度盘；29—游标盘；30—支臂；31—望远镜光轴水平调节螺钉；32—望远镜光轴高低调节螺钉

图 5-7　JJY1′型分光计示意图

表 5-5 主要技术性能及规格

仪器的测角精度	1′
光学参数	
平行光管、望远镜系统物镜	
焦距	170mm
通光口径	ϕ22mm
视场	3°22′
望远镜系统目镜焦距	24.3mm
平行光管、望远镜物镜间的最大距离	120mm
狭缝宽度调节范围	0.02mm～2mm
目镜视度调节范围	不小于±5屈光度
载物台	
直径	ϕ70mm
旋转角度	360°
载物台升降范围	22mm
刻度盘规格：	
刻度圆直径	ϕ178mm
刻度范围	0°～360°
刻度格值	0.05°
游标读数示值	1′
仪器外形尺寸 长×宽×高	518（伸长）×251×250（mm）（净） 550×420×420（mm）（毛）
仪器净重	11.8kg
毛重（含内外包装箱）	13.2kg

2．用途。

JJY 型分光计是一种分光测角光学实验仪器，在利用光的反射、折射、衍射、干涉和偏振原理的各项实验中测量角度用利用光的反射原理测量棱镜的角度；利用光的折射原理测量棱镜的最小偏向角，从而计算棱镜玻璃的折射率和色散率；和光栅配合，做光的衍射实验，测量光波波长；和偏振片、波片配合，做光的偏振实验等。

3．结构原理。

在底座（21）的中央固定一中心轴，度盘（28）和游标盘（29）套在中心轴上，可以绕中心轴旋转，度盘下端有一推力轴承支撑，使旋转轻便灵活。度盘上刻有 720 等分的刻线，每一格的格值为 30′，对径方向设有两个游标读数装置，测量时，读出两个读数值，然后取平均值，这样可以消除偏心引起的误差。

立柱（18）固定在底座上，平行光管（11）安装在立杆上，平行光管的光轴位置可以通过立柱上的调节螺钉（10、15）来进行微调，平行光管带有一个狭缝装置（13），可沿光轴移动和转动，狭缝的宽度在 0.02mm～2mm 内可以调节。

阿贝式自准直望远镜（4）安装在支臂（30）上，支臂与转座（19）固定在一起，并套在度盘上。当松开止动螺钉（23）时，转座与度盘一起旋转；当旋紧止动螺钉时，转座与度盘可以相对转动。旋紧制动架（一）（24）与底座上的止动螺钉（22）时，借助制动架（一）末端上的调节螺钉（27）可以对望远镜进行微调（旋转）。同平行光管一样，望远镜系统的光轴位置也可以通过调节螺钉31、32进行微调。望远镜系统的目镜（2）可以沿光轴移动和转动，目镜的视度可以调节。

分划板视场的参照十字如图5-8所示。

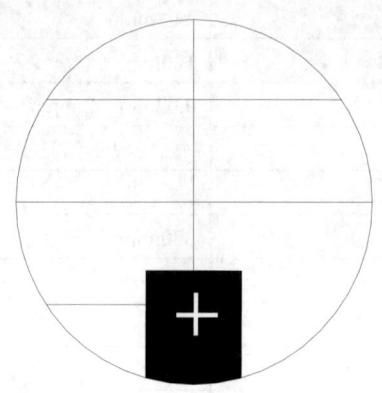

图5-8　分划板视场的参照十字图

载物台（5）套在游标盘上，可以绕中心轴旋转，旋紧载物台锁紧螺钉（8）和制动架（二）与游标盘的止动螺钉（16）时，借助立柱上的调节螺钉（17）可以对载物台进行微调（旋转）。放松载物台锁紧螺钉时，载物台可根据需要升高或降低。调到所需位置后，再把锁紧螺钉旋紧，载物台有三个调平螺钉（6）来调节使载物台面与旋转中心线垂直。

外接6.3V电源插头，接到底座上的插座上，通过导环通到转座的插座上，望远镜系统的照明器插头插在转座的插座上，这样可避免望远镜系统旋转时的电线拖动。

4．仪器的调整。

（1）目镜的调焦。

目镜调焦的目的是使眼睛通过目镜时能很清楚地看到目镜中分划板上的刻线。

调焦方法：先把目镜调焦手轮（1）旋出，然后一边旋进一边从目镜中观察，直到分划板刻线成像清晰，再慢慢地旋出手轮，至目镜中像的清晰度将被破坏而未破坏时为止。

（2）望远镜的调焦。

望远镜调焦的目的是将目镜分划板上的十字线调整到物镜的对焦平面上，也就是望远镜对无穷远调焦。其方法如下：

接上灯源（把从变压器出来的6.3V电源插头插到底座的插座上，把目镜照明器上的插头插到转座的插座上）。

把望远镜光轴位置的调节螺钉（31、32）调到适中的位置。

在载物台的中央放上光学平行平板，其反射面对着望远镜物镜，且与望远镜光轴大致垂直。

通过调节载物台的调平螺钉（6）和转动载物台，使望远镜的反射像和望远镜在一条直线上。

从目镜中观察，此时可以看到一个亮十字线，前后移动目镜，对望远镜进行调焦，使亮十字线成清晰像。然后，利用载物台的调平螺钉和载物台微调机构把这个亮十字线调节到与分划板上方的十字线重合，往复移动目镜，使亮十字和十字线无视差地重合。

（3）调整望远镜的光轴垂直旋转主轴。

1）调整望远镜光轴上下位置调节螺钉（32），使反射回来的亮十字精确地成像在十字线上。

2）把游标盘连同载物台平行平板旋转 180°时观察到亮十字可能与十字线有一个垂直方向的位移，即亮十字可能偏高或偏低。

3）调节载物台调平螺钉，使位移减少一半。

4）调整望远镜光轴上下位置调节螺钉（32），使垂直方向的位移完全消除。

5）把游标盘连同载物台、平行平板再转过 180°检查其重合程序。重复步骤 3）和 4），使偏差得到完全校正。

（4）将分划板十字线调成水平和垂直。

当载物台连同光学平行平板相对于望远镜旋转时，观察亮十字是否水平移动，如果分划板的水平刻线与亮十字的移动方向不平行，就要转动目镜，使亮十字的移动方向与分划板的水平刻线平行，注意不要破坏望远镜的调焦，然后将目镜锁紧螺钉旋紧。

（5）平行光管的调焦。

目的是把狭缝调整到物镜的焦平面上，也就是平行光管对无穷远调焦。方法如下：

1）去掉目镜照明器上的光源，打开狭缝，用漫射光照明狭缝。

2）在平行光管物镜前放一张白纸，检查纸上形成的光斑，调节光源的位置，使得在整个物镜孔径上照明均匀。

3）除去白纸，把平行光管光轴左右位置调节螺钉（10）调到适中的位置，将望远镜管正对平行光管，从望远镜目镜中观察，调节望远镜微调机构和平行光管上下位置调节螺钉（15），使狭缝位于视场中心。

4）前后移动狭缝机构，使狭缝清晰地成像在望远镜分划板平面上。

（6）调整平行光管的光轴垂直于旋转主轴。

调整平行光管光轴上下位置调节螺钉（15），升高或降低狭缝像的位置，使得狭缝对目镜视场的中心对称。

（7）将平行狭缝调成垂直。

旋转狭缝机构，使狭缝与目镜分划板的垂直刻线平行，注意不要破坏平行光管的调焦，然后将狭缝装置锁紧螺钉旋紧。

三、实验原理

如图 5-9 所示，ABC 表示一块三棱镜，AB 和 AC 面经过仔细抛光，光线沿 P 在 AB 面上入射，经过棱镜在 AC 面上沿 P′方向射出，P 和 P′之间的夹角 δ 称为偏向角。当 α 一定时，偏向角 δ 的大小随 i_1 角的改变而改变。而当 $i_1 = i_2'$ 时，δ 最小（证明略），这时的偏向角称为最小偏向角，记作 δ_{min}。

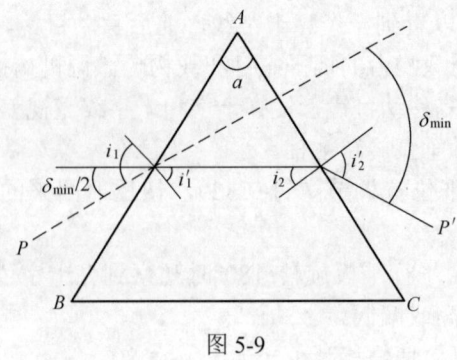

图 5-9

由图中可以看出，这时 $i_1' = \dfrac{\alpha}{2}$

$$\delta_{\min}/2 = i_1 i_1' = i_1 \dfrac{\alpha}{2}$$

$$i_1 = \dfrac{1}{2}(\delta_{\min} + \alpha)$$

设棱镜材料折射率为 n，则

$$\sin i_1 = n \sin i_1' = n \sin \dfrac{\alpha}{2}$$

由此可知，要求得材料的折射率 n，必须测出顶角 α 和最小偏向角 $\delta_{\min}$。

四、实验内容及步骤

1．测量前的调整。

将仪器完全按照"4.仪器的调整"中所述的方法调整好。

2．测量顶角。

（1）取下平行平板，放上被测棱镜，适当调整工作台高度，用自准直法观察，使 AB 面和 AC 面都垂直于望远镜光轴。

（2）调好游标盘的位置，使游标在测量过程中不被平行光管或望远镜挡住，锁紧制动架（二）和游标盘\载物台和游标盘的止动螺钉。

（3）使望远镜对准 AB 面，锁紧转座与度盘、制动架（一）和底座的止动螺钉。旋转制动架（一）末端上的调节螺钉，对望远镜进行微调（旋转），使亮十字与十字线完全重合。

（4）记下对径方向上游标所指标的度盘的两个读数，取其平均值 A_m。

（5）放松制动架（一）与底座上的止动螺钉，旋转望远镜，对准 AC 面，锁紧制动架（一）与底座上的止动螺钉。

（6）重复步骤（4）和步骤（5），得到的平均值 B_m。

（7）计算顶角：$\alpha = 180° - (B_m - A_m)$。最好重复测量三次，求得平均值。

（8）利用式（5-1）求出折射率。

五、实验数据处理

表 5-6　测定三棱镜的顶角 A

实验次数	T_1 位置		T_2 位置		备注
	θ_1（左）	θ_2（右）	$\theta°$（左）	$\theta°$（右）	
1					
2					
3					
4					
5					
平均值					
标准误差					

表 5-7　测定最小偏向角 δ_{min}

实验次数	T_1 位置		T_2 位置		备注
	θ_1（左）	θ_2（右）	$\theta°$（左）	$\theta°$（右）	
1					
2					
3					
4					
5					
平均值					
标准误差					

六、注意事项

1. 分光计是精密仪器，对其各个部件的操作要细心谨慎。
2. 切勿用手或不干净的布或镜头纸抓摸、触碰光学仪器的镜头表面。
3. 转动望远镜时，操作的手应扳在望远镜支架上，不可直接扳在望远镜上。

七、思考题

1. 为什么三棱镜的顶点应放在靠近载物台中心的位置？
2. 为什么要调节望远镜的光轴与仪器的主轴相垂直？

实验 27 分光计及超声光栅测声速

一、实验目的

（1）学习测量声速的一种方法。
（2）了解超声光栅的衍射原理。
（3）熟悉分光计、超声光栅仪等仪器的调整。

二、实验仪器

超声光栅仪、分光计、双面镜、测微目镜、钠光灯（或汞灯）等。

其中超声光栅仪结构如下：仪器由超声信号源、超声池、高频信号连接线、测微目镜等组成，并配置了具有 11MHz 左右共振频率的锆钛酸铅陶瓷片。实验以分光计为实验平台。超声信号源面板如图 5-10 所示，后面板及定时选择开关如图 5-11 所示，超声池在分光计上的放置位置如图 5-12 所示。

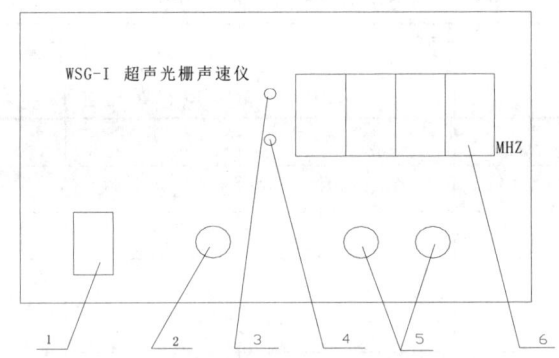

1—电源开关；2—频率微调钮；3—正常工作指示灯；4—保护状态指示灯；5—高频信号输出端（无正负极区别）；6—频率显示窗

图 5-10 超声信号源面板示意图

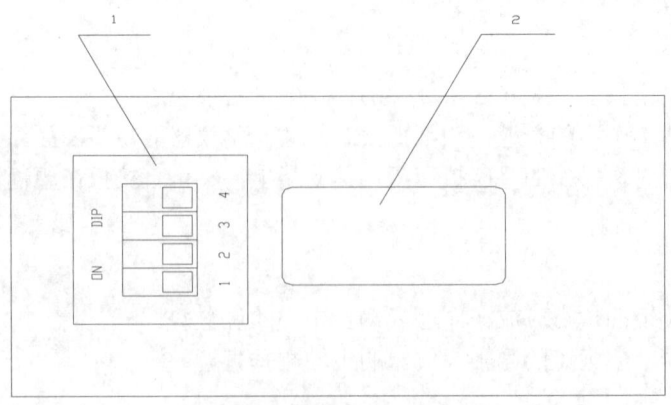

1—定时选择开关；2—电源插座

图 5-11 超声信号源后面板及定时选择开关示意图

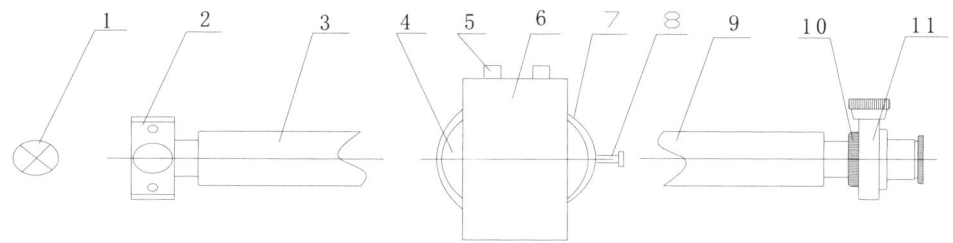

1—单色光源（钠或汞）；2—狭缝；3—平行光管；4—载物台；5—接线柱；6—液体槽；7—液体槽座；8—锁紧螺钉；9—望远镜光管；10—接筒；11—微目镜

图 5-12　液槽放置示意图（其中 2、3、4、9 为分光计配置）

三、实验原理

光波在介质中传播时被超声波衍射的现象，称为超声致光衍射（亦称声光效应）。

超声波作为一种纵波在液体中传播时，其声压使液体分子产生周期性的变化，促使液体的折射率也相应地作周期性的变化，形成疏密波。此时，如有平行单色光沿垂直于超声波传播方向通过疏密相间的液体时，就会被衍射。这一作用类似光栅，所以称为超声光栅。

超声波传播时，如前进波被一个平面反射，则会反向传播。在一定条件下前进波与反射波叠加而形成超声频率的纵向振动驻波。由于驻波的振幅可以达到单一行波的两倍，加剧了波源和反射面之间液体的疏密变化程度。某一时刻，纵驻波的任一波节两边的质点都涌向这个节点，使该节点附近成为质点密集区，而相邻的波节处为质点稀疏处；半个周期后，这个节点附近的质点又向两边散开变为稀疏区，相邻波节处变为密集区。在这些驻波中，稀疏作用使液体折射率减小，而压缩作用使液体折射率增大。在距离等于波长 A 的两点，液体的密度相同，折射率也相等，如图 5-13 所示。

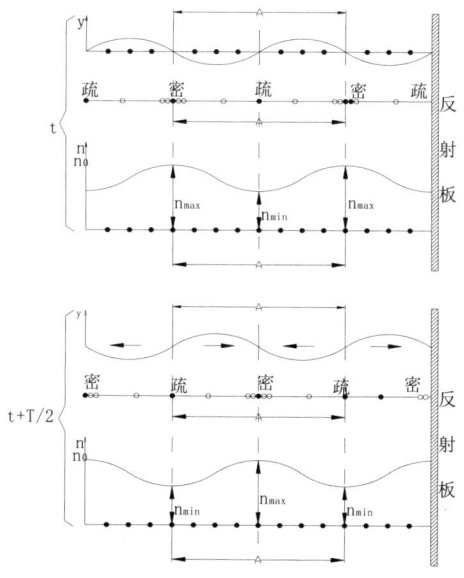

图 5-13　在 t 和 $t+T/2$（T 为超声振动周期）两时刻振幅 y，液体疏密分布和折射率 n 的变化

单色平行光 λ 沿着垂直于超声波传播方向通过上述液体时，因折射率的周期变化，使光波的波阵面产生了相应的位相差，经透镜聚焦出现衍射条纹。

$$A\sin\phi_k = k\lambda \qquad (5\text{-}9)$$

这种现象与平行光通过透射光栅的情形相似。因为超声波的波长很短，只要盛装液体的液体槽的宽度能够维持平面波（宽度为 l），槽中的液体就相当于一个衍射光栅。图中行波的波长 A 相当于光栅常数。由超声波在液体中产生的光栅作用称作超声光栅。当满足拉曼—奈斯声光衍射条件 $2\pi\lambda l/A^2 \ll 1$ 时，这种衍射相似于平面光栅衍射，可得如下光栅方程（式中 k 为衍射级次，ϕ_k 为零级与 k 级间夹角）：

$$A\sin\phi_k = \frac{l_k}{f}$$

$$A = \frac{k\lambda}{\sin\varphi_k} = \frac{k\lambda f}{l_k}$$

在调好的分光计上，由单色光源和平行光管中的会聚透镜（L_1）与可调狭缝 S 组成平行光系统，如图 5-14 所示。

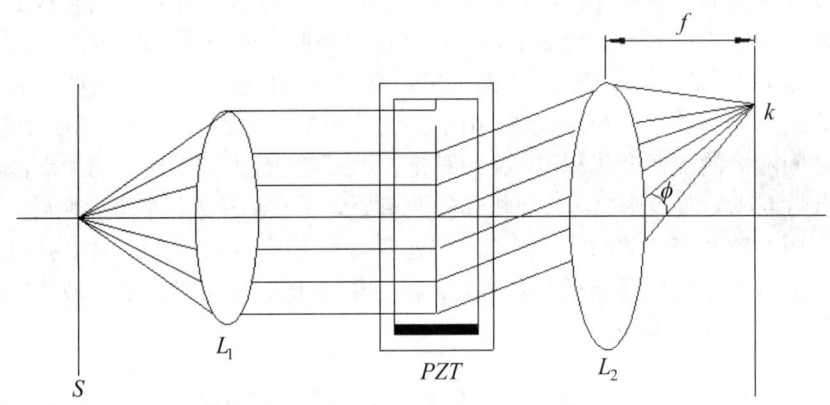

图 5-14　WSG-I 超声光栅仪衍射光路图

让光束垂直通过装有锆钛酸铅陶瓷片（或称 PZT 晶片）的液槽，在玻璃槽的另一侧，用自准直望远镜中的物镜（L_2）和测微目镜组成测微望远系统。若振荡器使 PZT 晶片发生超声振动，形成稳定的驻波，从测微目镜即可观察到衍射光谱。当 ϕ_k 很小时，有：

$$A\sin\phi_k = \frac{l_k}{f}$$

其中 l_k 为衍射光谱零级至 k 级的距离，f 为透镜的焦距。所以超声波波长：

$$A = \frac{k\lambda}{\sin\phi_k} = \frac{k\lambda f}{l_k} \qquad (5\text{-}10)$$

超声波在液体中的传播速度：

$$V = Av = \frac{\lambda f \upsilon}{\Delta l_k} \qquad (5\text{-}11)$$

式中的 υ 是振荡器和锆钛酸铅陶瓷片的共振频率，Δl_k 为同一色光衍射条纹间距。

四、实验内容及步骤

1. 分光计（调整方法可参阅分光计求棱镜材料的折射率实验），用自准直法使望远镜聚焦于无穷远，望远镜的光轴与分光计的转轴中心垂直，平行光管与望远镜同轴并射出平行光，观察望远镜的光轴与载物台的台面平行。目镜调焦，看清分划板刻线，并以平行光管射出的平行光为准调节望远镜，使观察到的狭缝清晰，狭缝应调至最小，实验过程中无须调节。

2. 采用低压汞灯作光源。

3. 将待测液体（如蒸馏水、乙醇或其他液体）注入液体槽内，液面高度以液体槽侧面的液体高度刻线为准。

4. 将液体槽座卡在分光计载物台上，液体槽座的缺口对准并卡住载物台侧面的锁紧螺钉，放置平衡，并用锁紧螺钉锁紧。

5. 将此液体槽（可称其为超声池）平稳地放置在液体槽座中。放置时，转动载物台，使超声池两侧表面基本垂直于望远镜和平行光管的光轴。

6. 两支高频连接线的一端各插入液体槽盖板上的接线柱，另一端接入超声信号源的高频输出端，然后将液体槽盖板盖在液体槽上。

7. 为保证仪器正常使用，仪器实验时间不宜过长（原因见本说明书第六款实验中应注意事项），故在超声信号源电源上设置了定时选择开关。

开启超声信号源电源前，先选择定时时间。定时时间可选四挡，分别为 60 分钟、90 分钟、120 分钟及不选定时。

如图 5-11 所示：

拨定时选择开关 1 号键向右边时，定时关闭，即不选定时；

拨定时选择开关 1 号键向左边，2 号键向左边时，定时选定为 60′；

拨定时选择开关 1 号键向左边，2 号键向右边，3 号键向左边时，定时选定为 90′；

拨定时选择开关 1 号键向左边，2、3 号键向右边，4 号键向左边时，定时选定为 120′。

8. 开启超声信号源电源，频率显示窗首先会显示被选定时的时间数，数秒后显示当时的振荡频率。被选时间到达前一分钟，超时报警灯开始连续闪烁，然后仪器自动停止工作，进入 10 分钟倒计时关机保护，此时保护状态指示灯亮；保护状态结束后，仪器将自动开机，并进入正常工作状态。

9. 从阿贝目镜观察衍射条纹，仔细调节频率微调钮（2），使电振荡频率与锆钛酸铅陶瓷片固有频率共振。此时，衍射光谱的级次会显著增多且更为明亮。

10. 如此前分光计已调整到位，左右转动超声池（可转动分光计载物台或游标盘，细微转动时，可通过调节分光计图中（15）螺钉实现），能使射于超声池的平行光束完全垂直于超声波，同时观察视场内的衍射光谱左右级次亮度及对称性，直到从目镜中观察到稳定而清晰的左右各 3~4 级的衍射条纹为止。

11. 按上述步骤仔细调节，可观察到左右各 3~4 级或以上的衍射光谱。

12. 取下阿贝目镜，换上测微目镜，接筒在出厂时已装在测微目镜上，调焦目镜，使观察到的衍射条纹清晰。利用测微目镜逐级测量其位置读数（如从-2，…，0，…，+2），再用逐差法求出条纹间距的平均值。

13. 声速计算公式为：

$$V_c = \lambda \nu f / \Delta l_k \qquad (5\text{-}12)$$

式中：λ 为光波波长；ν 为共振时频率计的读数；f 为望远镜物镜焦距（仪器数据）；Δl_k 为同一种颜色光的衍射条纹间距。

五、实验数据处理

声速计算公式：

$$V = \lambda \upsilon f / \Delta l_k$$

式中：f 为透镜 L_2 的焦距（JJY 分光计），170mm；

汞灯波长 λ（其不确定度忽略不计）分别为：汞蓝光 435.8nm，汞绿光 546.1nm，汞黄光 578.0nm（双黄线平均波长）。

【样品 1】95%分析乙醇。

实验温度 23.5℃ $\quad \nu = 12.15 \pm 0.02$MHz（0.17%）

表 5-8 测微目镜中衍射条纹位置读数，小数点后第三位为估数值（mm）

级\色	-4	-3	-2	-1	0	1	2	3	4
黄									
绿									
蓝									

表 5-9 用逐差法计算各色光衍射条纹平均间距及标准差

光色	衍射条纹平均间距 $X \pm \sigma_x$	声速 v
黄		
绿		
蓝		

将三种不同的波长测量的声速平均得：

$V_c = \qquad$ 手册值：1168m/s $\quad$（C_2H_5OH 20℃）

【样品 2】纯净水。

实验温度：24℃ $\quad \nu = 12.24 \pm 0.02$MHz（0.17%）

表 5-10 测微目镜中衍射条纹位置读数（mm）

级\色	-4	-3	-2	-1	0	1	2	3	4
黄									
绿									
蓝									

表 5-11 用逐差法计算各色光衍射条纹平均间距及标准差

光色	衍射条纹平均间距 $X\pm\delta_x$	声速 v
黄		
绿		
蓝		

将三种不同的波长所测量的声速平均得：

$V_c=$ _____   手册值：1482.9m/s（H_2O 20℃）

水中的声速随温度作抛物线式变化，$v_{水}=1557-0.0245(74-t)^2$。如果按照这个公式进行计算，则得到 $t=24℃$ 时水中的声速为：_____。

实测数据及计算结果同标准值相比，误差较小。可以看出，不同液体中的声速有很大差别。在不同的温度下所测量的实验数据都会有微小的变化，在一般情况下，液体声速的温度系数大多是负的（见附录1），且接近线性变化，即随着温度的升高，液体中的声速会下降。

六、实验注意事项

1．锆钛酸铅陶瓷片未放入有媒质的液体槽前，禁止开启信号源。

2．超声池置于载物台上必须稳定，在实验过程中应避免震动，以使超声在液槽内形成稳定的驻波。导线分布电容的变化会对输出电频率有微小影响，测量数据时不能触碰连接超声池和高频信号源的两条导线。

3．锆钛酸铅陶瓷片表面与对应面的玻璃槽壁表面必须平行，此时才会形成较好的表面驻波，因此实验时应将超声池的上盖盖平，而上盖与玻璃槽留有较小的空隙。实验时微微扭动一下上盖，有时也会使衍射效果有所改善。

4．一般共振频率在 11MHz 左右，WSG-I 超声光栅声速仪给出 9.5MHz～12MHz 可调范围。在稳定共振时，数字频率计显示的频率值应是稳定的，最多只有末尾有 1～2 个单位数的变动。

5．实验时间不宜过长：其一，声波在液体中的传播与液体温度有关，时间过长，温度可能在小范围内有变动，从而影响测量精度，一般测量可以待测液体温度同于室温，精密测量可在超声池内插入温度计测量；其二，信号源长时间处于工作状态，会对其性能有一定影响，尤其在高频条件下有可能使电路过热而损坏，实验时，特别注意不要长时间处于工作状态，以免振荡线路过热。建议信号源限时功能设定在 60′为宜。

6．提取液槽时应拿两端面，不要触摸两侧表面通光部位，以免污染。如已有污染，可用酒精乙醚清洗干净，或用镜头纸擦净。

7．实验中液槽中会有一定的热量产生，并导致媒质挥发，槽壁会出现挥发气体凝露，一般不影响实验结果，但须注意液面下降太多致锆钛酸铅陶瓷片外露时，应及时补充液体至正常液面线处。

8．实验完毕应将超声池内被测液体倒出，或把锆钛酸铅陶瓷片拿离液槽并用清洁布擦干，不要将锆钛酸铅陶瓷片长时间浸泡在液槽内。

9．以下两点可明显提高条纹清晰度和衍射级次：

（1）将分光计狭缝内的毛玻璃片卸除。

（2）光源尽量靠近狭缝。

七、思考题

1．如何保证平行光束垂直于声波的传播方向？

2．如何解释衍射中央条纹与各级条纹之间的距离随高频信号源振荡频率的高低而增大和减小？

3．比较平面光栅和超声光栅的异同。

第 6 章　综合物理实验

实验 28　激光全息照相

一、实验目的

（1）加深理解激光全息照相的基本原理。
（2）初步掌握拍摄全息照片和观察物体再现像的方法。
（3）了解全息照相技术的主要特点，并与普通照相进行比较。
（4）了解显影、定影、漂白等暗室冲洗技术。

二、实验仪器

全息实验主要用到防震工作台（图 6-1）。防震工作台由厚海绵和一块 1.0cm 厚的钢板组成。钢板上旋转光学元件包括全反镜、分束镜、扩束镜、放拍摄物的小平台、底片夹、激光管、光开关等。

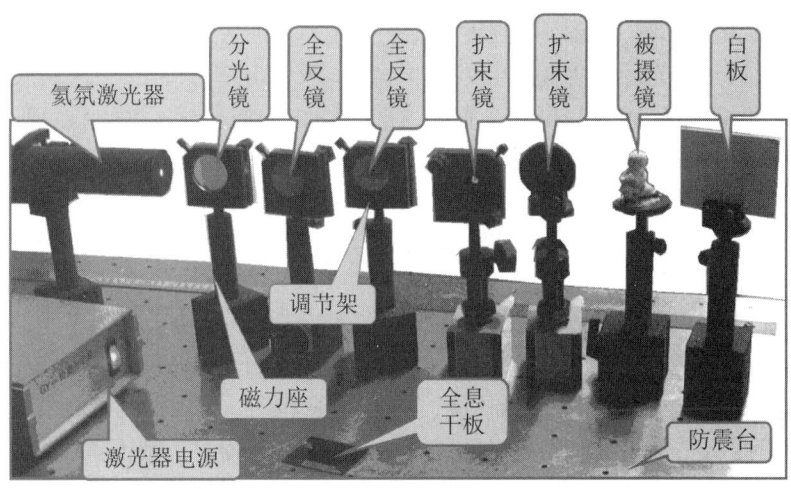

图 6-1　激光全息照相仪器

三、实验原理

1. 全息照相与普通照相的主要区别

物体上各点发出（或反射）的光（简称物光波）是电磁波，借助它们的频率、振幅和相位信息的不同，人们可以区别物体的颜色、明暗、形状和远近。普通照相是运用几何光学中透镜成像的原理，使被拍摄物体在一张感光底片上成像，冲洗后就得到了一张记录物体表面光强分布的平面图像，像的亮暗和物体表面反射光的强弱完全对应，但是无法记录光振动的相位，所以普通照相没有立体感，它得到的只能是物体的一个平面像。所谓全息照相，是指利用光的干涉原理把被拍摄物体的全部信息（物光波的振幅和相位）都记录下来，并能够完全再现被摄物的全部信息，从而再现形象逼真的物体立体像。全息照相的过程分两步：记录和再现。

2. 光的干涉——全息记录

全息照相是一种干涉技术，为了能够清晰地记录干涉条纹，要求记录的光源必须是相干性能很好的激光光源。图 6-2 是拍摄全息照片的光路示意图。

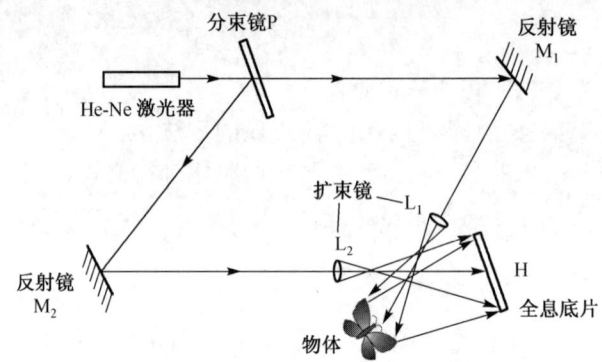

图 6-2　拍摄全息照片的光路示意图

由激光器发出的激光束，通过分束镜分成两束相干的透射光和反射光：一束光经反射镜 M_1 反射，再经扩束镜 L_1 扩束后照射到被拍摄物体上，然后从物体投向全息底片 H 上，这部分光称为物光。另一束光经反射镜 M_2 反射，再经扩束镜 L_2 扩束直接照射到底片上，称为参考光。由于同一束激光分成的两束光具有高度的时间相干性和空间相干性，在照相底片上相遇后形成干涉条纹。由于被摄物体发出的物光波是不规则的，这种复杂的物光光波是由无数球面波叠加而成的。因此，在全息底片上记录的干涉图样是一些无规则的干涉条纹，这就是全息图。

全息照相采用了一种将相位关系转换成相应振幅关系的方法，把相位关系以干涉条纹明暗变化的形式记录在全息底片上。干涉条纹上各点的明暗主要取决于两相干光波在该点的相位关系（与两光波的振幅也有关）。干涉条纹的明暗对比度（即反差）决定于物光和参考光的振幅，即条纹的反差包含物光光波的振幅信息。在全息照相中，无规则的干涉条纹的间距是由参考光与物光波投射到照相底片时二者之间的夹角决定的，夹角大的地方条纹细密，夹角小的地方条纹稀疏。物光波的全部信息以干涉条纹的形式记录在全息底片上，经显影、定影等处理就得到全息照片。

3. 光的衍射——全息照相的再现

全息图上看不到如普通照片那样拍摄物体的像，只有在高倍显微镜下可看到浓淡、疏密、走向不同的干涉条纹。所以，一张全息图片相当于一块复杂的"衍射光栅"，而物像再现的过程就是光的衍射过程。一般采用拍摄时所用的激光作为照明光，并以特定方向或与原参考光相同的方向照射全息图片，就能在全息图片的衍射光波中得到 0 级衍射光波和 1 级衍射光波（如图 6-3 所示）。

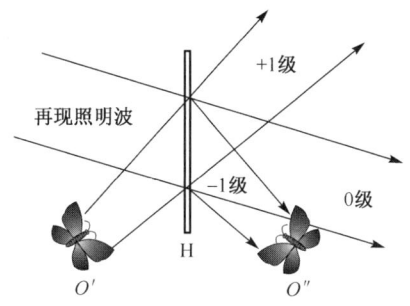

图 6-3 物像再现示意图

0 级衍射光：具有再现光的相位特性，其方向与再现光相同。

+1 级衍射波：发散光，具有原始物光波的一切特性，可以观察到与原物体完全相同的再现虚像。

1 级衍射波：会聚光，具有与原物光波共轭的相位，在虚像的相反一侧观察到实像。

最简单的再现方法是按原参考光的方向照射全息图片。如图 6-2 所示，把拍好的全息照片放回底片架上，遮挡住光路中的物光（转动其反射镜 M_1 或其他办法），移走光路中的被拍物体，只让参考光照在全息图片上。这样在拍摄物体方向可看到物的虚像，在全息照片另一侧有一个与虚像共轭的对称实像。

4. 全息记录的主要特征

（1）立体感强。全息照相记录的是物体光波的全部信息，因此通过全息照片所看到的虚像是逼真的三维物体，立体感强，看上去好像实物就在眼前。如果从不同角度观察全息图的再现虚像，就像通过窗户看室外景物一样，可以看到物体的不同侧面，有视差效应和景深感。这一特点使全息照相在立体显示方面得到广泛应用。

（2）具有可分割性。因为全息照片上每一点都有可能接收到物体各点来的散射光，即记录来自物体各点的物光波信息。反过来说，物体上每一点的散射光都能照射到全息底片的各个点，所以把全息照片分成许多小块，其中每一小块都可以再现整个物体，即使将底片打碎了，任意一碎片仍能再现出完整的物像。但面积越小，再现效果越差。这一特点使全息照相在信息存储方面开拓了应用领域。

（3）全息照片的再现可放大和缩小。用不同波长的激光照射全息照片，由于与拍摄时所用激光的波长不同，再现的物像就会发生放大或缩小。

（4）同一张全息底片可重叠多张全息图。具有可多次曝光的特性，在一次全息照相曝光后，只要稍微改变感光胶片的方位（或物光波或参考光的方向），就可以进行第二次、第三次曝光，记录不同的被摄物而不发生重叠。并且再现时，只要适当转动底片即可获得互不干扰的物像。例如，对于不同的景物，采用不同角度的参考光束，则相应的各种景物的再现像就出现在不同的衍射方向上，每一再现的像可不受其他再现像的干扰而显示出来。如果参考光不变，而使物体变化前后的两个物光波分别与参考光干涉，并先后记录在同一张全息底片上，再现时就能通过全息图的观察，得到物体变化的信息，但重叠次数不宜多。这种二次曝光法是广泛应用的全息干涉计量的主要方法。

5. 全息照相的拍摄条件

（1）对光源的要求。必须使用具有高度空间和时间相干性的光源，并要有足够的功率，使用要方便。常用的小型 He-Ne 激光器,其输出功率为 1mW～2mW,可用来拍摄较小的漫反射物体。

(2)对系统稳定性的要求。如果在曝光过程中,干涉条纹的移动超过半个条纹宽度,干涉条纹就记录不清;如果小于半个条纹宽度,全息图像有时仍可形成,但质量会受到影响。所以,记录的干涉条纹越密(物光和参考光夹角越大)或曝光时间越长,对稳定性的要求就越高。为此,需要有一个刚性和隔振性能都良好的工作台,系统中所有光学元件和支架都要使用磁性座牢固地吸在台面钢板上,以保证各元件之间没有相对移动。曝光过程中不可高声谈话,不要走动,以保证实验的顺利进行。

(3)对光路的要求。从分束镜开始,激光束被分成参考光和物光,最后在全息底片上相遇。实验中,参考光和物光之间的光程差、夹角、光强比都有一定的要求:① 光程差要尽量小,一般不超过 10cm;② 物光和参考光投射到全息底片上的夹角要适当(一般选取 30°～50°)。夹角小一些,可以降低对系统的稳定性及底片分辨率的要求;③强度比要合适,一般参考光与物光在全息底片上的强度比在 4:1～10:1 之间,这时全息图将有比较大的反差,再现的图像会有比较好的效果。

(4)对全息底片的要求。要获得优良的全息图,一定要有合适的记录介质。目前使用的 I 型全息底片,分辨率可达 3000 条/mm 左右,能满足一般的拍摄要求,但使用时,物光和参考光的夹角以小于 30°～50°为宜。I 型全息底片专门用于 He-Ne 激光(波长为 632.8 nm),对绿光不敏感,可在暗绿灯下操作。

四、实验内容及步骤

1. 设计布置全息光路:调整全息记录平面上的物光与参考光的夹角、光强比,调整物光光程、参考光光程,满足全息光源相干长度的要求。
2. 拍摄全息图(记录物光波和参考光波的干涉条纹)。
3. 将底片进行显影、定影、漂白等处理后漂洗晾干,即成全息照片。
4. 物像再现、观察并记录实验现象。

(1)激光照射全息底片的乳胶面,尽可能使光照方向与原来的参考光束方向一致。从照片反面观察物像。物像的位置与原物位置是什么关系?

(2)改变观察角度,物像有什么变化?为什么全息照相能观察到立体图像,而普通照相只能看到平面图像?

(3)移去激光器的扩束镜,使激光束只照射在照片的很小一部分上,观察物像。为什么仍能看到整个物像,而不是只看到像的一个局部?如果打碎全息片,用激光照射其中任意一块碎片,能否看到整个物像?这和普通照片有什么不同?

(4)翻转全息片的正反面,使乳胶面向着观察者,用不扩束的激光束照射,再用毛玻璃在全息片向后面(观察者一侧)移动,接收并观察实像。

5. 对以上观察结果作出合理解释。

五、注意事项

1. 眼睛不能直接对着激光观察。观察光斑时应将激光束照射在白屏上。
2. 光学元件的光学表面应保持清洁,切勿用手、布片、纸片等擦拭。

3．拍摄前几分钟及整个曝光时间内，操作人员必须离开全息台并保持静止，确保全息照相在稳定状态下进行。

实验 29　光纤通信演示

一、概述

用光来传递信息是最快的通信方式，LC-光通信实验仪如图 6-4 所示，采用半导体激光、LED 发光管和小电珠发送可见光，应用现代光电传感器接收光信号，直观、形象地演示了光通信的过程，较好地反映了光通信在通信原理、结构和通信过程方面的特点，实验内容丰富有趣，有助于拓宽学生视野，是实验教学的新设备。

二、实验仪器

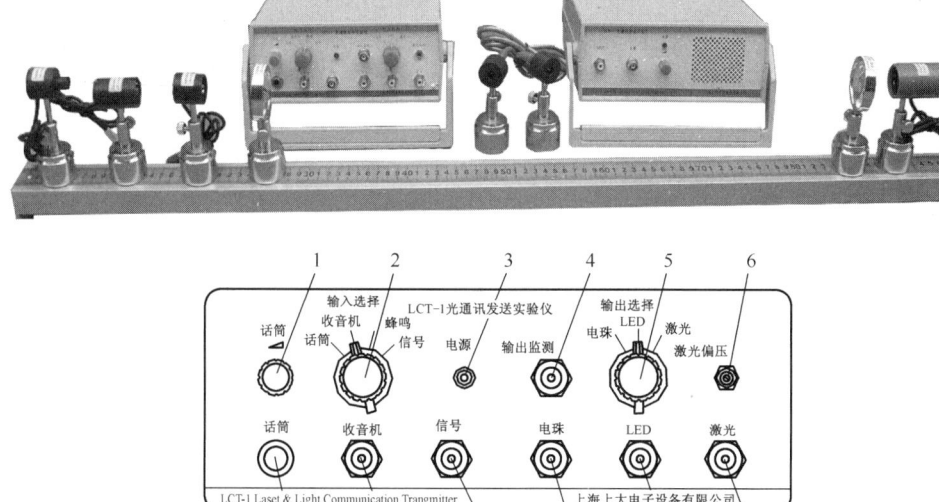

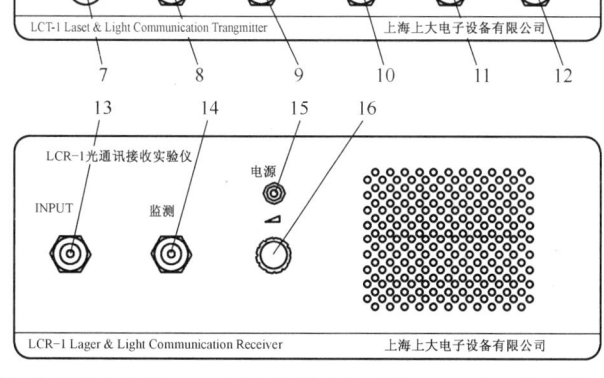

1－话筒输入信号幅度调节电位器；2－输入信号选择开关；3－电源接通指示灯；4－调制输出信号监测；5－输出插孔选择开关；6－激光工作偏压调节电位器　7－话筒输入插孔；8－收音机输入插孔；9－信号（发生器）输入插孔；10－连接电珠插孔；11－连接发光二极管插孔；12－连接半导体激光器插孔；13－连接硅光电池插孔；14－硅光电池输出信号监测插孔；15－电源接通指示灯；16－音量调节旋钮

图 6-4　LC-光通信实验仪

三、实验内容

1. 光传送声音

将仪器硅光电池组件接入 LCR-1 光通信接收实验仪（以下简称接收仪）面板中的 INPUT 插座中，接通电源，喇叭发出噪声杂音，可适当关小音量电位器。

连接发光二极管组件到 LCT-1 光通信发送实验仪（以下简称发送仪）面板上的 AUX OUT 插座，接通发送仪电源，发送仪面板上的输入选择开关拨到 MUSIC 位置，靠近发光管和硅光电池组件，调节发送仪 AUX OUT 插座上方的电位器，即提供发光管一个导通的静态电压，该电压以电位器的中间位置以下为宜，使发光管亮，此时接收仪发出音乐声。

将光源（发光二极管）放在透镜 1 的焦距附近，使其发出的光经透镜 1 后变成平行光，再经过一段距离后，经透镜 2 聚焦后照射在硅光电池上，上下、左右调节透镜的位置，使声音清晰响亮。逐渐扩大透镜 1、2 的距离，保持声音清晰，直到听不到声音为止。

发送仪面板上的输入选择开关拨到 RADIO 位置，连接收音机耳机插座和发送仪面板上 RADIO IN 插孔，打开收音机，收音机开到适当的音量，可听到接收仪发出收音机的声音。

改发送光源为白光，即在发送仪的 AUX OUT 插座插上灯泡（电珠）组件，调大 AUX OUT 上方的电位器到最大，重复上述操作。

改发送光源为激光，即在发送仪的 LASER OUT 插座插上激光组件，拨开关到 LASER 位置，即打开激光组件的电源开关，适当调节 LASER OUT 插座上方的电位器，激光器发出红色激光，让激光对准硅光电池，接收仪依照输入的选择发出相应的声音。如果声音很轻或失真太大，可调节 LASER OUT 插座上方的电位器，频繁调节电位器有缩短激光器寿命的可能，请加以避免。在用激光器作发送光源时，因其具有很好的方向性，在短距离内无须用聚焦镜，调节激光器发光端盖，使激光束在一定距离内有一个小的光斑，可以试试其传输多远距离仍能听到声音。

将激光束对准光纤接口，光纤接口的另一端对准硅光电池，就简洁方便地实现了通过光纤传输信号。

改用发光管发出的光对准光纤接口，实现发光二极管通过光纤介质传输信号。

2. 光信号传输的幅频特性测量

将仪器硅光电池组件接入 LCR-1 光通信接收实验仪（以下简称接收仪）面板中的 INPUT 插座中，接通电源，喇叭发出噪声杂音，可适当关小音量电位器。连接接收仪面板中的监测插座到示波器 B 通道或高频交流电压表。

连接发光二极管组件到 LCT-1 光通信发送实验仪（以下简称发送仪）面板上的 AUX OUT 插座，连接信号发生器的输出到发送仪面板上 RADIO IN 插孔，发送仪面板上的输入选择开关拨到 RADIO 位置，连接发送仪面板上监测插座到示波器的 A 通道或高频交流电压表，接通发送仪电源，调节信号发生器的频率为 1kHZ，调节信号发生器的输出，使 A 通道信号为标准 1dB（600mV），靠近发光管和硅光电池组件，调节发送仪 AUX OUT 插座上方的电位器，即提供发光管一个导通的静态电压，使发光管亮。测量并记录示波器 B 通道或高频交流电压表的读数。

将光源（发光二极管）放在透镜 1 的焦距附近，使其发出的光经透镜 1 后变成平行光，再经过一段距离后，经透镜 2 聚焦后照射在硅光电池上，上下、左右调节透镜的位置，使示波器 B 通道或高频交流电压表的读数为最大。逐渐扩大透镜 1、2 的距离，记录示波器 B 通道或高频交流电压表的读数。

保持光源接收硅光电池和聚焦镜相对位置不变，改变信号发生器的信号频率：200Hz、500Hz、1kHz、2kHz、5kHz、10kHz、20kHz、50kHz，维持 A 通道信号为标准 1dB（600mV），记录示波器 B 通道或高频交流电压表的读数，即测量该传输系统的幅频特性。

改发送光源为白光，即在发送仪的 AUX OUT 插座插上灯泡（小电珠）组件，调大 AUX OUT 上方的电位器到最大，重复上述的操作。

改发送光源为激光，即在发送仪的 LASER OUT 插座插上激光组件，拨开关到 LASER 位置，即打开激光组件的电源开关，同时监测插座的信号为激光器的信号，调节信号发生器的输出，使示波器的 A 通道信号为标准 1dB（600mV），适当调节 LASER OUT 插座上方的电位器，激光器发出红色激光，让激光对准硅光电池，记录示波器 B 通道或高频交流电压表的读数，调节激光器发光端盖，使激光束在一定距离内有一个小的光斑，可以试试其传输多远距离，信号才衰减到原来的一半。保持一定的距离，重复上述的操作，测量激光传输的幅频特性。

将激光束对准光纤接口，光纤接口的另一端对准硅光电池，简洁方便地实现了通过光纤传输信号，重复上述操作，测量由激光和光纤组成的传输系统的幅频特性。

改用发光管发出的光对准光纤接口，实现发光二极管通过光纤介质传输信号。重复上述操作，测量由发光二极管和光纤组成的传输系统的幅频特性。

总结如下表。

信号源	发送光源和监测	传输介质	接收传感器	接收和监测
1）内部 MUSIC 2）收音机 3）信号发生器 4）话筒插孔	1）发光管 2）灯泡（电珠） 3）激光器 a）示波器 A b）高频电压表	1）聚焦镜 2）空气 3）光纤	硅光电池	1）扬声器 2）示波器 B 3）高频电压表

四、注意事项

1. 使用激光器实验时，切勿直视激光束，也不要直视其反射光束。
2. 不使用激光器时，随时断开激光器电源。
3. 发光二极管组件和灯泡（电珠）组件共用 AUX OUT 插座，在使用发光管组件时，该 AUX OUT 插座电位器旋钮不要转过中间位置。

实验 30　密立根油滴

一、实验目的

（1）CCD 微机密立根油滴仪是验证电荷的不连续性及测量基本电荷的电量的物理实验仪器。

（2）学习了解 CCD 图像传感器的原理及应用，学习电视显微测量方法。

二、实验仪器

仪器主要由油滴盒、CCD 电视显微镜、电路箱、监视器等组成。油滴盒是个重要部件，从图 6-5 中可以看到，上下电极直接用精加工的平板垫在胶木圆环上，这样极板间的不平衡度、极板间的间距误差都可以控制在 0.01mm 以下。在上极板中间有一个 0.4mm 的油滴落入孔，在胶木圆环上开有显微镜观察孔和照明孔。油滴盒外罩有防风罩，罩上放置一个可取下的油雾杯，杯底中心有一个落油孔和一个挡片，用来开关落油孔。在上电极上放有一个可以左右拨动的压簧，注意只有将压簧拨到最边位置，方可取出上极板。照明灯安装在照明座中间位置，采用带聚光的半导体发光器件。

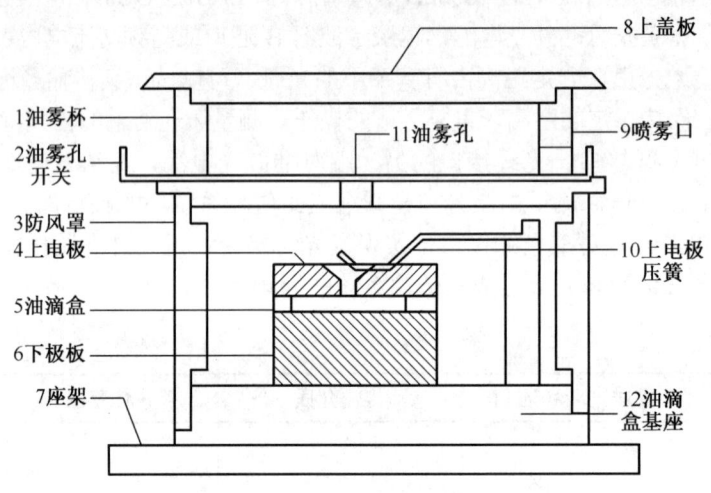

图 6-5 密立根油滴实验仪器结构示意图

电路箱体内装有高压产生、测量显示等电路。底部装有三只调平手轮，面板结构如图 6-6 所示。由测量显示电路产生的电子分划板刻度，与 CCD 摄像头的行扫描严格同步，相当于刻度线是做在 CCD 器件上的。

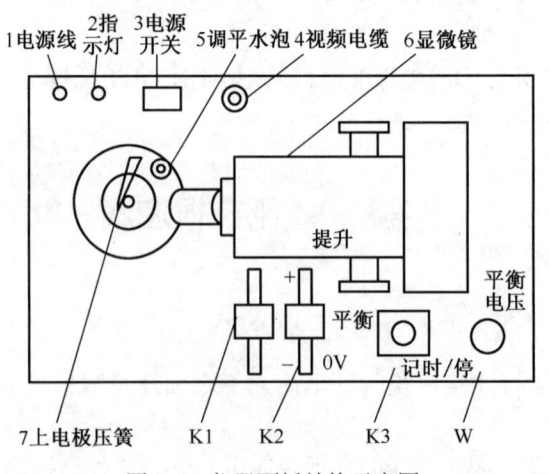

图 6-6 仪器面板结构示意图

OM98/OM99 油滴仪的标准分划板是 8×3 结构，垂直线视场为 2mm，分 8 格，每格值为 0.25mm。在面板上有两只控制平行极板电压的三挡开关，K1 控制上极板电压极性，K2 控制极板上电压的大小。当 K2 处于中间位置（即"平衡"挡）时，可用电位器调节平衡电压。拨向"提升"挡时，自动在平衡电压的基础上增加 200~300V 的提升电压；拨向"0V"挡时，极板上电压为 0V。

为了提高测量精度，OM98/OM99 油滴仪将 K2 的"平衡""0V"挡与计时器的"计时/停"联动。在 K2 由"平衡"拨向"0V"时，油滴匀速下落的同时开始计时，油滴下落到预定距离时，迅速将 K2 由"0V"挡拨向平衡挡，油滴停止下落的同时停止计时。这样，在屏幕上显示的是油滴实际的运动距离及对应的时间，提供了修正参数。这样可提高测距、测时精度。根据不同的教学要求，也可以不联动（拔去 K2 的一个插头即可）。

由于空气阻力的存在，油滴是先经一段变速运动后进入匀速运动的。但变速运动时间非常短，小于 0.01 秒，与计时器的精度相当。所以可以看作当油滴自静止开始运动时，油滴立即做匀速运动；运动的油滴突然加上原平衡电压时，将立即静止下来。

OM98/OM99 油滴仪的计时器采用"计时/停"方式，即按一下开关，清零的同时立即开始计数，再按一下，停止计数，并保存数据。计时器的最小显示为 0.01s，但内部计时精度为 1μs。

三、实验原理

一个质量为 m、带电量为 q 的油滴处在两块平行极板之间，在平行极板未加电压时，油滴受重力作用而加速下降，由于空气阻力的作用，下降一段距离后，油滴将做匀速运动，速度为 V_g，这时重力与阻力平衡（空气浮力忽略不计），如图 6-7 所示。根据斯托克斯定律，粘滞阻力为

$$f_r = 6\pi a\eta V_g \tag{6-1}$$

式中 η 是空气的粘滞系数，a 是油滴的半径。这时有

$$6\pi a\eta V_g = mg \tag{6-2}$$

当在平行极板上加电压 V 时，油滴处在场强为 E 的静电场中，设电场力 qE 与重力相反，如图 6-8 所示，使油滴受电场力加速上升，由于空气阻力作用，上升一段距离后，油滴所受空气阻力重力与电场力达到平衡（空气浮力忽略不计），则有地将以匀速上升，此时速度为 V_e，则有：

$$6\pi a\eta V_g = qE - mg \tag{6-3}$$

又因为
$$E = V/d \tag{6-4}$$

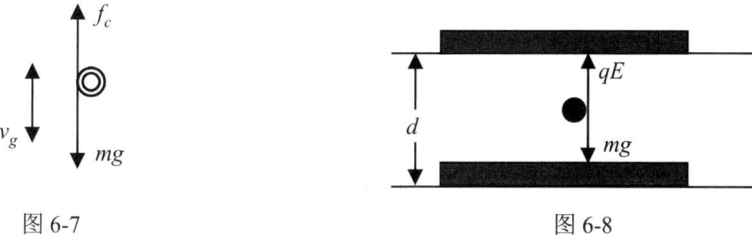

图 6-7　　　　　　　　　　　图 6-8

由式（6-3）和式（6-4）可解出

$$q = mg\frac{d}{V}\left(\frac{V_g = V_e}{V_g}\right) \tag{6-5}$$

为测定油滴所带电荷 q，除应测出 V、d 和速度 V_e、V_g 外，还需知道油滴质量 m。由于空气中悬浮和表面张力作用，可将油滴看作圆球，其质量为

$$m = 4/3\pi a^3 \rho \tag{6-6}$$

式中 ρ 是油滴的密度。

由式（6-2）和式（6-6），得油滴的半径

$$a = \left(\frac{9\eta V_g}{2\rho q}\right)^{\frac{1}{2}} \tag{6-7}$$

考虑到油滴非常小，空气已不能看成连续媒质，空气的粘滞系数 η 应修正为

$$\eta' = \frac{\eta}{1+\frac{b}{pa}} \tag{6-8}$$

式中为 b 修正常数，p 为空气强度，a 为未经修正过的油滴半径，由于它在修正项中，不必计算得很精确，由式（6-7）计算就够了。

实验时取油滴匀速下降和匀速上升的距离相等，都设为 1，测出油滴匀速下降的时间 t_g 和匀速上升的时间 t_e，则

$$V_g = l/t_g$$
$$V_e = l/t_e \tag{6-9}$$

将式（6-6）至式（6-9）代入式（6-5），可得

$$q = \frac{18\pi}{\sqrt{2\rho g}}\left(\frac{\eta l}{1+\frac{b}{pa}}\right)^{\frac{3}{2}}\frac{d}{V}\left(\frac{1}{t_e}+\frac{1}{t_g}\right)\left(\frac{1}{t_g}\right)^{\frac{1}{2}}$$

令

$$K = \frac{18\pi}{\sqrt{2\rho g}}\left(\frac{\eta l}{1+\frac{b}{pa}}\right)^{\frac{3}{2}}d$$

得

$$q = K\left(\frac{1}{t_e}+\frac{1}{t_g}\right)\left(\frac{1}{t_g}\right)^{\frac{1}{2}}/V \tag{6-10}$$

此式是动态（非平衡）法测油滴电荷的公式。下面导出静态（平衡）法测油滴电荷的公式。调节平行极板间的电压，使油滴不动，$V_e=0$，即 $t_e\to\infty$，由式（6-10）可得

$$q = K\left(\frac{1}{tg}\right)^{\frac{3}{2}}\cdot\frac{1}{V}$$

或者
$$q = \frac{18\pi}{\sqrt{2\rho g}} \left[\frac{\eta l}{t\left(1+\frac{b}{pa}\right)} \right]^{\frac{3}{2}} \cdot \frac{d}{V} \tag{6-11}$$

上是即为静态法测油滴电荷的公式。

实验时，只需测得油滴自由下落距离 l 所用的时间 t_g 和油滴平衡时所加的电压 V，便可求得 q 的值。

四、实验内容及步骤

1. 仪器调整

调节仪器底座上的只跳平手轮，将水泡调平。由于底座空间较小，调手轮时将手心向上，用中指和无名指夹住手轮调节较为方便。

照明电路不需要调整，只需将显微镜筒前段和底座前段对齐，然后喷油后稍稍前后微调即可。在使用中，前后调焦范围不要过大，取前后调焦 1mm 内的油滴较好。

2. 仪器使用

打开监视器和 OM98B 油滴仪的电源，在监视器上先出现 "OM98 CCD 微机密立根油滴仪南开大学 025-3613625" 字样，5 秒后自动进入测量状态，显示出标准分划线及 V 值、S 值。开机后如想直接进入测量状态，按一下 "计时/停" 按钮即可。

如开机后屏幕上的字很乱或字重叠，先关掉油滴仪的电源，过一会再开机即可。

面板上 K1 用来选择平行电极上极板的极性，实验中置于十位或一位均可，一般不常变动。使用最频繁的是 K2 和 W，即 "记时/停"（K3）。

监视器门前有一小盒，压一下小盒盒盖即可打开，内有四个调节旋钮。对比度一般置于较大（顺时针旋到底或稍退回一些），亮度不要太亮。如发现刻度线上下抖动，微调左边第二只旋钮即可解决。

3. 测量练习

要练习控制油滴运动、练习测量油滴运动时间和练习选择合适的油滴。

选择一颗合适的油滴十分重要。大而亮的油滴必然质量大，所带电荷也多，而匀速下降时间则很短，增大可测量误差会给数据处理带来困难。通常选择平衡电压为 200～300V，匀速下降 105mm 的时间在 8～20s 左右的油滴较适宜。喷油后，K2 置 "平衡" 挡，调 W 使极板电压为 200～300V，注意几颗缓慢运动、较为清晰明亮的油滴。试将 K2 置 "0V" 挡，观察各颗油滴下落的速度，从中选一颗作为测量对象。对于 9 英寸监视器，目视油滴直径在 0.5mm～1mm 左右的较适宜。过小的油滴观察较困难，布朗运动明显，会引起较大的测量误差。

判断油滴是否平衡要有足够的耐性。用 K2 将油滴移至某条刻度线上，仔细调节平衡电压，这样反复操作几次，经一段时间观察油滴确实不再移动才算平衡。

测准油滴上升或下降某短距离所需的时间，一是要统一油滴到达刻度线什么位置才认为其已踏线；二是眼睛要平视刻度线，不要有夹角。反复练习几次，使测出的各次时间的离散性较小。

4. 正式测量

实验方法可选用平衡测量法、动态测量法。如采用平衡测量法，可将已调平衡的油滴用 K2 控制移到"起跑"线上，按 K3（计时/停），让计时器停止计时，然后将 K2 拨向"0V"，油滴匀速下降的同时，计时器开始计时。到"终点"时迅速将 K2 拨向"平衡"，油滴立即停止。动态法是分别测试加电压时油滴上升的速度和不加电压时油滴下落的速度，代入相应公式，求出 e 值。油滴的运动距离一般取 1mm～1.5mm。对一颗油滴重复测量 5～10 次，选择 10～20 颗油滴，求得电子电荷的平均值 e。在每次测量时都要检查和调整平衡电压，以避免偶然误差和因油滴挥发而使平衡电压发生变化。

*选做项目：用动态法测电荷 e 值。

五、实验数据处理

1. 计算法

将实验测量和计算得到的一组油滴带电量数据除以公认值 e，得到各油滴的带电量子数（一般为非整数），再对这些数四舍五入取整，作为各油滴的带电量子数 n，用求得的量子数分别除以对应的油滴带电量 q，得到单位电荷实验值。将 e 的实验值与公认值比较，求出相对误差（公认值为 $e = 1.602 \times 10^{-19}$ 库仑）。

2. 作图法

设实验得到 m 个油滴的带电量分别为 $q_1, q_2, \ldots, q_m$，由于电荷的量子化特性，应有：

$$q_i = n_i e \tag{6-12}$$

式中 n_i 为第 i 个油滴的带电量子数，e 为单位电荷值。

式（6-12）在数学上抽象为一直线方程，n 为自变量，q 为函数，截距为 0，因此 m 个油滴对应的数据在 $n-q$ 直角坐标系中，必然在同一条通过原点的直线上，若能在 $n-q$ 坐标系中找到满足这一关系的直线，就能确定该油滴的带电量子数 n 和 e 的值。

具体方法是：在线性坐标系中，沿纵轴标出 q_i 点，并过这些点作平行于横轴的直线，沿横轴等间隔地标出若干整数点，并过这些点作平行于纵轴的直线。如此，在 $n-q$ 坐标系中开成一张网，满足 $q_i = $ 中 $n_i e$ 关系的那些点必定位于网的节点上，如图 6-9 所示。

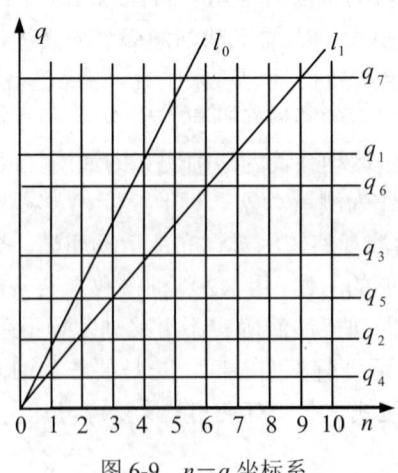

图 6-9　$n-q$ 坐标系

用一直尺，由过原点和过距原点最近的一个节点连成一条直线 l_0，开始绕原点慢慢向下方扫过，直到每一条平行线上都有一个节点落在直线 l_1 上（由于 q_i 存在实验误差，实际上应为每一条平行线上都有一个节点落在或接近直线 l_1），画出这条直线，从图上可读取对应的 q_i 量子数 n_i，该直线斜率 k 即为单位电荷实验值 e。

平衡法依据公式为：
$$q = \frac{18\pi}{\sqrt{2\rho g}}\left[\frac{\eta l}{t\left(1+\frac{b}{pa}\right)}\right]^{\frac{3}{2}} \cdot \frac{d}{V}$$

式中
$$a = \sqrt{\frac{9\eta l}{2\rho g t_g}}$$

油的密度	$\rho = 981 \text{kgm}^{-3}$ （20℃）
重力加速度	$g = 9.80 \text{ m/s}^2$ （北京）
空气粘滞系数	$\eta = 1.83 \times 10^{-5} \text{kgm}^{-1}\text{s}^{-1}$
油滴匀速下降距离	$l = 1.50 \times 10^{-3}$ m
修正常数	$b = 6.17 \times 10^{-6}$ mmHg
大气压强	$p = 76.0$ cmHg
平行极板间距离	$d = 5.00 \times 10^{-3}$ m

式中的时间 t_g 应为测量数次的平均值。

六、注意事项

喷雾器内的油不可装得太满，否则会喷出很多"油"，而不是"油雾"，堵塞电极的落油孔。每次实验完毕，应及时擦拭上板极及油雾室的积油。

喷油时喷雾器的喷头不要深入喷油孔内，防止大颗粒油滴堵塞落油孔。

喷雾器的汽囊不耐油，实验后，将汽囊与金属件分离保管，可延长其使用寿命。

OM98/OM99 油滴仪的电源保险丝的规格是 0.75A，如需打开机器检查，一定要拔下电源插头再进行。

实验 31　电表改装与校准

电表在电测量中有着广泛的应用，因此如何了解电表和使用电表就显得十分重要。电流计（表头）由于构造的原因，一般只能测量较小的电流和电压，如果要用它来测量较大的电流或电压，就必须进行改装，以扩大其量程。万用表的原理就是对电流表表头进行多量程改装而来，在电路的测量和故障检测中得到了广泛的应用。

一、实验目的

（1）测量表头内阻及满度电流。
（2）掌握将 1mA 表头改成较大量程的电流表和电压表的方法。

(3) 设计一个 R 中=1500Ω 的欧姆表，要求 E 在 1.3～1.6V 范围内能使用。
(4) 用电阻器校准欧姆表，画校准曲线，并根据校准曲线用组装好的欧姆表测未知电阻。
(5) 学会校准电流表和电压表的方法。

二、实验原理

常见的磁电式电流计主要由放在永久磁场中的由细漆包线绕制的可以转动的线圈、用来产生机械反力矩的游丝、指示用的指针和永久磁铁组成。当电流通过线圈时，载流线圈在磁场中就产生一磁力矩 M 磁，使线圈转动，从而带动指针偏转。线圈偏转角度的大小与通过的电流大小成正比，所以可由指针的偏转直接指示出电流值。

1. 电流计允许通过的最大电流称为电流计的量程，用 I_g 表示，电流计的线圈有一定内阻，用 R_g 表示，I_g 与 R_g 是两个表示电流计特性的重要参数。

测量内阻 R_g 的常用方法有：

（1）半电流法，也称中值法。

测量原理图如图 6-10 所示。当被测电流计接在电路中时，电流计满偏，再用十进位电阻箱与电流计并联作为分流电阻，改变电阻值即改变分流程度，电流计指针指示到中间值，且标准表读数（总电流强度）仍保持不变，可通过调电源电压和 R_W 来实现，显然这时分流电阻值就等于电流计的内阻。

（2）替代法。

测量原理图如图 6-11 所示。当被测电流计接在电路中时，用十进位电阻箱替代它，且改变电阻值。当电路中的电压不变且电路中的电流（标准表读数）保持不变时，电阻箱的电阻值即为被测电流计内阻。

替代法是一种运用很广的测量方法，具有较高的测量准确度。

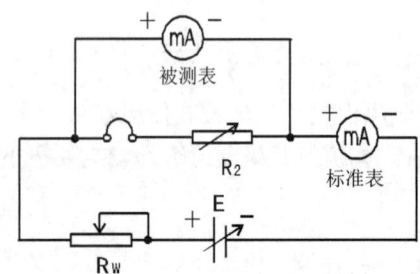
图 6-10 半电流法测量原理图

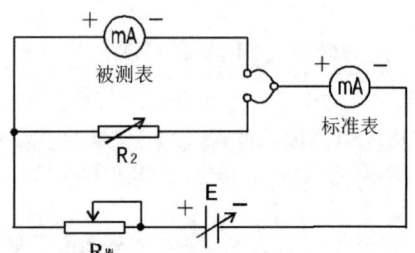
图 6-11 替代法测量原理图

2. 改装为大量程电流表

根据电阻并联规律可知，如果在表头两端并联上一个阻值适当的电阻 R_2，如图 6-12 所示，可使表头不能承受的那部分电流从 R_2 上分流通过。这种由表头和并联电阻 R_2 组成的整体（图中虚线框住的部分）就是改装后的电流表。如需将量程扩大 n 倍，则不难得出

$$R_2 = R_g /(n-1) \tag{6-13}$$

图 6-12 为扩流后的电流表原理图。用电流表测量电流时，电流表应串联在被测电路中，所以要求电流表应有较小的内阻。另外，在表头上并联阻值不同的分流电阻，便可制成多量程的电流表。

3. 改装为电压表

一般表头能承受的电压很小,不能用来测量较大的电压。为了测量较大的电压,可以给表头串联一个阻值适当的电阻 R_M,如图 6-13 所示,使表头上不能承受的那部分电压降落在电阻 R_M 上。这种由表头和串联电阻 R_M 组成的整体就是电压表,串联的电阻 R_M 叫做扩程电阻。选取不同大小的 R_M,就可以得到不同量程的电压表。由图 6-13 可求得扩程电阻值为:

$$R_M = \frac{U}{I_g} - R_g \tag{6-14}$$

实际扩展量程后的电压表原理如图 6-13 所示。用电压表测电压时,电压表总是并联在被测电路上,为了不因并联电压表而改变电路中的工作状态,要求电压表应有较高的内阻。

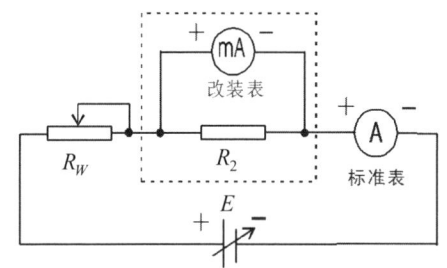

图 6-12 扩流后的电流表原理图

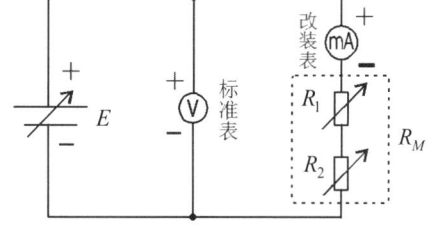

图 6-13 扩展量程后的电压表原理

4. 改装毫安表为欧姆表

用来测量电阻大小的电表称为欧姆表。根据调零方式的不同,可分为串联分压式和并联分流式两种,其原理电路如图 6-14 所示。图中 E 为电源,R_3 为限流电阻,R_W 为调"零"电位器,R_x 为被测电阻,R_g 为等效表头内阻。图 6-14(b)中,R_G 与 R_W 一起组成分流电阻。

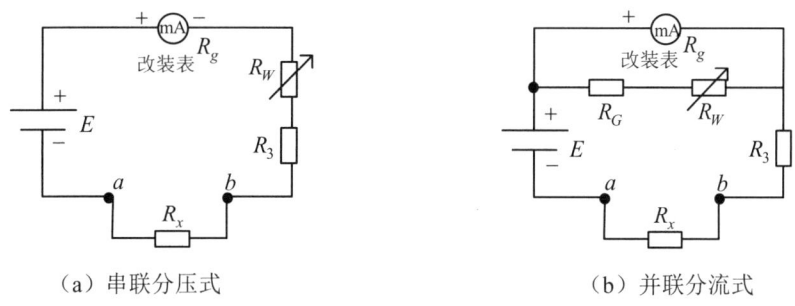

(a)串联分压式   (b)并联分流式

图 6-14 欧姆表原理图

欧姆表使用前先要调"零"点,即 a、b 两点短路(相当于 $R_X=0$),调节 R_W 的阻值,使表头指针正好偏转到满度。可见,欧姆表的零点是就在表头标度尺的满刻度(即量限)处,与电流表和电压表的零点正好相反。

在图 6-14(a)中,当 a、b 端接入被测电阻 R_x 后,电路中的电流为

$$I = \frac{E}{R_g + R_W + R_3 + kx} \tag{6-15}$$

对于给定的表头和线路来说,R_g、R_W、R_3 都是常量。由此可见,当电源端电压 E 保持不变时,被测电阻和电流值有一一对应的关系。即接入不同的电阻,表头就会有不同的偏转读数,

R_x 越大，电流 I 越小。短路 a、b 两端，即 $R_x=0$ 时

$$I = \frac{E}{R_g + R_W + R_3} = I_g \quad (6\text{-}16)$$

这时指针满偏。
当 $R_x = R_g + R_W + R_3$ 时

$$I = \frac{E}{R_g + R_W + R_3 + kx} = \frac{1}{2}I_g \quad (6\text{-}17)$$

这时指针在表头的中间位置，对应的阻值为中值电阻，显然 $R_\text{中} = R_g + R_W + R_3$。
当 $R_x = \infty$（相当于 a、b 开路）时，$I=0$，即指针在表头的机械零位。

所以欧姆表的标度尺为反向刻度，且刻度是不均匀的，电阻 R 越大，刻度间隔越密。如果表头的标度尺预先按已知电阻值刻度，就可以用电流表来直接测量电阻了。

并联分流式欧姆表利用对表头分流来进行调零，具体参数可自行设计。欧姆表在使用过程中电池的端电压会有所改变，而表头的内阻 R_g 及限流电阻 R_3 为常量，故要求 R_W 随着 E 的变化而改变，以满足调"零"的要求，设计时用可调电源模拟电池电压的变化，范围取 1.4～1.6V 即可。

三、实验内容步骤

在进行实验前，应对毫安表进行机械调零，并进行以下检查：打开仪器后部电源开关，接通交流电源，标准电压表、标准电流表应正常显示；标准电压表在空载时因内阻较高，会出现跳字，属正常现象；调节稳压电源，应正常输出。

实验内容：
1. 用中值法或替代法测出表头的内阻，按图 6-10 或图 6-11 接线。$R_g=$_____Ω。
2. 将一个量程为 1mA 的表头改装成 5mA 量程的电流表。

（1）根据式 6-13 计算出分流电阻值，先将电源调到最小，R_W 调到中间位置，再按图 6-11 接线。

（2）慢慢调节电源，升高电压，使改装表指到满量程（可配合调节 R_W 变阻器），这时记录标准表读数。注意：R_W 作为限流电阻，阻值不要调至最小值。然后调小电源电压，使改装表每隔 1mA（满量程的 1/5）逐步减小读数直至零点；（将标准电流表选择开关打在 20mA 挡量程）再调节电源电压，按原间隔逐步增大改装表读数到满量程，每次记下标准表相应的读数，如表 6-1 所示。

表 6-1 标准表的读数

改装表读数/mA	标准表读数/mA			示值误差 ΔI/mA
	减小时	增大时	平均值	
1				
2				
3				
4				
5				

（3）以改装表读数为横坐标，标准表由大到小及由小到大调节时，两次读数的平均值为纵坐标，在坐标纸上作出电流表的校正曲线，并根据两表最大误差的数值定出改装表的准确度级别。

（4）重复以上步骤，将 1mA 表头改装成 10mA 表，可按每隔 2mA 测量一次（可选做）。

（5）将面板上的 R_G 和表头串联，作为一个新的表头，重新测量一组数据，并比较扩流电阻有何异同（可选做）。

3. 将一个量程为 1mA 的表头改装成 1.5V 量程的电压表。

（1）根据式（6-14）计算扩程电阻 R_M 的阻值，可用 R_1、R_2 进行实验。

（2）按图 6-14 连接校准电路。用量程为 2V 的数显电压表作为标准表来校准改装的电压表。

（3）调节电源电压，使改装表指针指到满量程（1.5V），记下标准表读数。然后每隔 0.3V 逐步减小改装读数，直至零点，再按原间隔逐步增大到满量程，每次记下标准表相应的读数，如表 6-2 所示。

（4）以改装表读数为横坐标，标准表由大到小及由小到大调节时，两次读数的平均值为纵坐标，在坐标纸上作出电压表的校正曲线，并根据两表最大误差的数值定出改装表的准确度级别。

表 6-2 标准表的读数

改装表读数/V	标准表读数/V			示值误差 ΔU/V
	减小时	增大时	平均值	
0.3				
0.6				
0.9				
1.2				
1.5				

（5）重复以上步骤，将 1mA 表头改成 5V 表头，可按每隔 1V 测量一次（可选做）。

4. 改装欧姆表及标定表面刻度。

（1）根据表头参数 I_g 和 R_g 以及电源电压 E，选择 R_W 为 470Ω，R_3 为 1kΩ，也可自行设计确定。

（2）按图 6-14（a）进行连线。将 R_1、R_2 电阻箱（这时作为被测电阻 R_x）接于欧姆表的 a、b 端，调节 R_1、R_2，使 $R_{中}= R_1+R_2=1500$Ω。

（3）调节电源 E=1.5V，调 R_W 使改装表头指示为零。

（4）取电阻箱的电阻为一组特定的数值 R_{xl}，读出相应的偏转格数 d_i。利用所得读数 R_{xl}、d_i 绘制出改装欧姆表的标度盘，如表 6-3 所示。

表 6-3 E=＿＿＿V，$R_{中}$=＿＿＿Ω

R_{xl}/Ω					$R_{中}$	$2R_{中}$	$3R_{中}$	$4R_{中}$	$5R_{中}$
偏转格数/d_i									

（5）按图 6-14（b）进行连线，设计一个并联分流式欧姆表。与串联分压式欧姆表比较，有何异同（可选做）？

四、思考题

（1）是否还有其他办法测定电流计内阻？能否用欧姆定律来测定？能否用电桥来测定并保证通过电流计的电流不超过 I_g？

（2）设计 $R_{中}=1500\Omega$ 的欧姆表，现有两块量程 1mA 的电流表，其内阻分别为 250Ω 和 100Ω，你认为选哪块较好？

实验 32　超导磁悬浮力测量

一、实验原理

超导体的两个主要特征是零电阻和完全抗磁性。

1. 零电阻现象

当把某种金属或合金冷却到某一确定温度 T_C 以下时，其直流电阻突然降到零。这种在低温下发生的零电阻现象称为物质的超导性，具有超导电特性的材料称为超导体。电阻突然消失的某一确定温度 T_C 叫做超导体的临界温度。在 T_C 以上，超导体和普通金属一样都有一定的电阻值，这时超导体处于正常态。由正常态向超导态的过渡是在一个有限的温度间隔里完成的，即有一个转变宽度 ΔT，它取决于材料的纯度和晶格的完整性，理想的超导样品的 $\Delta T \leqslant$ 10-3K。通常是把样品的电阻降到转变前正常态电阻的一半时的温度，定义为超导体的临界温度 T_C。基于超导体的零电阻特性，在实验中可用电学方法测量超导转变温度 T_C。具体做法是使样品通一恒定电流，测量其阻值随温度的变化，当温度降到 T_C 附近时，阻值突然降到该仪器不能检测的情况，从而定出 T_C。

2. 完全抗磁性

1933 年迈斯纳（Meissner）等人发现，超导体不能仅仅认为是一种电阻为零的理想导体，他们把一超导样品放在磁场中，并从正常态冷却到超导态，当 $T>T_C$ 时磁力线是穿过样品的，但当 $T<T_C$ 时，磁场分布发生了变化，磁力线被完全排斥在圆柱体外，撤去外磁场后，磁场就完全消失，这种效应称为迈斯纳效应。进一步的实验表明，迈斯纳效应与过程先后无关，即不管是先加磁场再降温还是先降温再加磁场，超导体内部的磁感应强度都是零，磁通量完全被排斥在超导体外。

然而，根据电磁学定律，导体内部的磁力线不因导体的电阻而改变；当导体的电阻降为零时，这种"理想导体"内部的磁力线也不会改变，仍然存在于体内不被排斥出来。当拆去外磁场后，由于楞次定律，理想导体内将产生永久性的感生电流，并在体外产生相应的磁场。在电磁学中，把磁介质内部磁感应强度小于外加磁感应强度的性质称为抗磁性。迈斯纳效应表明，超导体的抗磁性极强，以至其内部的磁感应强度为零，即超导体具有完全的抗磁性。

超导体的完全抗磁性是由表面屏蔽电流（又称迈斯纳电流）产生的磁场在导体内部完全抵消了外磁场的影响所致，这时可将超导体本身看作一个磁体，其磁场方向与外磁场相反，由于同性相斥造成的排斥力可以抵消重力，使超导体悬浮在空中，这种现象称为超导磁悬浮，迈斯纳效应可以通过超导磁悬浮实验直观演示。当一个超导样品放置到一块永久磁体上面时，由于永久磁体的磁力线不能进入超导体，在永久磁体与超导体之间存在的斥力可以克服超导体的重力，从而使超导体悬浮在永久磁体表面。

二、实验内容

测量超导磁悬浮力：

1. 将力敏传感器输入与电源组件的电压输出相接，将力敏传感器输出与电源信号输入相接。在不受力的情况下，调信号输入调零旋钮，使信号显示为"0"。

2. 戴好清洁手套，取出超导样品，用酒精清洁其表面后固定在胶木杯内，再将其放在YBCO下面的样品槽内，转动位移手轮，使磁铁慢慢靠近样品，在样品与磁铁表面将要接触但未接触时，记下位移游标卡尺读数 y_0，以后的测量中不能超过此值。

3. 观察室温条件下磁铁与超导材料间的相互作用情况：缓慢调节手轮即改变磁铁与样品的距离，从最大到最小（y_0），并观察 U_S 数值有何变化。

4. 测量超导体排斥磁力的大小：使磁铁与样品保持一定距离，缓慢将液氮倒入胶木杯中，让液氮浸没样品，刚倒入时液氮挥发较快，再慢慢倒入液氮，直到液面稳定，此时超导样品处于超导态，然后缓慢地减小磁铁与样品的距离，每间隔 1mm（位移显示表大指针转一圈）读一次 U_S，直到 y_0 为止（注意样品表面与磁铁表面不能相碰，否则有机械应力）。然后使距离从最小到最大，同样每隔 1mm 读一次 U_S 值，这样得到两组数据。

5. 根据实验室提供的定标曲线（F-U_S）测得磁悬浮力 F。

三、注意事项

（1）实验过程中液氮会逐渐挥发，因盛装液氮的盒子较小，且开口处于大气中，挥发较快，因此应注意及时补加液氮以保持样品处于超导态。

（2）灌液氮时应小心，以免液氮溅到手上。可把液氮从杜瓦瓶内倒入保暖杯中，再从保暖杯中倒入样品盒内。

（3）转动位移手轮时应缓慢进行。

（4）注意显示表位置固定后，实验过程中不能再做移动。

（5）样品安装时要放平。

四、思考题

（1）什么是超导体？超导体与电阻为零的理想导体有何区别？

（2）什么是迈斯纳效应？迈斯纳效应与磁悬浮有什么关系？

（3）液氮的沸腾温度是多少度？除本实验外，你还知道液氮的哪些用途？

（4）不加液氮时（室温条件下），磁铁与超导材料间的距离发生改变时，U_S 是否会改变？为什么？

附 录

附录1 物理常数表

物理常数	符号	最佳实验值	供计算用值
真空中光速	c	299792458 ± 1.2 m·s^{-1}	3.00×10^8 m·s^{-1}
引力常数	G_0	$(6.6720 \pm 0.0041) \times 10^{-11}$ m^3·s^{-2}	6.67×10^{-11} m^3·s^{-2}
阿伏加德罗（Avogadro）常数	N_0	$(6.022045 \pm 0.000031) \times 10^{23}$ mol^{-1}	6.02×10^{23} mol^{-1}
普适气体常数	R	(8.31441 ± 0.00026) J·mol^{-1}·K^{-1}	8.31 J·mol^{-1}·K^{-1}
玻尔兹曼（Boltzmann）常数	k	$(1.380662 \pm 0.000041) \times 10^{-23}$ J·K^{-1}	1.38×10^{-23} J·K^{-1}
理想气体摩尔体积	V_m	$(22.41383 \pm 0.00070) \times 10^{-3}$	22.4×10^{-3} m^3·mol^{-1}
基本电荷（元电荷）	e	$(1.6021892 \pm 0.0000046) \times 10^{-19}$ C	1.602×10^{-19} C
原子质量单位	u	$(1.6605655 \pm 0.0000086) \times 10^{-27}$ kg	1.66×10^{-27} kg
电子静止质量	m_e	$(9.109534 \pm 0.000047) \times 10^{-31}$ kg	9.11×10^{-31} kg
电子荷质比	e/m_e	$(1.7588047 \pm 0.0000049) \times 10^{-11}$ C·kg^{-2}	1.76×10^{-11} C·kg^{-2}
质子静止质量	m_p	$(1.6726485 \pm 0.0000086) \times 10^{-27}$ kg	1.673×10^{-27} kg
中子静止质量	m_n	$(1.6749543 \pm 0.0000086) \times 10^{-27}$ kg	1.675×10^{-27} kg
法拉第常数	F	(9.648456 ± 0.000027) C·mol^{-1}	96500 C·mol^{-1}
真空电容率	ε_0	$(8.854187818 \pm 0.000000071) \times 10^{-12}$ F·m^{-2}	8.85×10^{-12} F·m^{-2}
真空磁导率	μ_0	$12.5663706144 \pm 10^{-7}$ H·m^{-1}	4π H·m^{-1}
电子磁矩	μ_e	$(9.284832 \pm 0.000036) \times 10^{-24}$ J·T^{-1}	9.28×10^{-24} J·T^{-1}
质子磁矩	μ_p	$(1.4106171 \pm 0.0000055) \times 10^{-23}$ J·T^{-1}	1.41×10^{-23} J·T^{-1}
玻尔（Bohr）半径	α_0	$(5.2917706 \pm 0.0000044) \times 10^{-11}$ m	5.29×10^{-11} m
玻尔（Bohr）磁子	μ_B	$(9.274078 \pm 0.000036) \times 10^{-24}$ J·T^{-1}	9.27×10^{-24} J·T^{-1}
核磁子	μ_N	$(5.059824 \pm 0.000020) \times 10^{-27}$ J·T^{-1}	5.05×10^{-27} J·T^{-1}
普朗克（Planck）常数	H	$(6.626176 \pm 0.000036) \times 10^{-34}$ J·s	6.63×10^{-34} J·s
精细结构常数	A	$7.2973506(60) \times 10^{-3}$	
里德伯（Rydberg）常数	R	$1.097373177(83) \times 10^7$ m^{-1}	
电子康普顿（Compton）波长		$2.4263089(40) \times 10^{-12}$ m	
质子康普顿（Compton）波长		$1.3214099(22) \times 10^{-15}$ m	
质子电子质量比	m_p/m_e	1836.1515	

附录 2 物理单位表

附表 2-1 国际单位制的基本单位

量的名称	单位名称	单位符号
长度	米	m
质量（重量）	千克（公斤）	kg
时间	秒	s
电流	安[培]	A
热力学温度	开[尔文]	K
物质的量	摩[尔]	mol
发光强度	坎[德拉]	cd

附表 2-2 国际单位制的辅助单位

量的名称	单位名称	单位符号
平面角	弧度	rad
立体角	球面度	sr

附表 2-3 国际单位制中具有专门名称的导出单位

量的名称	单位名称	单位符号	其他表示式例
频率	赫[兹]	Hz	g^{-1}
力、重力	牛[顿]	N	$kg \cdot m/s^2$
压强	帕[斯卡]	Pa	N/m^2
能量、功、热	焦[耳]	J	$N \cdot m$
功率、辐射通量	瓦[特]	W	J/s
电荷量	库[仑]	C	$A \cdot s$
电位、电压、电动势	伏[特]	V	W/A
电容	法[拉]	F	C/V
电阻	欧[姆]	Ω	V/A
电导	西[门子]	S	A/V
磁通量	韦[伯]	Wb	$V \cdot s$
磁通量密度、磁感应强度	特[斯拉]	T	Wb/m^2
电感	亨[利]	H	Wb/A
摄氏温度	摄氏度	℃	
光通量	流[明]	lm	$cd \cdot sr$
光照度	勒[克斯]	lx	lm/m^2

续表

量的名称	单位名称	单位符号	其他表示式例
放射性活度	贝可[勒尔]	Bq	s^{-1}
吸收剂量	戈[瑞]	Gy	J/kg
剂量当量	希[沃特]	Sv	j/kg

附表 2-4 国家选定的非国际单位制单位

量的名称	单位名称	单位符号	换算关系和说明
时间	分 [小]时 天（日）	mim h d	1min＝60s 1h＝60min＝3600s 1d＝24h＝86400s
平面角	[角]秒 [角]分 度	(") (') (o)	1"＝(π/648000)rad（π 为圆周率） 1'＝60'＝(π/10800)rad 1°＝60'＝(π/180)rad
旋转速度	转每分	r/min	1r/min＝(1/60)s^{-1}
长度	海里	nmile	1nmile＝1852m（只用于航程）
速度	节	kn	1kn＝1nmile/h＝(1852/3600)m/s（只用于航行）
质量	吨 原子质量单位	t u	1t＝10^3kg 1u 1.660 565 5×10^{-27}kg
体积	升	L(l)	1L＝1dm^3＝$10^{-3}m^3$
能	电子伏	eV	leV 1.602 189 2×10^{-19}J
级差	分贝	dB	
线密度	特[克斯]	tex	1tex＝1g/km

附表 2-5 用于构成十进倍数和分数单位的词头

所表示的因数	词头名称	词头符号
10^{18}	艾[可萨]	E
10^{15}	拍[它]	P
10^{12}	太[拉]	T
10^{9}	吉[咖]	G
10^{6}	兆	M
10^{3}	千	k
10^{2}	百	h
10^{1}	十	da
10^{-1}	分	d
10^{-2}	厘	c
10^{-3}	毫	m
10^{-6}	微	μ

续表

所表示的因数	词头名称	词头符号
10^{-9}	纳[诺]	n
10^{-12}	皮[可]	p
10^{-15}	阿飞[母托]	f
10^{-18}	[托]	a

注：1. 周、月、年（年的符号为 a），为一般常用时间单位。
2. []内的字是在不致混淆的情况下可以省略的字。
3. ()内的字为前者的同义语。
4. 角度单位度分秒的符号不处于数字后时，用括弧。
5. 升的符号中，小写字母 l 为备用符号。
6. r 为"转"的符号。
7. 生活的贸易中，习惯将质量称为重量。
8. 公里为千米的俗称，符号为 km。
9. 10^4 称为万，10^8 称为亿，10^{12} 称为万亿，这类数词的使用不受词头名称的影响，但不应与词头混淆。

附录3 怎样撰写物理实验报告

学习物理实验除了可以受到系统的科学实验方法和实验技能的训练外，通过书写实验报告，还可培养学生将来从事科学研究和工程技术开发时的论文书写基础。因此，实验报告是实验课学习的重要组成部分。

正规的实验报告应包含以下六方面内容：①实验目的；②实验原理；③实验仪器设备；④实验内容（简单步骤）及原始数据；⑤数据处理及结论；⑥结果的分析讨论。

现就物理实验报告的具体写作要点进行简要介绍。

一、实验目的

不同的实验有不同的训练目的，通常如讲义所述。但在具体实验过程中，有些内容未曾进行或改变了实验内容。因此，不能完全照书本上抄，应按课堂要求并结合自己的体会来写。

二、实验原理

实验原理是科学实验的基本依据。实验设计是否合理，实验所依据的测量公式是否严密可靠，实验采用什么规格的仪器、要求精度如何，应在原理中交代清楚。

1. 必须有简明扼要的语言文字叙述。通常教材内容比较详细，便于学生阅读和理解。书写报告时不能完全照书本上抄，应该用自己的语言进行归纳阐述。文字务必清晰、通顺。

2. 所用的公式及其来源、简要的推导过程。

3. 为阐述原理而必需的原理图或实验装置示意图。如果图不止一张，应依次编号，安插在相应的文字附近。

三、实验仪器设备

在科学实验中，仪器设备是根据实验原理的要求来配置的，书写时应记录：仪器的名称、型号、规格和数量（根据实验时的实际情况如实记录，没用到的不写，更不能照抄教材）；在科学实验中往往还要记录仪器的生产厂家、出厂日期和出厂编号，以便在核查实验结果时提供可靠依据；电磁学实验中普通连接导线不必记录或写上"导线若干"即可，但特殊的连接电缆必须注明。

四、实验内容及原始数据

概括性地写出实验的主要内容或步骤，特别是关键性的步骤和注意事项。根据测量所得如实记录原始数据，多次测量或数据较多时一定要对数据进行列表，特别注意有效数字的正确性，指出各物理量的单位，必要时要注明实验测量条件。

五、数据处理及结论

1．对于需要进行数值计算而得出实验结果的，测量所得的原始数据必须如实代入计算公式，不能在公式后立即写出结果。
2．对结果需要进行不确定度分析（个别不确定度估算较为困难的实验除外）。
3．写出实验结果的表达式（测量值、不确定度、单位及置信度，置信度为 0.95 时可不必说明），实验结果的有效数字必须正确。
4．若所测量的物理量有标准值或标称值，则应与实验结果比较，求相对误差。
5．需要作图时，需附在报告中。

六、结果的分析讨论

一篇好的实验报告，除了有准确的测量记录和正确的数据处理、结论外，还应该对结果作出合理的分析讨论，从中找到被研究事物的运动规律，并且判断自己的实验或研究工作是否可信或有所发现。

一份只有数据记录和结果计算的报告，其实只完成了测试操作人员的测试记录工作。至于数据结果的好坏、实验过程还存在哪些问题、还要在哪些方面进一步研究和完善等，都需要我们去思考、分析和判断，从而提高理论联系实际的能力、综合能力和创新能力。

1．首先应对实验结果作出合理判断。

如果仪器运行正常，步骤正确、操作无误，那就应该相信自己的测量结果是正确或基本正确的。

对某物理量经过多次测量所得结果差异不大时，也可判断自己的测量结果正确。

如果被测物理量有标准值（理论值、标称值、公认值或前人已有的测量结果），应与之比较，求出差异。差异较大时应分析误差的原因：

（1）仪器是否正常？是否经过校准？
（2）实验原理是否完善？近视程度如何？
（3）实验环境是否合乎要求？
（4）实验操作是否得当？

（5）数据处理方法是否准确无误？

2．分析实验中出现的奇异现象。

如果出现偏离较大甚至很大的数据点或数据群，则应认真分析偏离原因，考虑是否将其剔除，或者找出新规律。

无规则偏离时，主要考虑实验环境的突变、仪器接触不良、操作者失误等。

规则偏离时，主要考虑环境条件（温度、湿度、电源等）的变异、样品的差异（纯度、缺陷、几何尺寸不均等）。

如果能找出新的数据规律，则应考虑是否应该否定前人的结论。只有这样，才能在科学研究中有所创新。但要切实做到"肯定有据、否定有理"。

3．对讲义中提出的思考题作出回答。

问题可能有好几个，但不一定要面面俱到、一一作答。宁可选择一两个自己深刻体会的问题，用自己已掌握的理论知识和实践经验说深透些。

物理实验报告要求

实验报告的撰写是知识系统化的吸收和升华过程，课后写实验报告的重点在于对原始数据的整理、数据处理和结果的正确表示，对实验过程分析总结等。完整的实验报告应包括以下内容：

1．列出实验名称、实验目的。
2．实验原理：简明扼要。
3．实验仪器：名称、规格、编号（或组号）。
4．实验任务或实验步骤：列出关键事项，简单明了。
5．数据处理：包括实验数据整理、数据处理过程（计算、作图、不确定度分析等）、实验结果。
6．实验小结（有就写，不强求）。
7．后附原始数据表格、简单的预习报告。

物理实验预习要求

课前预习实验的目的在于对要进行的实验有一个全面的认识，因此在预习中应看懂实验原理，了解实验所用的仪器、方法，明确实验任务等。为方便进行实验，还应写出简单的预习报告，一般包括以下内容：

1．实验题目。
2．实验任务分项写出用到的计算公式、必要的电路图、光路图。
3．原始数据记录表格。

参考文献

[1] 王瑞平. 大学物理实验. 西安：西安电子科技大学出版社，2014.
[2] 国家技术监督局计量司. 计量检定规程工作文件选编. 北京：中国计量出版社，1992.
[3] 国家质量技术监督局计量司. 测量不确定度评定与表示指南. 北京：中国计量出版社，2001.
[4] 肖明耀，康金玉. 测量不确定度表达指南. 北京：中国计量出版社，1994.
[5] 李化平. 物理测量的误差评定. 北京：高等教育出版社，1993.
[6] 孟尔熹，曹尔第. 实验误差与数据处理. 上海：上海科学技术出版社，1988.
[7] 钱绍圣. 测量不确定度实验数据的处理与表示. 北京：清华大学出版社，2002.
[8] 集美大学诚毅学院实验管理中心. 大学物理实验. 厦门：厦门大学出版社，2008.
[9] 黄义清. 大学物理实验教程. 北京：电子工业出版社．2016.
[10] 龚镇雄. 普通物理实验中的数据处理. 西安：西北电讯工程学院出版社，1985.
[11] 肖明耀. 误差理论与应用. 北京：中国计量出版社，1985.
[12] 贾玉润，王公治. 大学物理实验. 上海：复旦大学出版社，1987.
[13] 潘元胜. 大学物理实验. 南京：南京大学出版社．2001.
[14] 姬婉华. 大学物理实验. 西安：西安工业大学出版社，1992.
[15] 成正维. 大学物理实验. 北京：高等教育出版社，2002.
[16] 朱鹤年. 物理实验研究. 北京：清华大学出版社，1994.
[17] 万春华. 大学物理实验. 南京：南京大学出版社，1999.
[18] 浦天舒. 大学物理实验. 上海：东华大学出版社，2002.
[19] 邓玲娜. 大学物理实验. 北京：电子工业出版社．2017.